高等职业教育
数字媒体专业新形态教材

微课版

Photoshop图形图像处理项目式教程

主 编 韦连春
副主编 谭亚先 龚秋华 刘平安 何 叶 黄晓信 阳代军

中国水利水电出版社
www.waterpub.com.cn
·北京·

内 容 提 要

本书以企业真实项目、实用技术项目为依托，将必须掌握的基本知识与项目设计和实施建立联系，将能力和技能培养贯穿其中。本书根据行业对人才知识和技能的要求设计了 11 个项目：初识 Photoshop CC、字体设计、包装设计、版式设计、VI 设计、网页美工、电商美工、UI 设计、证件照后期修图及排版、数码照片后期处理和创意特效合成。根据项目实施过程或项目类别设计了 32 个任务，通过实际项目将课程内容的各种操作“任务化”，使读者能在较短的时间内掌握相关实用技术。

本书可作为中高职学校平面设计类课程的教材，也可作为培训机构的培训参考书，同样适合平面设计师、数字影像制作师、美术编辑、电商美工师等阅读。

本书提供电子教案，读者可以从中国水利水电出版社网站（www.waterpub.com.cn）或万水书苑网站（www.wsbookshow.com）免费下载。

图书在版编目（CIP）数据

Photoshop图形图像处理项目式教程 : 微课版 / 韦连春主编. -- 北京 : 中国水利水电出版社, 2021.12（2024.1 重印）
高等职业教育数字媒体专业新形态教材
ISBN 978-7-5226-0234-9

Ⅰ. ①P… Ⅱ. ①韦… Ⅲ. ①图像处理软件－高等职业教育－教材 Ⅳ. ①TP391.413

中国版本图书馆CIP数据核字(2021)第230353号

策划编辑：周益丹　　责任编辑：周春元　　封面设计：李　佳

书　　名	高等职业教育数字媒体专业新形态教材 Photoshop 图形图像处理项目式教程（微课版） Photoshop TUXING TUXIANG CHULI XIANGMUSHI JIAOCHENG (WEIKE BAN)
作　　者	主　编　韦连春 副主编　谭亚先　龚秋华　刘平安　何　叶　黄晓信　阳代军
出版发行	中国水利水电出版社 （北京市海淀区玉渊潭南路 1 号 D 座　100038） 网址：www.waterpub.com.cn E-mail：mchannel@263.net（答疑） sales@mwr.gov.cn 电话：（010）68545888（营销中心）、82562819（组稿）
经　　售	北京科水图书销售有限公司 电话：（010）68545874、63202643 全国各地新华书店和相关出版物销售网点
排　　版	北京万水电子信息有限公司
印　　刷	天津联城印刷有限公司
规　　格	184mm×260mm　16 开本　20 印张　462 千字
版　　次	2021 年 12 月第 1 版　2024 年 1 月第 2 次印刷
印　　数	2001—5000 册
定　　价	89.00 元

序

教材是教育教学的关键要素、立德树人的基本载体。在全国教材工作会议暨首届全国教材建设奖表彰会召开之后，全国传媒职业技术教育联盟首批系列教材正式出版，即将在联盟内外职业院校应用。这批教材落实了职教思政建设的要求，蕴涵着行业产业前沿的技能，凝聚了编撰工作人员的心血，承载着传媒职教学生的希望，是联盟成立以来的标志性成果之一，必将在推动传媒职业技术教育“三教”改革、“三全育人”综合试点等方面起到积极作用，为培育思政品质可靠、专业技能过硬、创意思维活跃的传媒人才提供基础性支撑。

尺寸教材，悠悠国事。新时代，党中央、国务院高度重视教材建设，成立了国家教材委员会，设立了全国教材建设奖，出台了《职业院校教材管理办法》等系列制度文件，全面落实教材建设国家事权。全国传媒职业技术教育联盟成立以来，联盟理事会紧扣国家政策文件，联合行业产业企业，组织联盟院校单位，启动了编写传媒职业技术教育教材的工作。

在教材编写过程中，参与编撰的老师充分依托联盟的平台作用，发挥主观能动性，深入行业产业调研，掌握对应领域技能迭代情况；组织线上线下研讨，结合校情学情搭建章节架构；加强编校沟通协调，有效保障教材开发出版质量，充分体现了联盟“资源共享、优势互补、合作共赢、协同发展”的宗旨，为联盟今后更好、更快、更多地出版系列教材提供了成功经验，为联盟在共定合理化人才培养方案、共育双师型教师队伍等方面开展卓有成效的工作提供了示范借鉴。

翻阅此次出版的《H5 融媒体制作项目式教程（微课版）》《新媒体内容创作实务（微课版）》《数字媒体交互设计项目式教程（微课版）》等教材，二维码等数字出版新技术的运用应引起足够重视。新时代，面向智能手机成长起来的新生代学生，作为传媒领域首个全国性职业教育共同体，我们理应在采用新媒体、智媒体技术开发新形态教材方面起到引领示范作用。在保障教材开发全面贯彻落实职教思政建设新要求前提下，围绕使传媒产业新知识、新技术、新工艺、新方法等内容准确、及时、有效进入教材，要主动将新形态教材开发与结构化教学团队建设、模块化课程内容构建衔接起来；要及时总结新型活页式教材、工作手册式教材开发经验；要积极探索增强现实技术、虚拟现实技术等复合数字教材开发模式；要统筹规划新形态教材与教学资源库、在线课程等其他数字教学资源的联动建设，以教材改革为抓手，带动教师改革、教法改革。

当然，联盟也将持续强化教材建设中的平台作用，编制建设规划，分享合作机会，加强指导评价，加大推广应用，为联盟高质量教材建设提供高水平服务。

袁维坤

前言

Photoshop（以下简称 PS）软件是 Adobe 公司研发的目前使用最为广泛的图形图像处理软件，其功能强大，易学易用，深受广大图形图像处理爱好者和平面设计师的喜爱，被广泛应用于平面设计、照片处理、书籍装帧、VI 设计、网店美工、UI 界面美工、电脑游戏美工、美术编辑等诸多领域，堪称“设计师必备”。鉴于此，我们在认真总结已有 PS 教材编写经验的基础上，深入调研了企业对设计人员的技能需求，结合职业院校学生的特点，与企业合作共同编写了本书。

本书特色如下：

1. 选取企业真实项目，突出实践应用

书中的技术及方法的介绍均从实际出发，避免抽象的理论论述，在介绍中深入浅出、简洁明了，通过项目任务实战，把应用与理论知识紧密结合，激发读者学习兴趣。

2. 对标企业行业规范，体现专业素养

本书精心挑选和设计了 11 个项目共 32 个典型任务，涉及字体设计、包装设计、画册设计、三折页设计、VI 设计、网页美工、电商美工、UI 设计、影楼后期应用等诸多领域，包含印刷出血位、画册尺寸、三折页尺寸、证件照尺寸及排版、样机、网页制作流程、网店装修流程等相关行业规范。

3. 组织校企编写团队，重构知识体系

本书由校企专家联合编写，他们大多来自高校和企业一线，有丰富的教学和实战经验，书中融入大量的设计经验和技巧，让读者少走弯路，提高学习效率。本书以具体的项目为载体，以任务实施的过程为主线，将知识点穿插到项目实施过程中。学生在项目学习过程中，了解并掌握每个环节的基本要求和操作规范，以培养学生的实际动手能力。

4. 注重任务设计效果，融入美育德育

PS 只是图形图像处理的软件，要想设计出好的作品一定要有美感和职业操守，本书在进行软件教学的过程中，注重美感和品德的养成，突出“立德树人”的培养目标。

5. 配套丰富教学资源，方便学习提升

本书配备了大量的教学视频，涵盖全书所有重要知识点、任务讲解和项目拓展讲解。读者可以课前观看微课视频，掌握本任务所需要的重要知识点、技能操作要点，并完成相关课前作业；课堂上根据给出任务的实现步骤完成企业真实项目，达到预期效果；课后可以通过微课视频学习项目拓展内容。

本书由韦连春任主编，谭亚先、龚秋华、刘平安、何叶、黄晓信、阳代军任副主编。其中，项目 1、项目 4、项目 9 由韦连春、黄晓信、韦炜、陈拴、谭亚先、阳代军等编写，项目 2 和项目 3 由何叶编写，项目 5 和项目 7 由龚秋华编写，项目 6 和项目 8 由谭亚先

编写，项目 10 和项目 11 由刘平安编写，全书由韦连春、黄晓信统稿和定稿。在本书编写过程中，南宁意图动画设计有限公司、南宁极时动画设计有限公司、广西东南计算机网络有限公司等提供了大量企业真实项目，覃诚总经理、张雪总经理、黄晓信工程师、韦炜设计师等对本书编写给予了很大帮助，同时，我们还得到了全国传媒职业技术教育联盟以及南宁职业技术学院领导、同事的大力支持，在此一并表示衷心的感谢！

鉴于编者水平有限，书中难免存在疏漏和不足之处，恳请读者批评指正。

说明：为了方便读者学习，本书提供了大量的素材资源，这些资源仅限于读者个人学习使用，不可用于其他商业用途，否则，由此带来的一切后果由读者个人承担。

编 者

2021 年 8 月

目录

项目 1

初识 Photoshop CC

项目导读

Adobe Photoshop，简称 PS，是由 Adobe 公司开发和发行的图像处理软件。使用其众多的编修与绘图工具，Photoshop 能绘画、编辑文字、修复图像、编辑图像、校色和调色图像、合成图像等。掌握 Photoshop 的绘画、修图、调色、合成等技能，可以轻松地为自己量身打造“最美照”，留住美好的记忆；可以设计画册、折页、海报、网页、UI 界面、VI 手册；可以合成特效，设计超乎寻常的世界；更能发现美、创造美；可以为自己争取更多的工作机会。目前，字体设计、广告设计、包装设计、标志设计、海报设计、排版设计、书籍装帧、企业形象设计等设计领域提供了大量的岗位需求；商业摄影后期修图等工作岗位需要大量掌握 Photoshop 技能的人才；网店美工、UI 界面美工、电脑游戏美工、美术编辑等热门职业也急需掌握 Photoshop 技能的人才。所以说，掌握 Photoshop 会让我们的生活更精彩。通过本项目的学习，读者将掌握 Photoshop 的大量基础知识，为后期的项目学习奠定坚实的基础。

岗位技能

本项目对接中高职相关设计专业人才培养目标岗位，如数字影像后期、数字艺术制作、数字文化创意等相关行业，此类岗位需要具有良好的职业道德、爱岗敬业精神，有责任意识和创新意识，掌握相应的专业理论知识，具有较强的适应岗位的动手能力，能进行创意、设计、制作多层次的高素质、高技能专门人才，主要面向动漫公司、影视公司、游戏公司、电视台、数字多媒体行业公司、广告设计公司、传媒公司、文化传播公司、出版社等企事业单位。未来影像后期从业人员、平面设计师都应该具备相关基础应用能力和职业素养。

教学目标

- 掌握矢量图形、位图图像、文件格式、图像模式等知识点。
- 熟悉 Photoshop 的工作界面。

- 掌握 Photoshop 常用工具的使用。
- 掌握 Photoshop 的基本操作（“新建”“打开”“置入”“存储”“存储为”“撤销”等）。
- 掌握抠图的常见技法。
- 掌握加深、减淡等调色工具的使用。
- 掌握常见滤镜的使用。
- 掌握图层、图层混合模式、图层样式的基本操作及使用。
- 掌握通道、蒙版、路径的基本操作及使用。
- 掌握内容识别填充和内容识别缩放。

课前学习微课

（1）扫一扫二维码，观看相关视频。

Photoshop CC 简介及功能

（2）完成以下工作：

登录 Adobe 官网了解 Photoshop，并记录下它让你感兴趣的地方。

任务1 邀请函制作

【任务描述】

邀请函是邀请亲朋好友或知名人士、专家等参加某项活动时所发的请约性书信。它是现实生活中常用的一种日常应用写作文种。在应用写作中邀请函是非常重要的，而商务活动邀请函是邀请函的一个重要类别，商务活动邀请函的主体内容符合邀请函的一般结构，由标题、称谓、正文、落款组成。

而随着社会的进步，在自动化、智能化、绿色化、数字化发展方向的指引下，邀请函也慢慢地趋向电子化、多样化。会设计一份专属的电子邀请函，通过电子邮件、企业微信、企业微博、抖音、快手等多渠道发出，收效会更显著。本任务学习如何设计一份电子邀请函。

本任务主要学习图形、图像、文件格式、图像模式等知识点，帮助读者掌握 Photoshop 常用工具的使用、Photoshop 的基本操作（“新建”“打开”“置入”“存储”“存储为”“撤销”等）以及图层、图层混合模式、图层样式的基本操作及使用，为后期的项目学习打下坚实的基础。

【任务要求】

完成邀请函的制作，最终效果如图 1-1 所示。

图 1-1 最终效果

【知识链接】

1. Adobe Photoshop CC

Adobe Photoshop 是由 Adobe 公司开发和发行的图像处理软件。Adobe 是 Photoshop 所属公司的名称，Photoshop 是软件名称，CC 是这款 Photoshop 的版本号。

Photoshop 功能非常强大，能绘画、编辑文字、修复图像、编辑图像、校色和调色图像、合成图像等。广告设计行业、商业摄影后期修图、网店美工、UI 界面美工、电脑游戏美工、美术编辑等岗位都需要大量的熟练掌握及精通 Photoshop 应用的人才。

2. 位图图像

位图图像是由众多不同颜色的像素所描述的对象，在位图图像中，像素是基本元素，它们由一些及其细微的不同颜色的正方形，通过平铺镶嵌而成，位图图像在放大到一定倍数时，将出现严重的锯齿现象，有时还会呈现马赛克状。位图的像素是依赖于分辨率的，单位面积的像素点越多，也就是分辨率越高，图像的效果就越好，所以位图的质量和输出设备有着直接的关系，设备的分辨率越高，位图的质量越高，所以在比位图本身分辨率低的设备上输出位图会导致图像质量下降。

位图图像和矢量图形

数码相机、手机拍摄的照片都是位图图像。

3. 矢量图形

矢量图形由一些用数学方式描述的直线和曲线组成。它组成的基本单元是点和路径，路径至少由两个点组成，每个点和点的调节柄可以控制相邻线段的形状和长度，无论放大或缩小，它的边缘始终是平滑的，尤其适用于企业标识，如商业信纸、招贴广告等，只需一个较小的电子文件就可以随意放大或缩小，而效果一样清晰。图形的质量高低和分辨率的高低无关，在分辨率高低不同的输出设备上显示的效果没有差异。

4. 常用的文件格式

常用文件格式

（1）PSD 格式：是 Photoshop 的默认存储格式，能够保存图层、蒙版、通道、路径、文字、图层样式等信息。在一般情况下，保存文件都采用此格式，以便随时进行修改。

（2）JPEG 格式：是目前网络上最流行的图像格式，其压缩技术十分先进，它用有损压缩方式去除冗余的图像和彩色数据，获取极高的压缩率的同时能展现十分丰富生动的图像，换句话说，就是可以用最少的磁盘空间得到较好的图像质量。

（3）PNG 格式：是无损压缩格式，其结果是获得高的压缩比，不损失数据。PNG 格式支持透明背景，可以为原图像定义 256 个透明层次，使得彩色图像的边缘能与任何背景平滑地融合，从而彻底地消除锯齿边缘。这种功能是 GIF 和 JPEG 没有的。

（4）TIFF 格式：是一种通用的图像文件格式。TIFF 格式最大的特点是能够最大限度地保持图像质量不受影响，而且能够保存文档中的图层信息以及 Alpha 通道。

5. 图像模式

图像模式

（1）RGB 模式：RGB 是指红（Red）、绿（Green）、蓝（Blue）三原色，也叫光的三原色。该模式中所有其他颜色的色彩均由此三原色依不同的比例混合而成，如果将 RGB 三原色的光谱以最大的强度混合时，就会形成白色，由于各种色光混合后的结果会比原来单独的色光还亮，所以又称为“加色混合”。

（2）CMYK 模式：CMYK 色彩是印刷用的油墨颜色，CMYK 各代表青（Cyan）、洋红（Magenta）、黄（Yellow）和黑色（Black）。由于 C、M、Y 是由矿物质提炼出来的 3 种颜色，因此，将这 3 种颜色以 100% 的浓度混合在一起时，并不会产生纯黑色，为了满足印刷的需求，所以又加入了黑色（K），以表现纯黑的黑色。此种混合模式，由于反复混色造成色彩越来越暗，所以又称为“减色模式”。CMYK 模式，是以 0% ～ 100% 来表示颜料浓度，想要表示纯白的颜色，各色油墨的数值将会是 0%。

（3）灰度模式：用单一色调来表现图像。在灰度模式中的每个像素，都可以表现出 256 阶的灰色调（含黑色和白色）。此模式可以将彩色图像转换成高品质的黑白图像，即舍弃了图像的色相及饱和度信息，而保留了原来的明亮度效果。

表 1-1 为常用的分辨率和图像模式。

表 1-1　常用的分辨率和图像模式

图像模式	分辨率	
	72 像素 / 英寸	300 像素 / 英寸
RGB	电脑屏幕使用	
CMYK	喷绘、展布	印刷品

6. 图层

图层在 Photoshop 中是一个没有厚度、透明的电子画纸，一张张按顺序叠放在一起，组合起来形成图像的最终效果。在 Photoshop 中用灰白格子表示透明。当用户新建一个图像文件后，需要在该图像中增加更多的层来设计图像，这些层都是透明的，都有相同的图像分辨率，同时共享相同的颜色通道，且具有相同的色彩模式，但它们也都是独立的，可以任意移动、复制、删除、粘贴或重新配置图层内容，而不会影响到其他图层的效果。操作图层前需要先选中该图层；图层之间还可以链接、编组。

图层

“图层”面板常用于新建图层、删除图层、选择图层、复制图层等，还可以进行图层混合模式的设置，以及添加和编辑图层样式等，如图 1-2 所示。

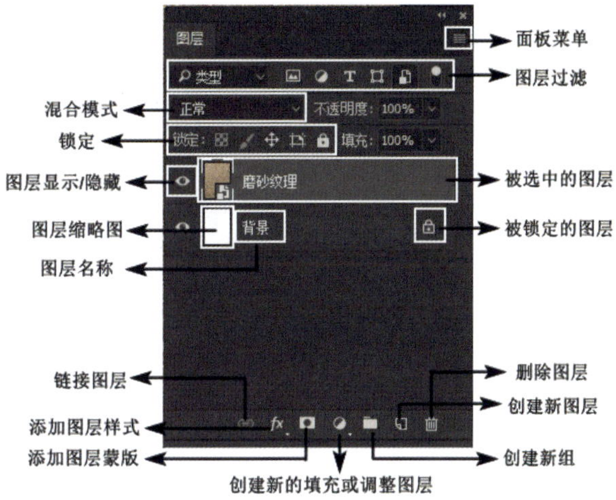

图 1-2 “图层”面板

图层混合模式

7. 图层混合模式

图层混合模式是指当前图层中的像素与下方图像像素之间的颜色混合方式。混合模式不仅使用在图层中，在使用绘图工具、修饰工具、颜色填充等情况下都可以用到混合模式。不同的混合模式作用于不同的图层中能够产生千变万化的效果。

在 Photoshop 中，有 27 种图层混合模式，大致可以归为 6 组，如图 1-3 所示。

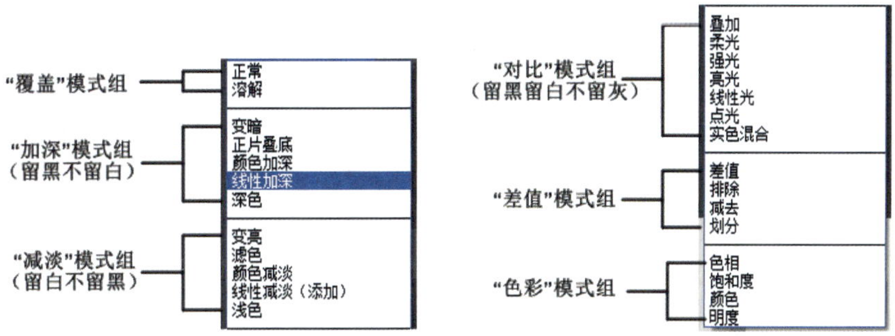

图 1-3 图层混合模式组

学习图层混合模式前，先来了解“基色”“混合色”“结果色”。

（1）基色：图像中的原稿颜色，也就是选择了混合模式时，两个图层中下面的图层。

（2）混合色：图像中应用的颜色，也就是选择了混合模式时，两个图层中上面的图层。

（3）结果色：选择了混合模式后得到的颜色，也就是最后的效果颜色。

下面对常用的图层混合模式进行介绍。

（1）正常：不会与其他图层发生任何混合。显示的程度取决于不透明度的设置，降低该图层不透明度，可以隐约看到下方图层信息。

（2）正片叠底：比较每个通道中的颜色信息，并将基色和混合色混合，结果色总是较暗的颜色。任何颜色和黑色混合产生黑色，任何颜色与白色混合保持不变。

（3）线性加深：通过减小亮度使基色变暗，与白色混合将不会产生变化。

（4）变亮：比较每个通道中的颜色信息，选择基色或混合中较亮的颜色作为结果色。

（5）线性减淡：通过增加亮度使基色变亮以反映混合色。

（6）叠加：对颜色进行过滤并提亮上层图像，具体取决于底层颜色，同时保留底层图像的明暗对比。对黑色和白色的像素着色时叠加模式不起作用。

（7）柔光：产生一种柔光照射的效果。如果混合色颜色比基色颜色更亮，那么结果色将更亮；如果混合色颜色比基色颜色更暗一些，那么结果色将更暗，使图像的亮度反差增大。

（8）强光：产生一种强光照射的效果。如果混合色颜色比基色颜色更亮，那么结果色将更亮；如果混合色颜色比基色颜色更暗一些，那么结果色将更暗，它的效果要比柔光模式更强烈一些。

（9）色相：只用混合色颜色的色相值进行着色，而使饱和度和亮度值保持不变。

8. 图层样式

图层样式

图层样式是一种附加在图层上的“特效”，如浮雕、描边、外发光等。这些样式可以单独使用，也可以多种样式共同使用。

在 Photoshop 中，有 10 种图层样式，“图层样式”面板如图 1-4 所示。

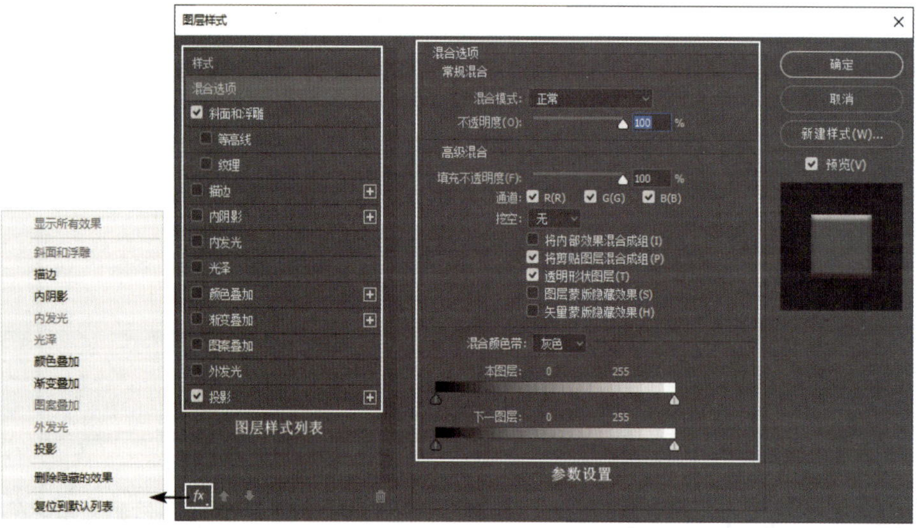

图 1-4 “图层样式”面板

（1）斜面和浮雕：为图层上的对象、文本或形状模拟从表面凸起的立体感。

（2）描边：能够给图层上的对象、文本或形状添加颜色、渐变颜色或图案轮廓。

（3）内阴影：为图层上的对象、文本或形状添加从边缘向内产生的阴影样式，这种效果会使图层上的对象、文本或形状产生凹陷效果。

（4）内发光：使图层上的对象、文本或形状产生从边缘向内的发光效果。

（5）光泽：为图层上的对象、文本或形状添加受到光线照射后，表面产生的映射效果。

（6）颜色叠加：将在图层上的对象、文本或形状上叠加一种颜色，即用一层纯色填充到应用样式的对象、文本或形状上。

（7）渐变叠加：将在图层上的对象、文本或形状上叠加一种渐变颜色，即用一层渐变颜色填充到应用样式的对象、文本或形状上。

（8）图案叠加：将在图层上的对象、文本或形状上叠加图案，即用一致的重复图案填充到应用样式的对象、文本或形状上。

（9）外发光：为图层上的对象、文本或形状产生从边缘向外的发光效果。

（10）投影：为图层上的对象、文本或形状添加阴影效果。

文字工具

9. 文字工具

（1）创建文字的方法有如下几种：

1）点文本。“点文本”是最常用的文本形式。单击工具箱中的“横排文字工具”或“直排文字工具”，在画面中单击即可创建点文本。“横排文字工具”或“直排文字工具”输入的文字仅区别在于文字的方向上，一个为横向的，一个为纵向的。使用“文字工具”可按 Ctrl+Enter 组合键结束编辑。

通过文本选项栏可对文字进行设置，如图 1-5 所示。

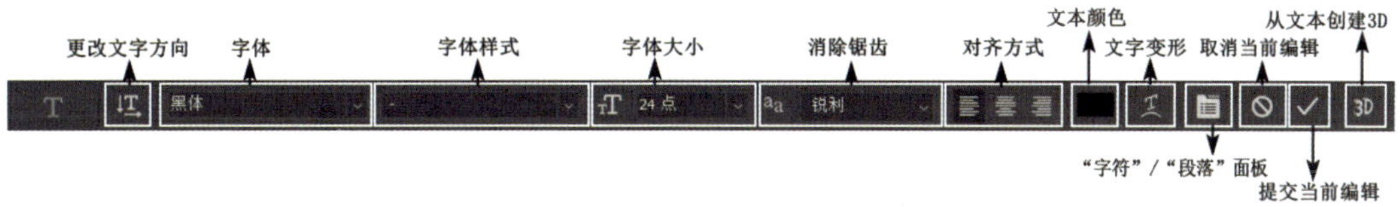

图 1-5　文本选项栏

2）段落文本。“段落文本”是一种用来制作大段文字的常用方式。“段落文本”的创建方法：选择“文字工具”后，在画布中按住鼠标左键拖动，绘制出一个矩形的文本框，在其中输入文字，文字会自动排列在文本框中。“段落文本”在这个矩形区域中文字会自动换行，配合“段落”面板的设置，可以制作出排列整齐的效果。

3）路径文字。制作路径文字，需要先绘制路径，然后单击“文字工具”，将光标移动至路径上，光标变成后单击即可输入路径文字。

路径文字起点位置带有标志，末端有标志。选择“直接选择工具”移动光标至路径文字起点位置，当光标变成后，按住鼠标左键拖动即可将路径文字的起点位置进行调整；移动光标至路径文字末端位置，当光标变成后，按住鼠标左键拖动即可对路径文字的终点位置进行调整。

4）区域文字。“区域文字”与“段落文本”相似，都是被限定在某个特定的区域内。“段落文本”的外框是矩形的，而“区域文字”的外框则可以是任意形状。

“区域文字”的创建方法：首先使用“钢笔工具”或者形状工具组中的工具绘制闭合路径，选择“文字工具”后，将光标移至路径内，当它变成Ⓘ后，单击即可插入光标，在路径内直接输入文字即可，最后再配合“段落”面板进行设置，完成“区域文字”创建。

（2）使用“文字工具”的一些注意事项：

1）使用“文字工具”自动建立新图层，图层名称为文字内容。

2）空文本图层应及时删除。

3）遇到有些字显示不出来时，是因为该字体库中没有这个字，可以通过换字体或拼凑解决。

10. 调色工具

调色工具

（1）模糊工具：使鼠标涂抹的区域变得模糊，主要是使得僵硬的边界变柔和，颜色过渡变平缓，起到模糊图像的效果。

（2）锐化工具：通过增强图像中相邻像素之间的颜色对比来提高图像的清晰度和聚焦程度。

（3）涂抹工具：模拟手指在未干的画面上涂抹的效果。

（4）减淡工具：对图像“亮部”“中间调”“阴影”分别进行减淡处理，通过部分亮化来改善图片曝光效果。

（5）加深工具：对图像“亮部”“中间调”“阴影”分别进行加深处理，通过部分暗化来改善图片曝光效果。

（6）海绵工具：调整图像的色彩饱和度，通过提高（“加色”模式）或降低（“去色”模式）色彩的饱和度，达到修正图像色彩偏差的效果。

11. 滤镜

滤镜主要是用来实现图像的各种特殊效果。图1-6为“滤镜”菜单。

滤镜

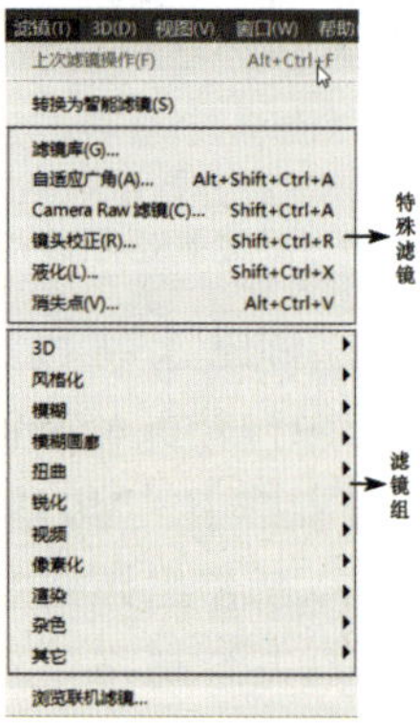

图1-6 “滤镜”菜单

下面介绍几种常用的滤镜。

（1）自适应广角：可以对广角、超广角及鱼眼效果进行变形校正。

（2）镜头校正：可以校正单反相机拍摄照片时出现的扭曲、歪斜、四角失光等现象。

（3）液化：可用于推、拉、旋转、反射、折叠和膨胀图像的任意区域。

（4）查找边缘：可以制作出具有线条感的画面。

（5）等高线：将图像转换为线条感的等高线图。

（6）风：能够将像素朝着指定的方向进行虚化，产生细小的水平线条来模拟风吹效果。

（7）浮雕效果：用来制作模拟金属雕刻的效果。

（8）拼贴：制作拼图效果。

（9）油画：将照片转换为油画效果。

（10）波浪：创建类似于波浪起伏的效果。

（11）波纹：制作出类似水面的波纹效果。

（12）极坐标：将图像从平面坐标转换为极坐标，或从极坐标转换到平面坐标。

（13）球面化：可以将选区内的图像或整个图像向外膨胀成为球形。

（14）彩色半调：模拟在图像的每个通道上使用放大的半调网屏的效果。

（15）镜头光晕：模拟由于光照射到相机镜头产生的折射，在画面中实现炫光的效果。

（16）添加杂色：在图像中添加随机的单色或彩色的像素点。

（17）高反差保留：在具有强烈颜色变化的地方按指定的半径来保留边缘细节，并且不显示图像的其余部分。

12. 智能对象

智能对象

智能对象是包含栅格或矢量图像中的图像数据的图层。智能对象将保留图像的源内容及其所有原始特性，从而能够对图层执行非破坏性编辑。

“智能对象”的特点：在对“智能对象”进行缩放、定位、斜切、旋转或变形操作时不会降低图像的质量，“智能对象”无法直接进行内容的编辑，如删除局部，使用画笔绘制，使用加深、减淡、模糊等工具。

【任务实施】

任务 1 制作邀请函

1. 新建 / 存储文档

步骤 1 启动 Photoshop CC 2018，执行“文件”/“新建”命令（或按键盘上的 Ctrl+N 组合键），在弹出的“新建文档”对话框中进行如图 1-7 所示的设置，单击“创建”按钮。

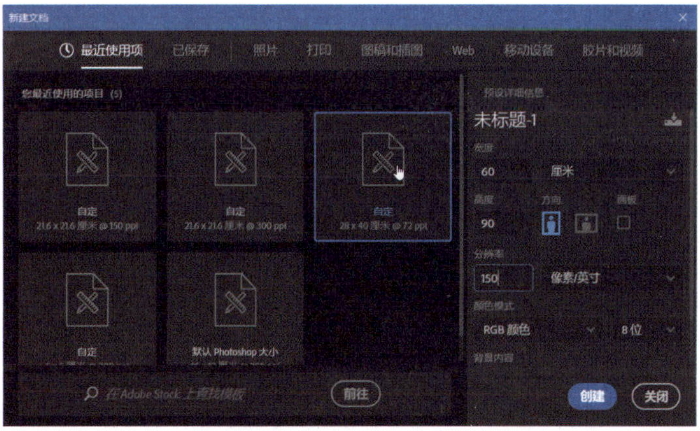

图 1-7 新建文件

提示：Photoshop 的组合键大多是有规律的，很多命令的组合键与命令的英文名称相关。有些命令的组合键在菜单命令的右方可以看到。表 1-2 为 Photoshop 的部分常用组合键。

表 1-2　Photoshop 部分常用组合键

描述	组合键	描述	组合键
新建文档	Ctrl+N	打开文档	Ctrl+O
存储文档	Ctrl+S	还原 / 重做前一步操作	Ctrl+Z
还原多步操作	Ctrl+Alt+Z	自由变换	Ctrl+T
取消变形	Esc	填充背景色	Ctrl+Delete
适应屏幕大小	Ctrl+0（零）	复制图层	Ctrl+J
向下合并图层	Ctrl+E	反向选择	Ctrl+Shift+I
显示 / 隐藏标尺	Ctrl+R	取消选择	Ctrl+D
复制	Ctrl+C	粘贴	Ctrl+V
剪切	Ctrl+X	旋转画布	R
放大 / 缩小视图	Ctrl++/ Ctrl+-/Alt+ 滚轮	首选项	Ctrl+K
反相	Ctrl+I	抓手工具	空格键
色阶	Ctrl+L	曲线	Ctrl+M
色相 / 饱和度	Ctrl+U	文档切换	Ctrl+Tab
填充	Shift+F5/Alt+Delete	羽化	Shift+F6
重复执行滤镜	Ctrl+F	画面 100% 比例显示	双击放大镜
关闭文件	Ctrl+W	退出 Photoshop	Ctrl+Q

步骤 2　进入到 Photoshop 的工作界面，如图 1-8 所示。

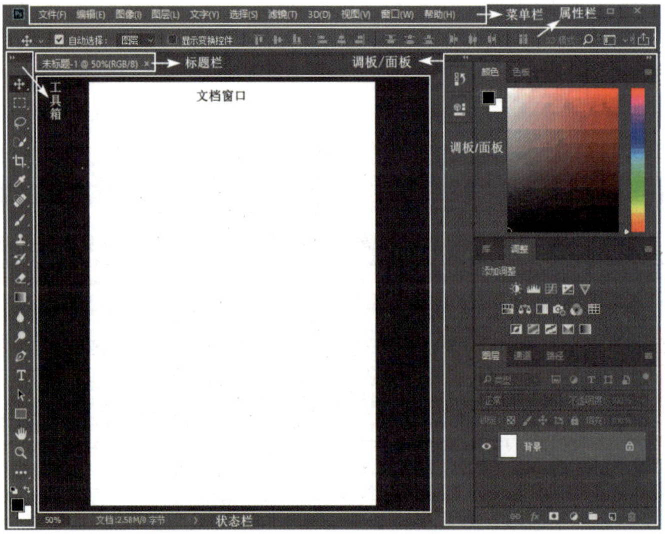

图 1-8　Photoshop 工作界面

- 菜单栏：Photoshop 的菜单栏中包含多个菜单按钮，单击菜单按钮，可打开相应的菜单列表，列表中包含多个命令，选择相应的命令后，可对文档执行相应的操作。
- 工具箱：工具箱中有很多小图标，每个图标都是一种工具，当我们将鼠标放在图标上，停顿片刻后，即会出现该工具的名称。有些图标右下角显示一个黑色的小三角，表示这是一个工具组，右击工具组按钮，可以看到工具组的其他工具。
- 属性栏 / 工具选项栏：当选择了某个工具后，在属性栏中可以看到当前使用工具的参数选项。不同工具的属性栏也是不同的。
- 标题栏：当打开一张图片或者新建一个文档时，从左到右分别显示：文档名称、窗口缩放比例、图像模式等信息。
- 文档窗口：当打开一张图片或者新建一个文件时，就会创建一个文档窗口。若同时打开多个图片或者新建多个文件时，就会依次陈列在选项卡中。单击任意文档名称（标题）即可随意切换当前可操作的文档窗口。
- 状态栏：显示当前工具和文档窗口显示比例、文档大小、文档尺寸等信息，具体可以根据需要单击箭头进行调整。
- 调板 / 面板：面板主要用来配合图像的编辑、对操作进行控制以及设置参数等。默认情况下，面板堆栈位于窗口的右侧。将鼠标移动到面板名称上，按住鼠标左键拖拽可将面板进行分离和组合。

技巧：面板在使用过程中，难免会调整位置或并未堆栈在原来的位置上，一个一个重新拖拽整理费时费力，此时可以执行“窗口” / “工作区” / “复位基本功能”命令，将凌乱的工作界面恢复到默认状态。

步骤 3 按 D 键，将前景色 / 背景色设置为默认的黑色 / 白色，按 Alt+Delete 组合键给背景填充黑色。

技巧：按 X 键交换前景色和背景色的颜色。

步骤 4 选择菜单“文件” / “存储为”命令（或按组合键 Ctrl+S），在弹出的“另存为”对话框中选择合适的路径，将文件名改为“邀请函 .psd”，保存类型选择“Photoshop(*.psd;*.pdd;*.psdt)”，完成文档的存储。

提示：首次保存文档时，“文件” / “存储”命令为灰色，为不可用状态，可选择“存储为”命令对文档进行保存；文档保存后，如果要更改文件保存的位置、名称、格式等，可以执行“存储为”命令。

2. 置入其他图片并设置图层混合模式

步骤 1 执行“文件” / “置入嵌入对象”命令，在弹出的“置入嵌入的对象”对话框中选择素材“艺术中心 .jpg”，此时置入的对象边缘处带有定界框和控制点，按住 Shift 键的同时，拖动定界框角上的控制点，按比例缩放调整“艺术中心”图片，使其宽度略宽于“邀请函”文档宽度，按 Enter 键完成置入操作，定界框会消失。此时，“艺术中心”以“智能对象”的形式置入“邀请函 .psd”中。接着，选择“移动工具”将“艺术中心”图片调整在页面底部。

提示：以上是置入图片的菜单操作方法，也可以通过打开图片所在文件夹的位置，使用鼠标选中图片直接拖拽至“邀请函”文档。值得注意的是：拖拽到工作区是拖至当前文件中，但是拖拽到工作区以外是以另一文件打开。

步骤 2 选择“艺术中心”图层，选择“魔棒工具”（容差值：20），在图片天空处单击，按 Shift 键加选选区，直到将天空的内容选中，如图 1-9 所示。

提示：在 Photoshop 中，滚动的蚂蚁线称为选区。如果图层中没有选区存在，一般是对整个图层进行操作；如果图层中有选区存在，一般是对图层的选区进行操作。

步骤 3 按 Ctrl++ 组合键，将视图放大，拖动至如图 1-10 所示的位置，选择“套索工具”，按住 Alt 键，从当前天空选区中减去套索框选的区域。

图 1-9 选择图片的天空区域

图 1-10 减选区

步骤 4 右击“艺术中心”图层，选择“栅格化图层”，按 Delete 键将天空删除。

提示：栅格化图层是指将智能对象图层、文字图层、图层样式等特殊图层变成普通图层的过程。

步骤 5 执行“图像”/“调整”/“色彩平衡”命令，对“艺术中心”图层做“色彩平衡”调整，如图 1-11 所示。

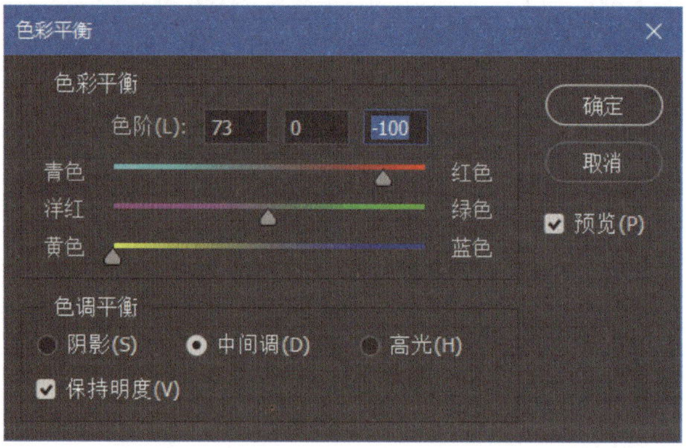

图 1-11 应用“色彩平衡”

提示：在 Photoshop 中，使用“图像”/“调整”命令对图像调色与使用“调整”图层调色的结果是一致的。

3. 输入文字并应用图层样式

步骤 1 使用“文字工具”输入文字“邀请函”（字体：黑体；字号：350 点；颜色：R209，G154，B29），并给文字添加图层样式，如图 1-12 和图 1-13 所示。

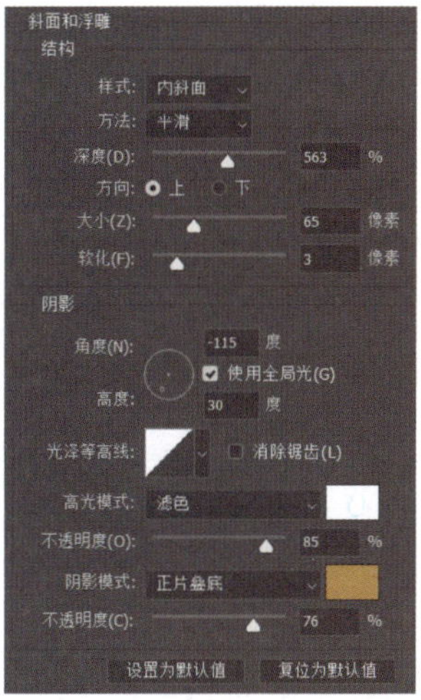

图 1-12　添加“斜面和浮雕”图层样式

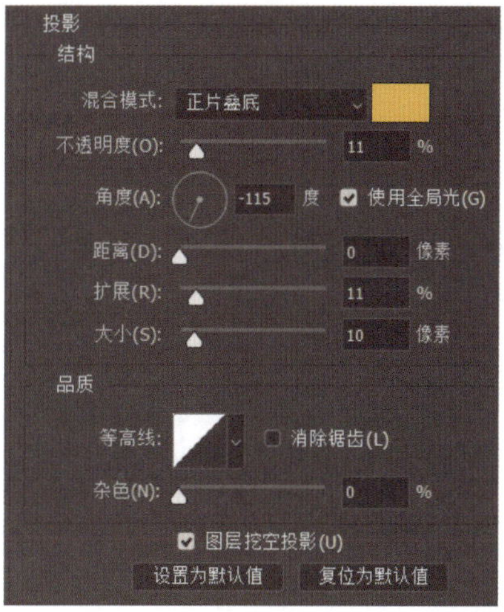

图 1-13　添加“投影”图层样式

步骤 2　打开素材文件夹，选中“金箔 2”图片，按住鼠标左键不放，将图片拖至“邀请函.psd”工作区，按住 Shift 键并拖动控制框角上的点，让整个图片覆盖“邀请函”三个字，按 Enter 键确定变换。

步骤 3　在“金箔 2”图层空白位置右击，选中“创建剪贴蒙版”命令，将金箔图片作用于“邀请函”文字上。

提示：剪贴蒙版的知识点在任务 2 中有详细讲解。

步骤 4　同理，完成文字 Invitation（字体：黑体；字号：120 点）的效果制作，并将“邀请函”及 Invitation 在文档中垂直居中，如图 1-14 所示。

图 1-14　输入文字

提示：按住 Alt 键的同时，将鼠标放置在“邀请函”图层的图层样式“效果”文字上，不放开鼠标拖拽至 Invitation 图层上，当出现黑白双箭头时放开鼠标，即可将“邀请函”的图层样式复制给 Invitation 图层。

步骤 5 新建图层，并重命名为“大”。使用“铅笔工具”（大小：10 像素；颜色：R120，G88，B51）按住 Shift 键绘制直线，并调整在文档中垂直居中，如图 1-15 所示。

提示：按住 Shift 键来绘制直线，是以 45° 的倍数的方向来绘制的，意思就是说，绘制的直线是角度为 45°、90°、135° 等 45° 的倍数的直线。需要注意的是，绘制完一条直线后要放开 Shift 键，单击起点后再按 Shift 键，否则，会出现持续连线的情况。

步骤 6 新建图层“中”，使用“铅笔工具”（大小：10 像素；颜色：R244，G232，B209）按住 Shift 键绘制直线，并调整在文档中垂直居中，如图 1-15 所示。

步骤 7 新建图层“小”，选择“圆角矩形工具”（工具模式：路径），按住 Shift 键的同时拖动鼠标绘制圆角正方形（大小如图 1-15 所示），在弹出的“属性”面板中设置四个角的圆角值为 70 像素。

步骤 8 按 Ctrl+Enter 组合键，将路径转换为选区，执行“选择”/“修改”/“边界”命令（5 像素），填充颜色为 R241，G209，B148，并在文档中垂直居中。

步骤 9 置入“金箔 1.jpg”图片，调整大小及位置，将图片作为“小”图层的剪贴蒙版。按住 Shift 键，单击“大”“中”“金箔 1”“小”图层，同时选中这四个图层，单击“图层”面板下方的“链接图层”，效果如图 1-15 所示。

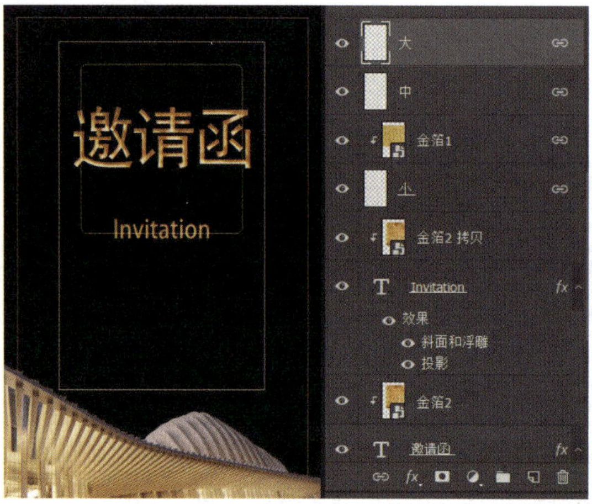

图 1-15 绘制框线

提示：在 Photoshop 中，常常需要用到链接图层。链接图层就是把多个图层关联到一起，以便对链接好的图层进行整体的移动、复制、剪切等操作，以提高操作的准确性和效率。链接图层的方法有鼠标右键法、菜单法、链接按钮法。

技巧：选择“选择”工具时，按住 Ctrl 键，“选择”工具属性栏会自动勾选“自动选择”，比单击图层进行选择方便；松开 Ctrl 键，“选择”工具属性栏会自动取消勾选“自动选择”。

步骤 10 单击“小”图层，使用“矩形选框工具”框选和文字相交的区域，按 Delete 键删除。

步骤 11 打开素材“邀请函文字 .docx”，按 Ctrl+A 组合键全选文字，按 Ctrl+C 组合键复制所有文字。

步骤 12 选择“横排文字工具”，在中框线的内部拖动鼠标，创建“段落文本”，按 Ctrl+V 组合键粘贴邀请函文字（字体：黑体；字号：48 点；颜色：R241，G209，B148），设置后三段文字为“右对齐文本”，其余段落文字为“左对齐文本”，可配合“字符 / 段落”面板对段落文本做进一步设置。效果如图 1-16 所示。

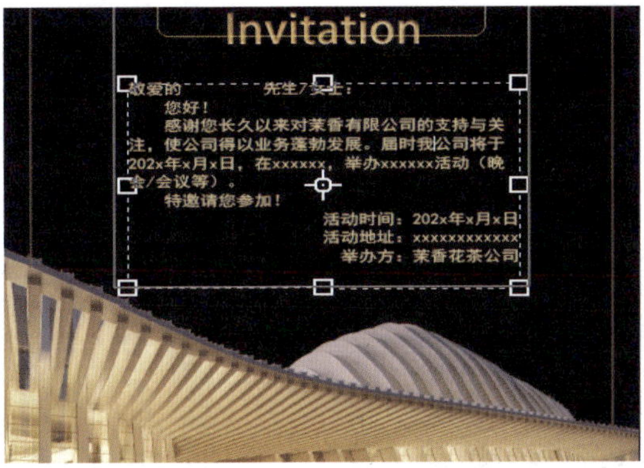

图 1-16　输入段落文字

步骤 13 将“金箔 1”图层拖动至“图层”面板下方的“创建新图层”按钮上，得到“金箔 1 拷贝”，将“金箔 1 拷贝”图层拖至段落文本的上方，右击“金箔 1 拷贝”图层右方空白区域，选择“创建剪贴蒙版”。

4. 装饰“邀请函”

步骤 1 新建图层“领结”。选择“自定义形状工具”（工具模式：路径），在选项栏中单击形状的下拉菜单，在下拉菜单中单击右边的齿轮，追加全部形状。之后，再次单击形状下拉菜单，选择“领结”图形，在文档右上角绘制领结，如图 1-17 所示。

步骤 2 按 Ctrl+Enter 组合键，建立领结选区，填充颜色为 R221，G161，B52，按 Ctrl+D 组合键取消选区。

步骤 3 使用“加深工具”及“减淡工具”随机在“领结”上涂抹。执行“滤镜”/“模糊”/“高斯模糊”命令（半径：23）。

图 1-17　绘制领结

提示：Photoshop 撤销操作的方法有：①一步撤销：按 Ctrl+Z 组合键；②多步撤销：按 Ctrl+Alt+Z 组合键；③历史记录撤销：通过窗口 / “历史记录”面板。

步骤 4 新建“彩带”图层，使用“钢笔工具”绘制如图 1-18 所示的路径，按 Ctrl+Enter 组合键建立彩带选区，填充颜色为 R221，G161，B52，按 Ctrl+D 组合键取消选区。使用“加深工具”及“减淡工具”随机在“彩带”上涂抹。并调整彩带大小及位置。

步骤 5 复制“彩带”图层，旋转方向，调整大小及位置。

步骤 6 复制“彩带”图层，旋转方向，调整大小及位置，并添加“高斯模糊”滤镜。效果如图 1-19 所示。

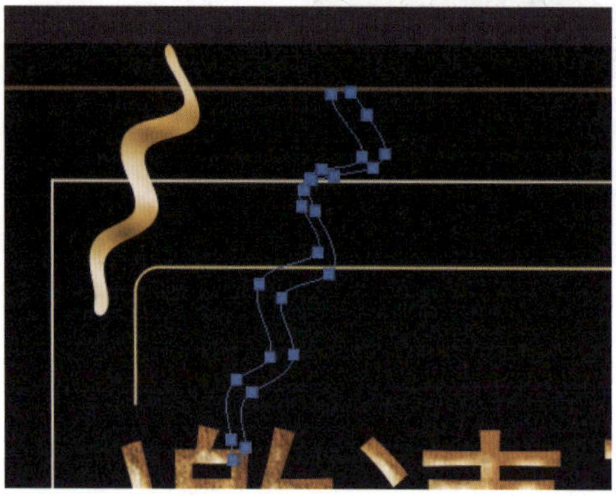

图 1-18 绘制彩带

图 1-19 复制彩带并调整

步骤 7 置入“光 .jpg”，调整大小及位置。将“光”图层的混合模式设置为“变亮”。

步骤 8 复制“光”图层，执行“编辑”/“变换”/“水平翻转”命令。完成邀请函制作。

步骤 9 按 Ctrl+S 组合键保存文档。

提示：大家要养成常按 Ctrl+S 组合键对文档进行存储的好习惯。

【任务总结】

本任务通过制作邀请函，展示了 Photoshop 的强大功能。学习了大量的基础知识，如矢量图形、位图图像、文件格式、图像模式、图层等的概念，学习了常用工具的使用方法、调色的常用工具等，可使后期的图像制作与设计有依可循、有据可查，便于吃透弄懂。

使用本任务提到大量的组合键（表 1-2）可以大大提高工作效率，大家可以适当地记忆。

任务2 “守护蓝天绿水青山 建设生态宜居家园”海报制作

【任务描述】

党的二十大报告专用一个部分的篇幅就推进绿色发展、促进人与自然和谐共生作出战略部署。坚持人与自然和谐共生，必须树立和践行绿水青山就是金山银山的理念，坚持节约资源和保护环境的基本国策。“守护蓝天绿水青山 建设生态宜居家园”是任务 2 的主题。良好的生态环境是最普惠的民生福祉。守护青山绿水，留住蓝天白云，才能赢得金山银山。只有生活在良好的生态环境中，我们才能生活得幸福安康。

本任务主要学习通道、蒙版、常用的抠图技法和调色等知识点，帮助读者掌握 Photoshop 常用工具的使用、通道的概念及使用、蒙版的种类及使用方法、调色的基础知识等。

【任务要求】

完成如图 1-20 所示的效果图。

图 1-20　最终效果

【知识链接】

1. 内容识别缩放

“内容识别缩放”可在不更改重要可视内容（如人物、建筑、动物等）的情况下调整图像大小。常规调整图像大小时会统一影响所有像素，而内容识别缩放主要影响没有重要可视内容的区域中的像素。

内容识别缩放

2. 通道

（1）通道的概念。通道是由遮板演变而来的，也可以说通道就是选区。在通道中，以白色代替透明表示要处理的部分（选择区域）；以黑色表示无须处理的部分（非选择区域）。因此，通道也与遮板一样，没有其独立的意义，而只有在依附于其他图像（或模型）存在时，才能体现其功用。而通道与遮板的最大区别，也是通道最大的优越之处，在于通道可以完全由计算机来进行处理，也就是说，它是完全数字化的。

通道

常说的通道是指颜色通道，是用来存放图像颜色信息的。图像的颜色模式决定了图像的颜色通道的数目，例如：

1）RGB 模式：图像有 4 个通道——红色通道、绿色通道、蓝色通道和 1 个复合通道（RGB 通道）。

2）CMYK 模式：图像有 5 个通道——青色通道、洋红通道、黄色通道、黑色通道和 1 个复合通道（CMYK 通道）。

3）灰度模式：图像有 1 个通道，该通道表现的是从黑色到白色的 256 个色阶的变化。

4）LAB 模式：图像有 4 个通道——1 个复合通道（LAB 通道），1 个明度分量通道，2 个色度分量通道。

提示：复合通道不包含任何信息，实际上它只是同时预览并编辑所有颜色通道的一个快捷方式。

（2）通道的分类。通道主要分为颜色通道、复合通道、Alpha 通道和专色通道 4 种。

提示：专色通道是一种特殊的颜色通道，它可以使用除了青色、洋红、黄色、黑色以外的颜色来绘制图像，因为专色通道一般用得较少且多与打印相关，所以本教材不做介绍。

（3）通道的主要功能。颜色通道的主要功能：存储图像的色彩资料。Alpha 通道的主要功能：存储和创建选区及抠图使用，在 Alpha 通道中，黑色表示未选中，白色表示选中。

（4）“通道”面板。“通道”面板常用于新建通道、删除通道、选择通道、复制通道等，还可以进行通道与选区之间的转换等，如图 1-21 所示。

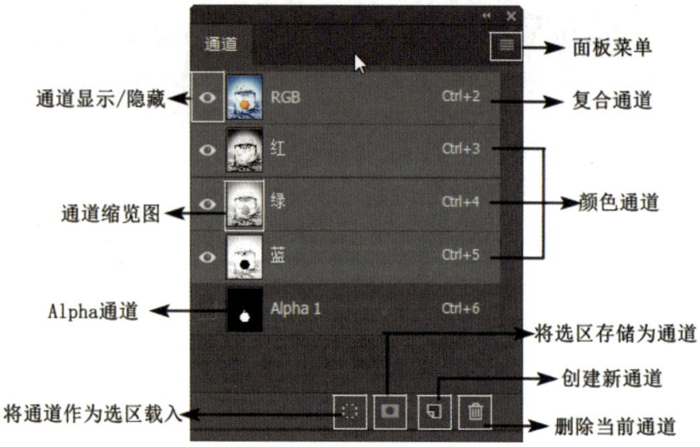

图 1-21 “通道”面板

3. 蒙版

（1）蒙版的概念。蒙版是用来遮挡及保护图层图像的。

（2）蒙版的种类。

1）图层蒙版：主要功能是保护被屏蔽的图像区域，以便用户在对图像进行编辑时被屏蔽的图像区域不受影响。黑色为看不见的，白色为看得见的，灰色为半透明的。如图 1-22 所示。

2）剪贴蒙版：按住 Alt 键并在两个图层之间单击建立剪贴蒙版，如图 1-23 所示。

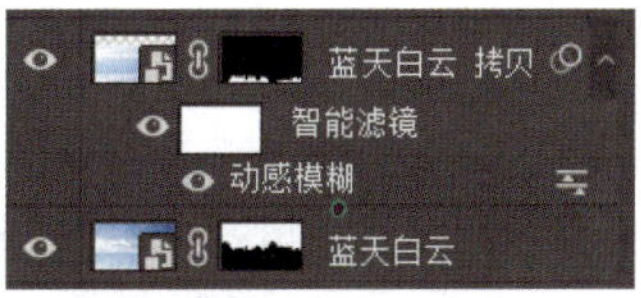

图 1-22　图层蒙版

图 1-23　剪贴蒙版

3）调整层蒙版：类似图层蒙版。如图 1-24 所示。

4）快速蒙版：是一种抠图的技法之一。利用 Photoshop 中特殊的快速蒙版编辑模式，结合橡皮擦工具、画笔工具对蒙版进行擦除或添加，从而形成选区。如图 1-25 所示。

图 1-24　调整层蒙版

图 1-25　快速蒙版

4. 调色基础知识

调色基础知识

调色是对数码照片进行后期处理的重头戏，也是平面设计中非常重要的部分。图像的色彩对图像的“好坏”起到决定性作用。同时，不同的颜色、色调往往给观众带来不同的心里感受。所以，掌握调色技术是至关重要的。

调色主要通过“图像”/“调整”下级菜单命令或“创建新的填充或调整图层”下级选项来实现。相对应的选项的作用是一样的，区别在于菜单选择的命令直接作用于图像上，后期假如要修改会很麻烦，而“调整层”是在图像上新建一个调整图层，直接双击可以重新修改参数，而且调整图层还能进行区域调色，非常方便。相对来说，使用调整图层的方式进行调色，可以操作的余地更大。

调整图层调色可分为“调节向下所有图层模式”和“只调节本层模式”（按住 Alt 键并在两个图层中间单击）。

以下介绍几种常用的调色命令：

（1）曲线（Ctrl+M）：能够对图像整体的明暗程度进行调整。常用于校正画面偏色问题及调整出独特的色调效果。

“图像”/“调整”/“曲线”命令和“创建新的填充或调整图层”/“曲线”的作用是一样的，区别在于“曲线”命令直接作用于图像上，后期假如要修改会很麻烦，而“曲线调整层”是在图像上新建一个调整图层，后期修改会比较方便。

曲线的上半部分控制图像的亮部区域；曲线中间段控制图像的中间调区域；曲线下半部分控制图像的暗部区域。在曲线上单击即可创建一个点，然后通过按住并拖动曲线点的位置调整曲线形态。将曲线上的点向左上拖动会使图像变亮，反之，图像变暗。如图 1-26 所示为曲线属性面板。

（2）色阶（Ctrl+L）：调整图像的阴影、中间调和高光的关系，从而调整图像的色调范围或色彩平衡。色阶命令的优势在于可以单独对画面的阴影、中间调、高光以及亮部、暗部区域进行调整，也可以对各个颜色通道进行调整。如图 1-27 所示为色阶属性面板。

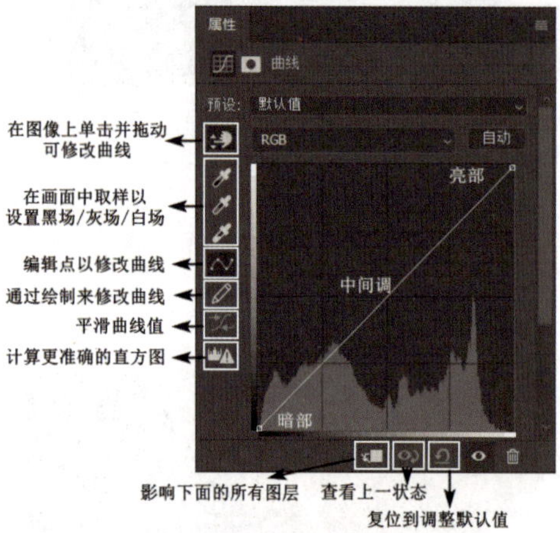

图 1-26　曲线属性面板

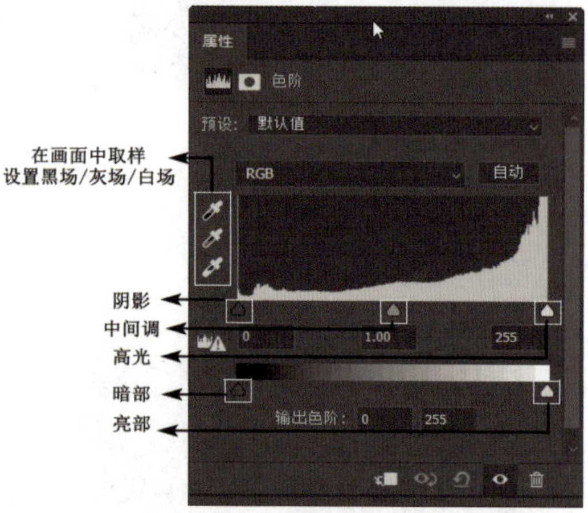

图 1-27　色阶属性面板

（3）亮度 / 对比度：可以直观地调整图像的明暗程度，校正对比度过低、过高的图像。

（4）曝光度：用来校正图像曝光不足或过度的图像。

（5）色相 / 饱和度（Ctrl+U）：可以对图像整体或者局部的色相、饱和度和明度进行调整，还可以对图像的特定范围的颜色的色相、饱和度、明度分别进行调整。其中，色相、饱和度、明度被称为色彩三要素。

1）色相：就是常说的颜色。

2）饱和度：色彩的鲜艳程度。

3）明度：色彩的明暗程度。

（6）色彩平衡（Ctrl+B）：根据颜色之间的互补关系，控制图像颜色的分布，从而对图像的偏色问题进行校正。

（7）通道混合器：用图像内现有颜色通道的混合来修改目标颜色通道，从而实现调整图像颜色的目的。

（8）反相：可以将图像中的颜色转换为它的补色，呈现出负片效果。

（9）渐变映射：需要先将图像转换为灰度图，然后设置一个渐变，将渐变中的颜色按照图像的灰度范围一一映射到图像中。

仿制图章工具

5. 仿制图章工具

仿制图章工具是 Photoshop 软件中主要用来复制取样图像的一种工具，就像一枚印章，意思就是仿照别的图像重新复制出相同的图像，适用于图案复杂且复制出来的图案不需要计算的情况。使用方法：按住 Alt 键单击想仿制的图像源，然后在想应用该图像源的地方拖动鼠标即可（可根据需要调节画笔大小、软硬度、不透明度和流量）。

仿制图章工具的用法基本上是与修复画笔一样的，效果也相似，但是这两个工具也有不同点：修复画笔工具在修复时，在颜色上会与周围颜色进行一次运算，使其更好地与周围融合，因此新图的色彩与原图色彩不尽相同；而用仿制图章工具复制出来的图像在色彩上与原图是完全一样的。

任务2 “守护蓝天绿水青山建设生态宜居家园”海报制作

【任务实施】

1. 调整画布大小

步骤1 启动 Photoshop CC 2018，按 Ctrl+O 组合键，打开素材“明仕田园 .jpg”文件，双击背景层，在弹出的“新建图层”对话框中将名称中的“图层 0”改为“原图”，单击“确定”按钮。

提示：明仕田园风光，距大新县县城 53 公里，为国家 AAAA 级景点。方圆 20 公里的景区山清水秀，山环水绕，素有“小桂林”之称。这里翠竹绕岸，农舍点缀，独木桥横，稻穗摇曳，农夫荷锄，牧童戏水，风光俊朗清逸，极富南国田园气息。

步骤2 按 D 键，将 Photoshop 的前景色和背景色恢复为默认的黑色和白色。新建图层“图层 1”，执行“图层”/“新建”/“图层背景”命令，将“图层 1”转换为背景层，并用背景色白色进行填充。执行“文件”/“存储为”命令，将文件存储为“守护蓝天绿水青山 .psd”。

步骤3 执行“图像”/“画布大小”命令，在弹出的“画布大小”对话框中进行如图 1-28 所示的设置。

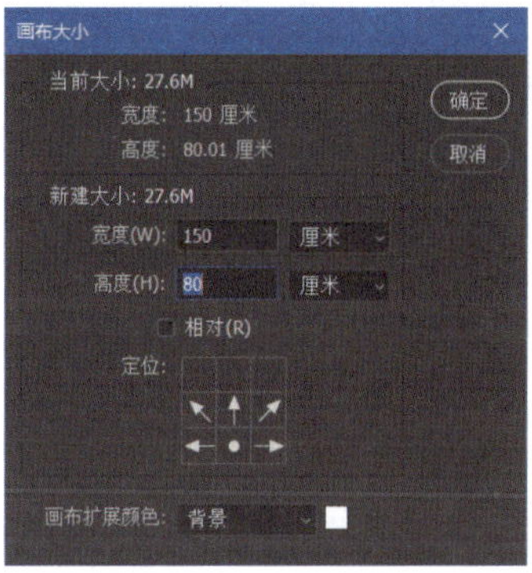

图 1-28 调整画布大小

2. 调整图像

步骤1 选择“原图”图层，按 Ctrl+J 组合键对原图进行复制，得到“原图 拷贝”图层。执行“编辑”/“内容识别缩放”命令，拖动左右两边中心控制点，将图像进行宽度调整。效果如图 1-29 所示。

（a）缩放前　　（b）缩放后

图 1-29 应用内容识别缩放

提示：内容识别填充（Shift+F5）和内容识别缩放一样，都有很强大的功能。可以使用套索工具任意绘制选区，执行“编辑”/“填充”命令（内容：内容识别）后，它能通过从图像其他部分取样的内容来无缝填充图像中的选定部分。

步骤 2 单击“原图”图层前面的眼睛图标，隐藏“原图”图层。使用“移动工具”，按住 Shift 键，将“原图 拷贝”图层垂直向下移动。

技巧：按住 Alt 键单击图层前的眼睛图标，表示单独显示，再次单击则恢复。

提示：在对图像进行处理的时候，常常会将图像进行复制，对复制的图像进行后期处理，尽量保留一份原始图像，不破坏原始图像。

步骤 3 单击“图层”面板下方的“创建新的填充或调整图层”按钮，选择“曲线”，在曲线属性面板中进行如图 1-30 所示的调整。

图 1-30 对图像进行曲线调整

提示：“曲线”既可用于对画面的明暗和对比度的调整，又常用于校正画面偏色问题以及调整出独特的色调效果。

创建新的填充或调整图层可以在不影响原图的情况下，对图片进行调色、调亮度、加特殊效果等处理。每建一个填充或调整层，都会自动生成一个蒙版，如果只想让一部分图片内容产生调整后的效果，就用黑色画笔在蒙版上把不需要调整的图片内容擦掉。

步骤 4 选择“画笔工具”（黑色；硬度：0%；不透明度：25%；流量：20%）对远处的山稍稍进行涂抹，降低曲线调整层对远处的山的作用。

技巧：调节画笔硬度的组合键为 Shift+/。

3. 换天空及添加元素

步骤 1 置入素材“蓝天白云 .jpg”图片，并对其进行缩放及调整好位置，尽量将图片分界线的位置拖到山的下面。隐藏该图层。

步骤 2 复制“蓝天白云”图层，执行“编辑”/“变换”/“垂直翻转”命令，并调整好位置。隐藏该图层。

步骤 3 选择“原图 拷贝”图层，使用“魔棒工具”选择蓝天白云及上方透明区域（“魔棒工具”不能一次性选完想要的区域，需要按住 Shift 键的同时单击来加选），执行“选择”/“修改”/“扩展”命令（2 像素）。

提示：在 Photoshop 的选区操作中，可以通过选项栏中的按钮来对选区进行新建选区、添加到选区、从选区中减去、与选区交叉等相关操作，也可以通过选择新建选区按钮，结合 Shift 键添加到选区；结合 Alt 键从选区中减去，结合 Shift+Alt 组合键与选区交叉来实现选区相关操作。

步骤 4 显示并选中“蓝天白云”图层，单击“图层”面板下方的“添加矢量蒙版”按钮，给原图像换天空。

步骤 5 选择倒影中的蓝天和白云，对选区扩展 2 个像素，显示“蓝天白云 拷贝”层，单击“添加矢量蒙版”按钮。效果如图 1-31 所示。

图 1-31 添加矢量蒙版

步骤 6 置入素材“小舟 .jpg”图片，并调整好大小及位置。按 Ctrl+S 组合键保存文件。

4. 添加文字及树叶

步骤 1 分别输入文字“绿水青山”（字号：320 点；字体：华文行楷）；“金山银山”（字号：320 点；字体：华文行楷）；“就是”（方向：纵向；字号：150 点；字体：华文行楷）。

步骤 2 按住 Ctrl 键同时选择 3 个文本层，执行“图层” / “对齐” / “垂直居中”命令，再执行“图层” / “分布” / “水平居中”命令。文字分布好后，右击图层，在弹出的快捷菜单中选择“栅格化图层”选项，再次右击图层，选择“合并图层”选项，重命名为“文字”。最后将文本在画布垂直居中。

步骤 3 置入素材“草地 .png”并进行缩放，使图片能覆盖到所有的文字。给“草地”图层添加“色相 / 饱和度”调整图层，让草地的颜色深些。为了让调整图层只影响到草地，不影响其他图层，按住 Alt 键的同时，将鼠标移动到“草地”图层和“色相 / 饱和度”调整图层之间，直到出现向下箭头的鼠标形状，单击即可。

提示：调整层调色默认是对下方的所有图层起作用；要想调整层仅对某一图层起作用，需要按住 Alt 键在两图层中间单击。

步骤 4 同样的方法，按住 Alt 键的同时，将鼠标移动到“草地”图层和“色相 / 饱和度”调整图层之间，直到出现向下箭头的鼠标形状，单击，给“文字”图层添加剪贴蒙版。效果如图 1-32 所示。

步骤 5 新建“描边”图层，按住 Ctrl 键的同时单击“文字”图层的缩略图，载入文字选区。执行“编辑” / “描边”命令（白色；外部；5 像素）。

图 1-32　为文字添加剪贴蒙版

步骤 6　选择“文字”“草地”“色相 / 饱和度 1”和“描边”图层，右击选择“合并图层”。单击“图层”面板下方的“添加图层样式”按钮，给文字添加阴影。

步骤 7　输入“守护蓝天绿水青山 建设生态宜居家园”（黑体；120 点；浑厚；颜色：R6，G50，B91），按住 Alt 键，将“文字”的图层样式复制到该层。

步骤 8　输入文字：LV SHUI QING SHAN（仿宋；70 点；浑厚；颜色：R6，G50，B91）。

步骤 9　新建图层，绘制横线，效果如图 1-33 所示。

图 1-33　添加文字及图层样式

步骤 10　打开“树叶 .jpg”文件，选择“魔棒工具”，按住 Shift 键，单击图片的白色区域。单击工具箱下方的“快速蒙版”按钮，图像进入到了快速蒙版编辑状态，借助于“橡皮擦工具”和“铅笔工具”对蒙版进行擦除和绘制，当精确地给叶子涂上半透明的红色蒙版后，再次单击“快速蒙版”按钮，退出“快速蒙版”的编辑状态。

步骤 11　按 Ctrl+Shift+I 组合键反选叶子。选中“移动工具”，将叶子拖拽复制到“守护蓝天绿水青山 .psd”文档中，按 Ctrl+T 组合键，对叶子进行缩放旋转，并调整好位置。

提示：自由变换是完成对象变形需求的工具，是缩放、旋转、斜切、透视和扭曲图像的关键方法，限制框周边有 8 个控制柄，每个控制柄都会以不同的方式来变换图层。

步骤 12 此时，我们发现有一片叶子少了一个角，使用“套索工具”框选完整叶子的部分图像，按 Ctrl+J 组合键，复制此完整叶子的部分图像。

步骤 13 将复制的叶子角移动并旋转至需要修补的叶子附近，执行“编辑”/“变换”/“变形”命令，对叶子角进行调整，让两者的叶脉连接上。如图 1-34 所示。

图 1-34 修补叶子

步骤 14 再使用“仿制图章工具”对叶子进行细致的修整。按 Ctrl+S 组合键保存文档。至此，完成最终效果的制作。

【任务总结】

本任务通过制作“守护蓝天绿水青山 建设生态宜居家园”的海报，海报的意义在于让读者感受到大自然是人类赖以生存发展的基本条件。尊重自然、顺应自然、保护自然，是全面建设社会主义现代化国家的内在要求。必须牢固树立和践行绿水青山就是金山银山的理念，站在人与自然和谐共生的高度谋划发展。

本任务学习了通道、蒙版概念、分类及使用技法，调色工具内容及使用，常用的调色命令，以及通道与选区的转换等。本任务的知识点非常重要，大家必须熟练掌握。

调色一般就是调整图像的明暗、对比度、曝光度、饱和度、色相和色调等。基本思路是：先调亮度（调亮度工具：曝光、亮度 / 对比度、色阶、曲线等），再调颜色（调颜色工具：色相 / 饱和度、色彩平衡、可选颜色等）。

任务3 萌宠屋推广海报制作

【任务描述】

本任务主要学习渐变工具、自定义形状工具、钢笔工具、常用的抠图技法、“选择并遮住”抠图技法、加深、减淡、海绵工具等知识点，帮助读者进一步掌握 Photoshop 常用工具的使用、熟练操控路径及熟悉路径和选区之间的转换等。

【任务要求】

最终效果如图 1-35 所示。

图 1-35　最终效果

【知识链接】

1. 渐变工具

渐变工具是一种用于特殊填充的常用工具，这款工具使用起来并不难，选择渐变工具后，在属性栏设置好渐变方式等参数，选择起点，单击并拖动到终点，松开鼠标即可拉出想要的渐变色。它不仅是可以填充图案，还可以用来填充图层蒙版和通道。

渐变工具

（1）渐变类型。

1）线性渐变：从起点到终点的直线形渐变。

2）径向渐变：从中心向四周的圆形渐变。

3）角度渐变：起点开始的逆时针环绕渐变。

4）对称渐变：从起点两侧开始对称的线性渐变。

5）菱形渐变：从起点到终点，菱形图案的渐变。

（2）渐变拾色器：渐变色条中显示了当前的渐变颜色，单击右侧的下拉按钮可打开下拉面板，我们可以从面板中选取预设的渐变类型，也可以通过面板菜单，进行更多操作。

（3）渐变编辑器：单击渐变彩条，就可以弹出渐变编辑器，它可以自定义制作任何渐变的效果，根据色标的位置、色彩、透明度来控制渐变的效果，色标是可以自由增加或删除的。如图 1-36 所示。

2. 路径

路径

（1）路径的概念。使用钢笔工具或形状工具所绘制的图形称为路径。路径是不可以打印的。

（2）路径的分类。

1）开放式路径：指起始点与结束点没有连接的路径。

2）闭合路径：指起始点与结束点连接好的路径。

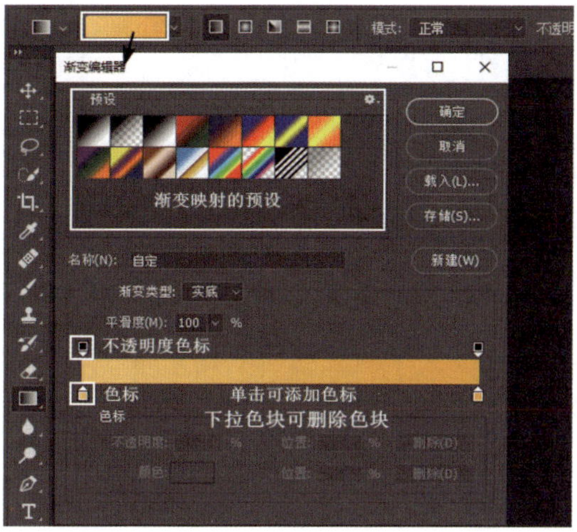

图 1-36　渐变编辑器

（3）路径与锚点的关系，如图 1-37 所示。

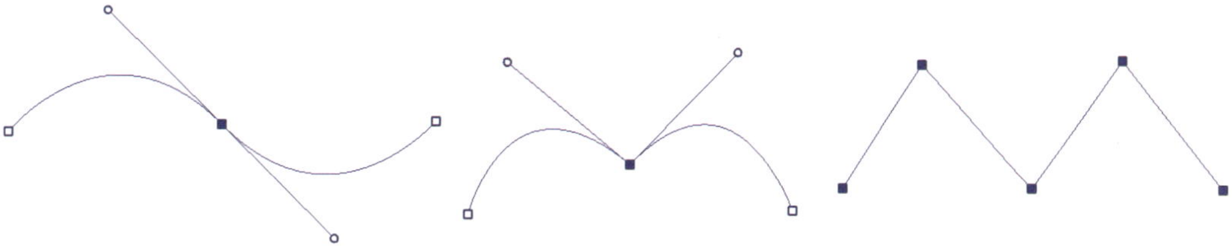

平滑点连接的曲线　　角点连接的曲线　　角点连接的直线

图 1-37　路径与锚点的关系

（4）绘制 / 选择路径的相关工具。

1）钢笔工具：可以绘制直线（直接单击，所绘制的线为直线）和曲线（单击拖动，会产生控制手柄，拖动控制手柄可以改变所绘制曲线弯曲程度）。

2）弯度钢笔工具（Photoshop CC 2018 新增的工具）：单击三个点及以上会形成曲线，双击锚点，可以把锚点所在位置变成尖角，再双击变为圆滑。鼠标点住锚点，在路径上可以任意滑动及拖动，路径的形状也会随之改变。

3）自由钢笔工具：属性栏上勾选“磁性的”复选框，相当于“磁性套索工具”，可以用于选择图形或图像。

4）添加锚点工具：在所在增加锚点的路径上单击即可在该路径上增加锚点。

5）删除锚点工具：在路径上不需要的锚点上单击可以删除多余的锚点。

6）转换点工具：在锚点上单击可以转换锚点。例如，所绘制的路径为直线，使用转换点工具单击并拖动调节曲率，可以把直线转换为曲线，再单击一次又可以把曲线转换为直线。

7）形状工具组：使用形状工具组里的工具可以绘制规则的路径。在工具选项栏的形状下拉菜单中可以选择特殊形状，也可以追加很多的 Photoshop 自带形状，甚至载入形状。

8）路径选择工具：选择整条路径。

9）直接选择工具：在路径上单击可以选择路径上的锚点，对锚点进行调整，可以调整路径的形状。

（5）钢笔工具操作要点。

1）按住 Alt 键可切掉一端线段的锚点。

2）按住 Ctrl 键可调整路径（通过锚点及控制杆）。

3）按住 Ctrl 键单击页面空白处可结束路径的绘制。

4）按 Esc 键可取消绘制路径或隐藏路径。

5）使用钢笔工具时，按住 Alt 键移动至锚点处，会切换为转换点工具。

6）钢笔工具触及路径，会转换为添加锚点工具。

7）钢笔工具触及锚点，会转换为删除锚点工具。

（6）路径工具模式。

在选择“钢笔工具”或“形状工具”的时候，其工具选项栏中工具模式有三种：形状、路径和像素。

1）形状：生成形状图层，带有路径，可以设置填充和描边，双击形状图层缩览图可以更改形状颜色。

2）路径：只能绘制路径，无颜色填充，并在路径面板产生工作路径。

3）像素：钢笔工具无此模式，没有路径，以前景色填充绘制的区域。

（7）路径的计算。首先选择参与计算的第一条路径，然后选择计算方式，再绘制第二条路径。

（8）路径的复制。使用路径选择工具，按住 Alt 键拖动路径，即可复制路径。

（9）“路径”面板。“路径”面板常用于新建路径、删除路径、选择路径、复制路径等，还可以进行路径与选区之间的转换等，如图 1-38 所示。

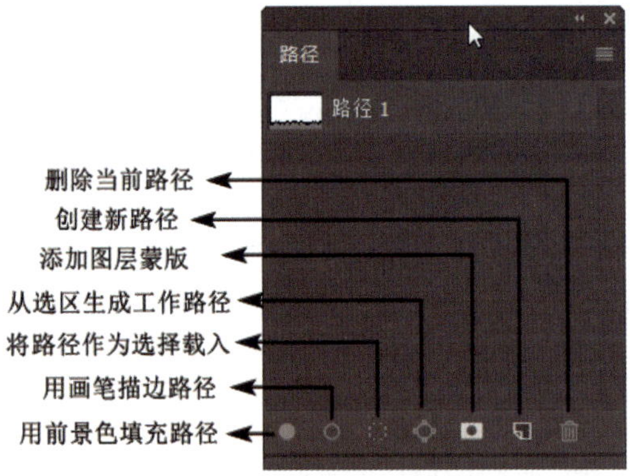

图 1-38　“路径”面板

选区创建

3. 选区创建

在 Photoshop 中，将选区比喻为滚动的蚂蚁线。我们如何获得选区呢？方法如下：

（1）选区工具组。

1）矩形选框工具：得到矩形或正方形选区（按 Shift 键的同时拖动）。

2）椭圆选框工具：得到椭圆形或圆形选区（按 Shift 键的同时拖动）。

3）单行选框工具：得到图像中高为 1 像素的横条选区。

4）单列选框工具：得到图像中宽为 1 像素的竖条选区。

提示：使用选框工具时，按 Shift 键：绘制等比例选区，如正方形、圆等。按 Alt 键：以鼠标单击处为中心绘制。按 Shift+Alt 组合键：以鼠标单击处为中心绘制等比例选区。按空格键：移动选区。

（2）套索工具组。

1）套索工具：自由拖拽绘制选区。

2）多边形套索工具：绘制多边形选区。

3）磁性套索：自动吸附颜色边缘。

（3）魔棒工具组。

1）魔棒工具：魔棒工具是抠图做选区的常用工具。使用魔棒工具，能获取与取样点颜色相似部分，成为选区。通过调整容差数值，可以控制被选择的区域范围大小。适合用在背景颜色较为单一的情况，一般选择背景然后反选（容差：容许的色差）。

2）快速选择工具：顾名思义，就是“快速”地选择画面中你想要或者不想要的部分。选中工具后，对准画面框选即可，同时可以配合中括号“[”或“]”来缩放画笔大小，进行更精确的框选。

3）快速选择工具可以通过调整画笔的笔触、硬度和间距等参数而快速通过单击或拖动创建选区。拖动时，选区会自动向外扩展并自动查找跟随图像中定义的边缘。适合用在多色块连续选择的情况。

（4）Ctrl+ 图层缩览图：得到图层中不透明区域选区。

（5）路径：使用钢笔工具或形状工具组工具绘制路径再转换为选区；或按 Ctrl 键的同时单击路径缩览图；或按 Ctrl+Enter 组合键可以将路径转换为选区。

（6）通道：通道中的白色为选区内部，黑色为选区外部，灰色为半透明的选区。按 Ctrl 键的同时单击通道缩览图或按“通道”面板下方的“将通道作为选区载入”按钮可以将通道转换为选区。

（7）选择并遮住：“选择并遮住”命令可以对边缘进行检测，调整选区的平滑度、羽化、对比度以及边缘位置，可以智能地细化选区，所以常用于头发、动物的抠图。

4. 选区的编辑

（1）删除：按 Delete 键即可将选区内的图像删除。

（2）填充：按 Ctrl+Delete 组合键可填充背景色；按 Alt+Delete 组合键可填充背景色；执行“编辑”/“填充”命令（Shift+F5）可填充前景色、背景色、图案等。

选区编辑

（3）复制：按 Ctrl+J 组合键：可以在新图层上复制得到当前图层当前选区的图像。

选择移动工具后，按 Alt+ ↓ / ↑ / → / ←组合键：在同一层中向下 / 向上 / 向右 / 向左复制选区内容。

（4）变换：按 Ctrl+T 组合键可实现选区的变换，如缩放、旋转、透视、斜切、扭曲、变形。

（5）羽化：按 Shift+F6 组合键。

（6）描边：执行“编辑”/“描边”命令。

（7）移动复制：使用移动工具拖动至另一个文档再放开鼠标，即可将选区内的图像移动复制到另一文档。

（8）变换选区：按 Alt+S+T 组合键，或执行“选择”/“变换选区”命令。

（9）选区计算。

1）与原选区相加：按 Shift 键。

2）与原选区相减：按 Alt 键。

3）与原选区相交：按 Shift+ Alt 组合键。

（10）反选：按 Ctrl+Shift+I 组合键。

（11）取消选区：按 Ctrl+D 组合键。

5. 抠图技法

抠图技法

（1）工具法：使用选框工具组、套索工具组、魔棒工具组、橡皮擦工具组的工具进行抠图叫工具法抠图。

（2）路径法：使用钢笔工具或形状工具组工具绘制路径再转换为选区的方法。

（3）色彩范围法：即执行“选择”/“色彩范围”命令的技法。

（4）快速蒙版法：快速蒙版的功能和作用就是用来创建选区。快速蒙版是临时存在的，它可以在临时蒙版和选区之间转换。当单击“以快速蒙版模式编辑”按钮后图像进入到快速蒙版编辑状态，可以使用任何绘画工具或滤镜来编辑，退出快速蒙版编辑模式后，又进入了选区状态。

双击“以快速蒙版编辑模式”按钮，弹出如图 1-39 所示的“快速蒙版选项”对话框，在对话框中可以修改蒙版使用的颜色及不透明度，还可以选择如下两种蒙版的覆盖方式。

1）被蒙版区域：勾选此项，表示被红色遮盖的部分是未选中的区域，使用黑色铅笔绘画可扩大蒙版区域，用白色铅笔绘画或橡皮擦擦拭可扩大选中区域。

2）所选区域：勾选此项，表示被红色遮盖的部分是选中的区域。如果用白色绘制可扩大蒙版区域，用黑色铅笔绘画可扩大选中区域。

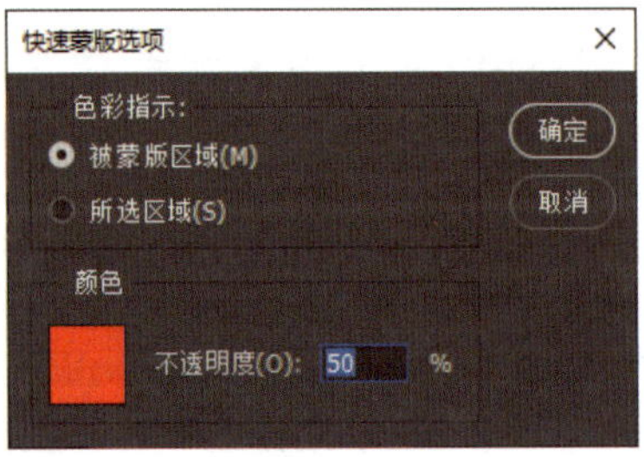

图 1-39　快速蒙版选项

快速蒙版抠图也是很重要的一种抠图技法。

（5）通道法：通道抠图法是最常用也是最有效的抠图技法，利用的是调节某一通道的对比度，将所需部分调成最亮或最暗，再转换成选区。

通道法的步骤为：分析通道（选取对比最明显的通道）→复制通道→调整黑白（利用计算（叠加）、色阶、画笔等方法将发丝边缘调整清晰）→反相（Ctrl+I）→回到 RGB 通道→回到图层→建立蒙版（结合两个图层，一个保留人物主体，一个保留发丝细节）。

（6）选择并遮住法："选择并遮住"命令可以对边缘进行检测，调整选区的平滑度、羽化、对比度以及边缘位置，可以智能地细化选区，所以常用于头发、动物的抠图。

提示：在实际抠图操作过程中，可以结合多种抠图技法进行抠图。

【任务实施】

1. 编辑素材图片

任务3 萌宠屋推广海报

步骤 1 启动Photoshop CC 2018，新建文档（A4：210毫米×297毫米，150 像素 / 英寸，RGB 模式），将文档另存为"萌宠屋推广海报 .psd"。

提示：该"萌宠屋推广海报"不打算打印输出，故未将文档设置为 CMYK 模式。

步骤 2 按 Ctrl+O 组合键，打开素材文件"狗 .jpg"，使用"移动工具"将"背景"图层拖至"萌宠屋推广海报 .psd"中，并调整好大小及位置。

步骤 3 按 Ctrl+J 组合键，复制"图层 0"，并更名为"小狗"，单击"图层 0"前面的眼睛，隐藏"图层 0"。

步骤 4 使用"矩形选框工具"选择如图 1-40 所示的选区。

步骤 5 选择"移动工具"，按 Alt+ ←组合键，可在同层复制选区内图像，去除左边小狗，效果如图 1-41 所示。

图 1-40 选择选区

图 1-41 去除左边小狗

步骤 6 复制"小狗"图层，得到"小狗 拷贝"图层。选择"矩形选框工具"，在选项栏的右侧单击"选择并遮住"命令。

提示：选择选框工具组、套索工具组、魔棒工具组中任意工具，在选项栏中都有"选择并遮住"命令。

步骤 7 此时，图片会进入"选择并遮住"编辑状态。选择左边工具栏的第一个工具"快速选择工具"（笔刷大小：4），视图模式选择叠加，在小狗的身上进行涂抹选择，直到得到如图 1-42 所示的效果。

提示："选择并遮住"命令是个很耗系统资源的操作。在操作过程中一定不要急，需要耐心等待每一步的操作。当使用"快速选择工具"涂抹得到的区域包含了小狗的背景，可以按住 Alt 键再次减选，直到得到小狗的大体区域为止。在操作过程中，笔刷大小也是根据图片选择位置进行改变的，当涂抹小狗身体时，笔刷可以大些，当选择小狗爪子时，笔刷需要调小些。

步骤 8 选择"调整边缘画笔工具"，在小狗边缘的毛发处涂抹，直到得到如图 1-43 所示的小狗选区。在输出设置中选择"图层蒙版"，之后单击"确定"，即可得到小狗精确的选区。

图 1-42 使用"快速选择工具"选择小狗

图 1-43 选择并遮住抠图技法

步骤 9 在"小狗"图层上新建图层（命名为"底色"），并使用"套索工具"绘制如图 1-44 所示的选区。

图 1-44 绘制选区

步骤 10 选择"线性渐变工具"对选区填色。效果如图 1-45 所示。

步骤 11 在"小狗"图层上新建图层，并填充白色。

步骤 12 给"底色"图层添加投影图层样式，如图 1-46 所示。

图 1-45　填充渐变色

步骤 13　在“底色”图层上新建图层（命名为“编织（宽）”），执行“编辑”/“填充”命令（或按 Shift+F5 组合键），追加“图案”，选择“编织（宽）”对图层进行填充，如图 1-47 所示。

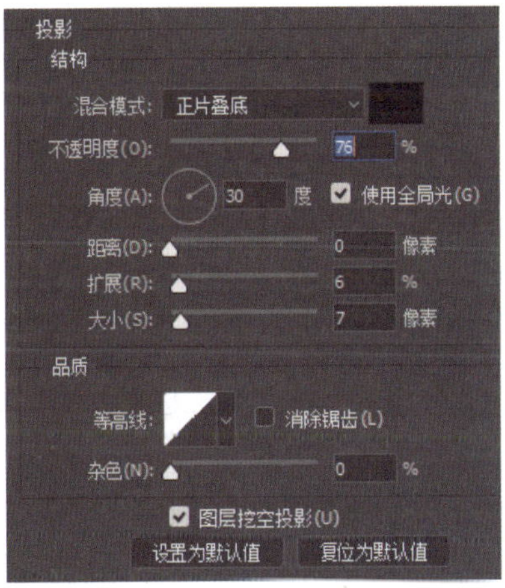

图 1-46　添加投影图层样式

图 1-47　填充图案

提示：图案图章工具、油漆桶工具都可以使用图案填充，图案也可以自己创建（“编辑”/“定义图案”）。

步骤 14　给“编织（宽）”图层添加图层蒙版，使用从白到黑的渐变填充图层蒙版。并设置“编织（宽）”图层的不透明度为 25%。

步骤 15　在“编织（宽）”图层上新建图层（命名：投影），使用“画笔工具”（不透明度：25%；流量：25%；黑色）给小狗绘制投影，如图 1-48 所示。

步骤 16 右击“投影”图层，选择“转换为智能对象”，执行“滤镜”/“模糊”/“高斯模糊”命令（半径：40 像素），效果如图 1-49 所示。

图 1-48 给小狗绘制投影

图 1-49 设置高斯模糊

2. 给小狗戴上耳机

步骤 1 打开素材“耳机.jpg”，选择“钢笔工具”（工具模式：路径）绘制如图 1-50 所示的路径。

步骤 2 按 Ctrl+Enter 组合键，将路径转换为选区，使用“移动工具”将耳机复制到“萌宠屋推广海报.psd”文件中。

步骤 3 按 Ctrl+T 组合键，将耳机转换为智能对象，按住 Shift 键，按比例缩放耳机图像。

步骤 4 使用“直线套索工具”选中右耳耳罩，如图 1-51 所示。按 Ctrl+J 组合键复制出右耳耳罩（命名：右）。

图 1-50 绘制耳机路径

图 1-51 选择右耳耳罩

步骤 5 选择“右”图层，按 Ctrl+T 组合键将定位中心点移至如图 1-52 所示的位置，并将右耳耳罩进行旋转。

步骤 6 选择“耳机”图层，选择左耳耳罩部分，按 Ctrl+J 组合键复制出“左”图层，类似地，完成左耳耳罩的制作，效果如图 1-53 所示（隐藏了“耳机”图层）。

图 1-52 调整右耳耳罩

图 1-53 调整左耳耳罩

步骤 7 显示并选中“耳机”图层，使用“直线套索工具”选择耳机的上半部分，执行“编辑”/“变换”/“变形”命令，对耳机上半部分进行调节，使耳机融为一体，如图 1-54 所示。最后将“耳机”图层隐藏。

步骤 8 复制“小狗 拷贝”图层，得到“小狗 拷贝 2”图层。并将“小狗 拷贝 2”图层拖至顶层。

步骤 9 使用“画笔工具”（大小：随时调整；硬度：0%；颜色：黑色；不透明度：20%；流量：20%）在“小狗 拷贝 2”图层的蒙版处涂抹小狗的耳朵毛发边缘，给小狗戴上耳机。效果如图 1-55 所示。

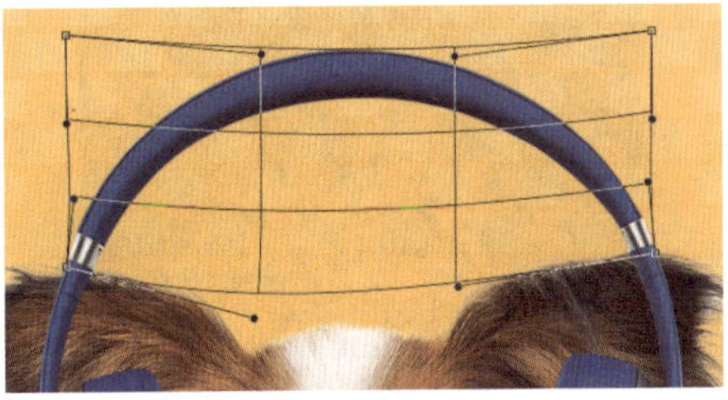

图 1-54 调整耳机上半部分

图 1-55 擦拭蒙版

提示：不仅需要随时调整画笔大小，也需要根据情况随时切换黑白两色（黑色为看不见的，白色为看得见的，灰色为半透明的）。

3. 推广海报整体制作

步骤 1 输入文字“萌宠屋”（字号：180 点），并添加斜面和浮雕（深度：261；大小：65；软化：3；阴影模式：正片叠底；颜色：R182，G124，B0）、描边（大小：7；颜色：R252，G180，B20）和投影（不透明度：100%；角度：30；距离：8；扩展：13；大小：40）图层样式，如图 1-56 至图 1-58 所示。

步骤 2 使用“文字工具”（字体：黑体；字号：24 点），在文档的底部拖出段落文本框，输入“萌宠屋已有十五年的经营，提供的服务应有尽有，比如宠物用品销售、宠物乐园、宠物医疗、宠物洗澡、宠物美容、宠物寄养、宠物体检、宠物学校等。服务类型繁多，只要您需要的，我们都可以提供。”

步骤 3 使用“自定义形状工具”（追加“全部”），选择“五角星”，工具模式选择“形状”，按住 Shift 键，在文档的上方绘制多颗五角星，并重命名为“五角星”。

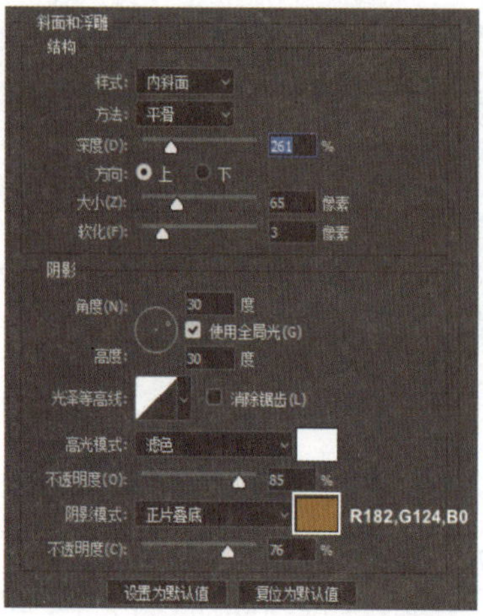

图 1-56　“斜面和浮雕”图层样式

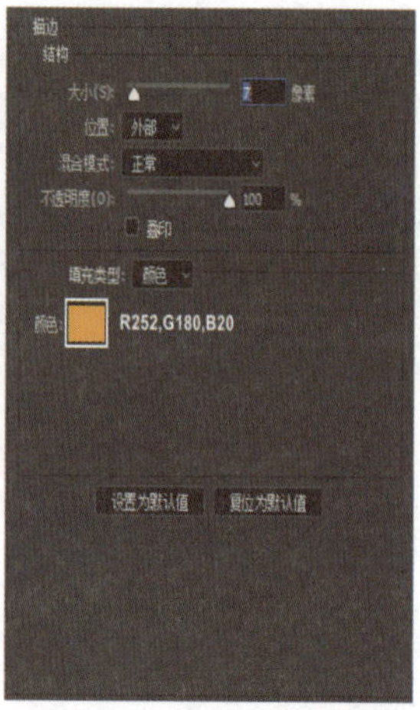

图 1-57　“描边”图层样式

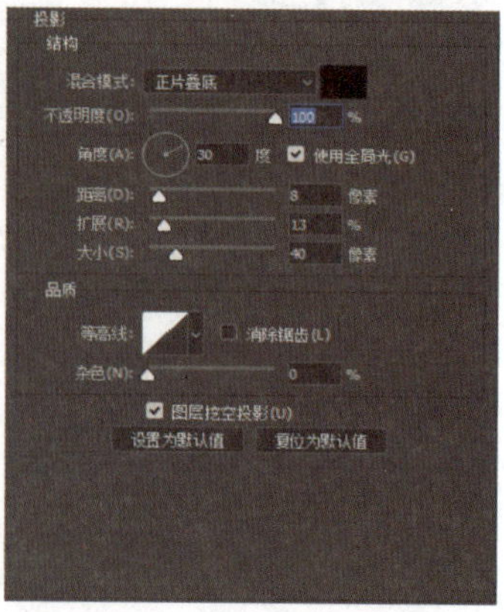

图 1-58　“投影”图层样式

步骤 4　给“五角星”添加“光泽”和“外发光”图层样式，如图 1-59 和图 1-60 所示。

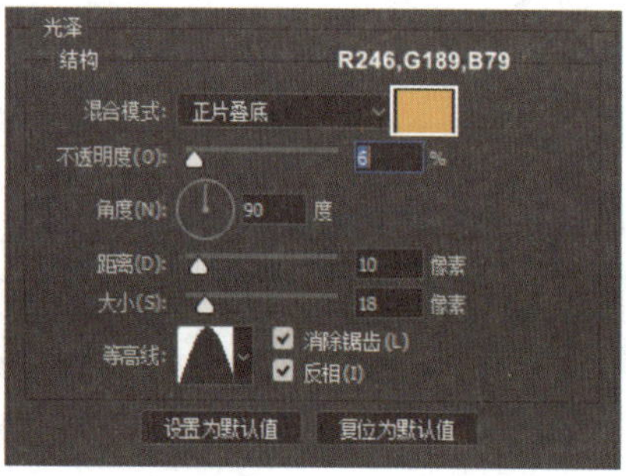

图 1-59　添加“光泽”图层样式

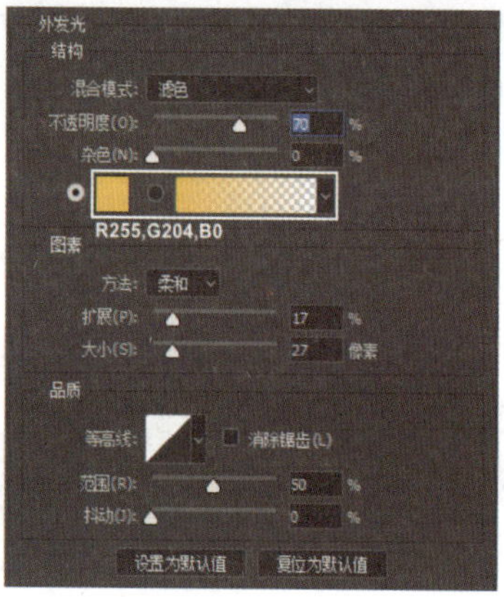

图 1-60　添加“外发光”图层样式

步骤 5　使用“自定义形状工具”（形状：五角星边框；工具模式：形状），按住 Shift 键，在文档的上方绘制多颗五角星边框，并重命名为“五角星边框”。

步骤 6　按住 Alt 键，用鼠标左键按住“五角星”的效果不放拖至“五角星边框”图层上，出现黑白双箭头后放开鼠标，将“五角星”的图层样式复制给“五角星边框”。效果如图 1-61 所示。

步骤 7　使用“自定义形状工具”（形状：电话 3；工具模式：形状），按住 Shift 键，在文档的上方绘制电话形状，并重命名为“电话 3”。使用“直接选择工具”，选择外边框的锚点，按 Delete 键将锚点删除，直到只剩下电话内部的锚点，如图 1-62 所示。

步骤 8　给“电话 3”添加“斜面和浮雕”“光泽”“外发光”和“投影”图层样式，如图 1-63 至图 1-66 所示。

图 1-61　绘制五角星

图 1-62　绘制电话形状

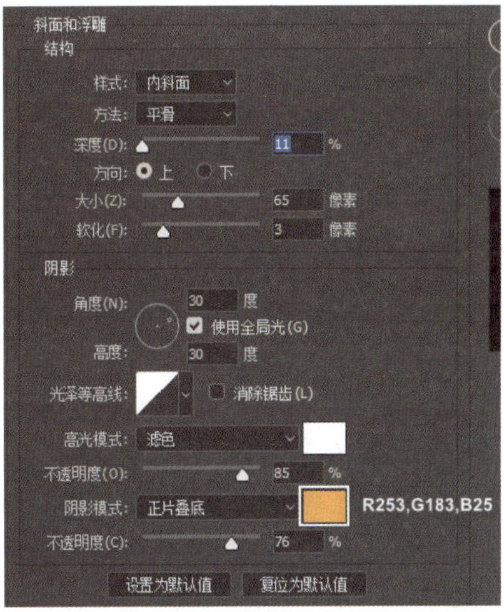

图 1-63　应用“斜面和浮雕图”层样式

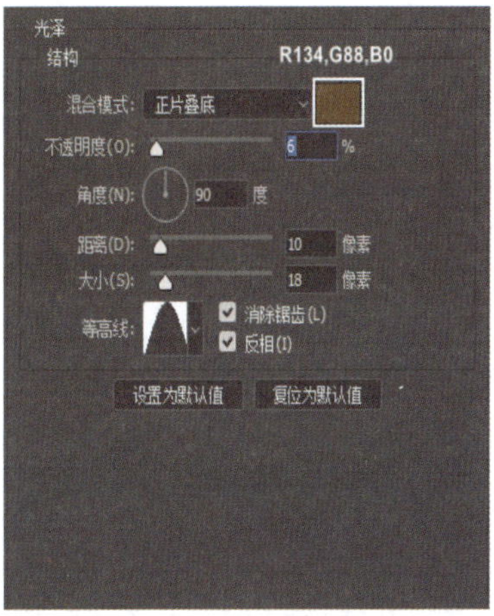

图 1-64　应用“光泽”图层样式

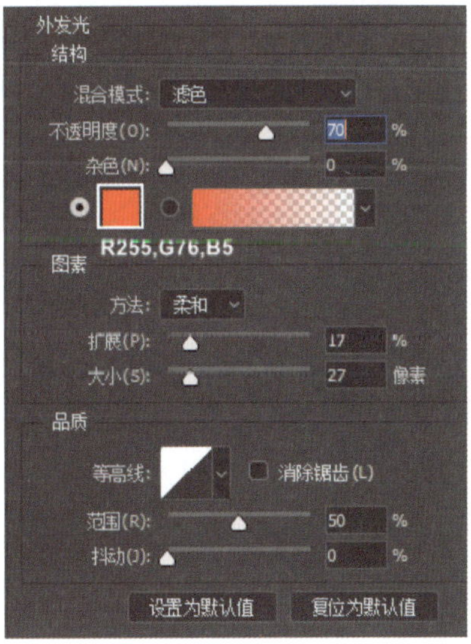

图 1-65　应用“外发光”图层样式

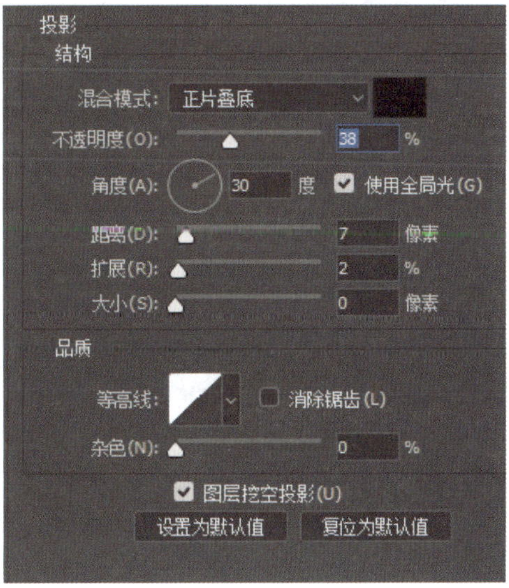

图 1-66　应用“投影”图层样式

步骤 9　类似地，完成“帮助”图形的绘制及图层样式的复制应用。

步骤 10 新建图层“鱼 织物 1”，选择“自定义形状工具”（形状：鱼；工具模式：路径）绘制“鱼”形。按 Ctrl+Enter 组合键将路径转换为选区。

步骤 11 按 Shift+F5 组合键填充图案（追加“填充纹理 2”，再选择“织物 1（200×200 像素，灰度模式）”）。

步骤 12 使用“加深工具”“减淡工具”“海绵工具”对鱼图案进行擦拭，效果如图 1-67 所示。

图 1-67　绘制鱼图形

步骤 13 给“鱼 织物 1”图层添加“斜面和浮雕”和“投影”图层样式，如图 1-68 和图 1-69 所示。

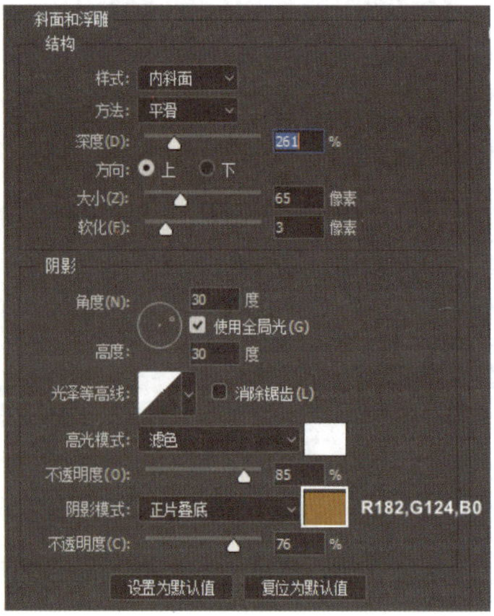

图 1-68　添加“斜面和浮雕”图层样式

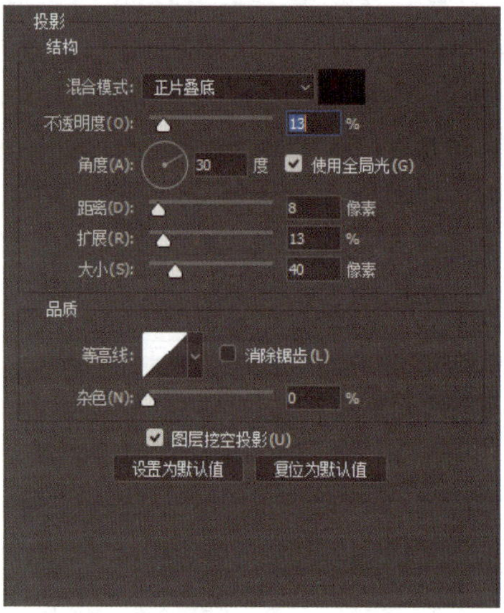

图 1-69　添加“投影”图层样式

步骤 14 单击“图层”面板下方的“添加新的填充或调整图层”按钮，选择“色相/饱和度”，按住 Alt 键，在“鱼 织物 1”图层和调整层之间单击，将“色相/饱和度”仅应用于“鱼 织物 1”图层。效果如图 1-70 所示。

步骤 15 类似地，完成“骨头 织物 1”图层的制作。图 1-71 为使用了加深、减淡、海绵工具之后的效果。图 1-72 为最终效果。

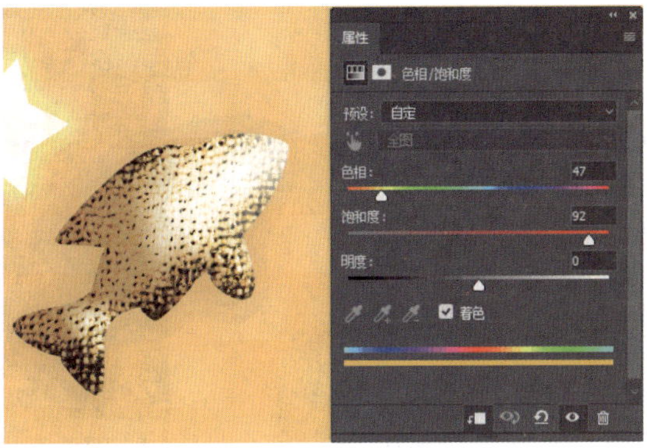

图 1-70　添加“色相 / 饱和度”调整图层

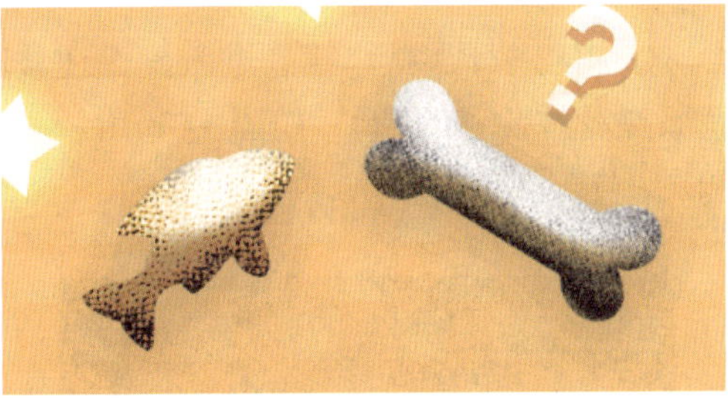

图 1-71　骨头绘制

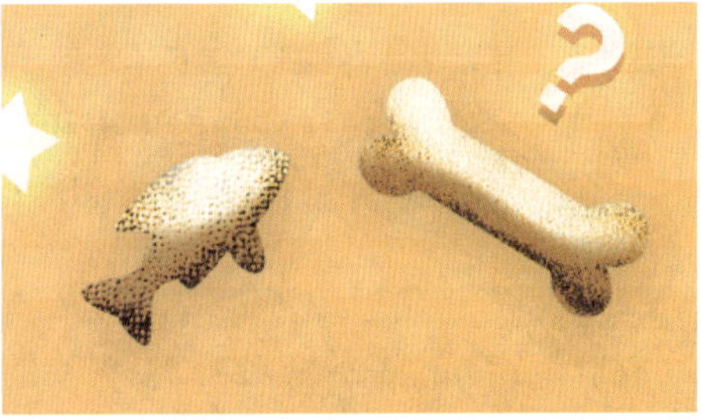

图 1-72　骨头最终效果

步骤 16　类似地，完成“骨头 2 织物 1”的制作，将“色相 / 饱和度”进行如图 1-73 所示的调整。

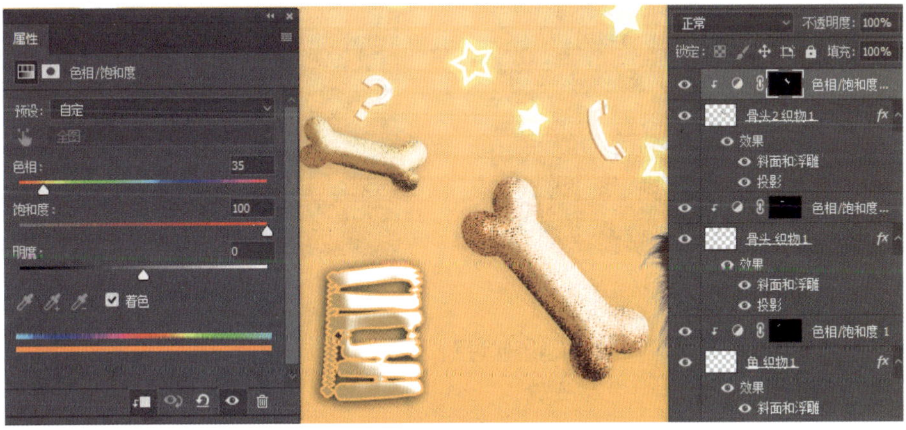

图 1-73　完成骨头 2 的制作

步骤 17　新建图层“线”，使用“铅笔工具”（大小：4 像素；颜色：白色）绘制所有装饰物的线，效果如图 1-74 所示。

4. 制作萌宠屋的服务

步骤 1　打开“摩天轮 .jpg”图像，执行“选择”/“色彩范围”命令，如图 1-75 所示，得到摩天轮的大体选区。

图 1-74 绘制线

图 1-75 “色彩范围”抠图技法

步骤 2 借助“直线套索工具”“魔棒工具”对选区进行加减，或者进入到快速蒙版编辑模式（借助橡皮擦和铅笔对蒙版进行擦除和添加），如图 1-76 所示。直到得到完整的摩天轮选区为止，如图 1-77 所示。

图 1-76 快速蒙版编辑模式

图 1-77 选中摩天轮

步骤 3 使用“移动工具”将摩天轮拖动到“萌宠屋推广海报.psd”中，并缩放调整位置，将图层重命名为“摩天轮”。

提示：使用选区工具，可以移动选区；使用移动工具，则剪切选区。

步骤 4 打开“吹风筒.jpg”文件，使用“钢笔工具”抠选出吹风筒，如图 1-78 所示，并将吹风筒拖至“萌宠屋推广海报.psd”中，并缩放调整位置，更改图层名称为“吹风筒”。

步骤 5 打开“医疗箱.jpg”文件，使用“钢笔工具”抠选出医疗箱，如图 1-79 所示，并将吹风筒拖至“萌宠屋推广海报.psd”中，并缩放调整位置，更改图层名称为“医疗箱”。

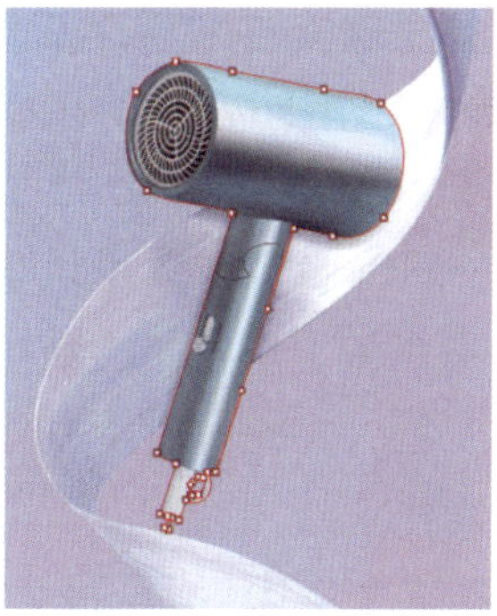

图 1-78　使用“钢笔工具”抠出吹风筒

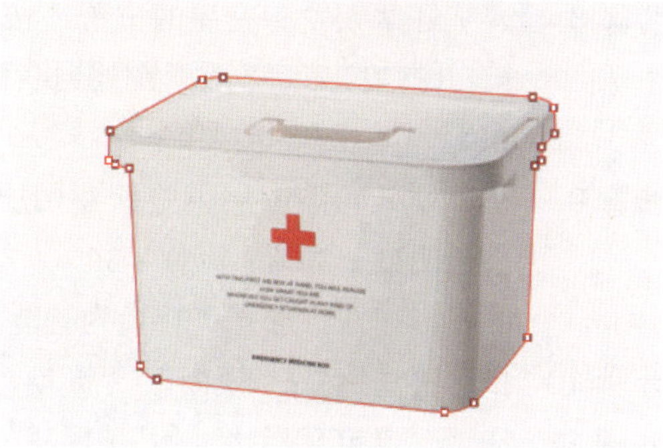

图 1-79　使用“钢笔工具”抠出医疗箱

步骤 6　打开“狗粮 .jpg”文件，使用“魔棒工具”（容差：5）按住 Shift 键选择狗粮背景，按 Ctrl+Shift+I 组合键反选，单击工具栏下方的“以快速蒙版编辑模式”按钮，此时进入快速蒙版编辑状态，如图 1-80 所示。使用“橡皮擦工具”将蒙版擦除，假如不小心擦多了，可以用“铅笔工具”（硬度：100%；不透明度：100%）添加蒙版。完成后再次单击“以快速蒙版编辑模式”按钮退出快速蒙版编辑状态。使用“移动工具”将狗粮拖至“萌宠屋推广海报 .psd”中，并缩放调整位置，更改图层名称为“狗粮”。

图 1-80　抠选狗粮

步骤 7　打开“狗屋 .jpg”文件，使用“钢笔工具”抠选出狗屋，如图 1-81 所示，并将狗屋拖至“萌宠屋推广海报 .psd”中，并缩放调整位置，更改图层名称为“狗屋”。

图 1-81　抠选狗屋

步骤 8 调整好摩天轮和狗屋的位置，按 Shift 键，选择“摩天轮”“吹风筒”“医疗箱”“狗粮”和“狗屋”图层，执行“图层”/“对齐”/“底边”和“图层”/“分布”/“水平居中”命令。

步骤 9 在“摩天轮”图层下方新建图层“投影”，使用“画笔工具”（硬度：0%；不透明度：30%；流量：30%）绘制摩天轮、吹风筒、医疗箱、狗粮、狗屋的投影。右击选择“转换为智能对象”。

步骤 10 执行“滤镜”/“模糊”/“高斯模糊”命令（半径：9.6 像素）。

步骤 11 选择“自定义形状工具”（形状：横幅 3；工具模式：形状）绘制文字底纹，将图层重命名为“底”，并添加“投影”图层样式，如图 1-82 所示。

步骤 12 选择“横排文字工具”（字体：华文隶书，字号：14 点，颜色：R253，G126，B2），输入“宠物乐园”。

步骤 13 将“底”和“宠物乐园”水平居中和垂直居中，并调整好位置。

步骤 14 选择“底”和“宠物乐园”图层，拖动到“创建新图层”按钮，水平调整好位置，并将“宠物乐园”改为“宠物美容”。

步骤 15 类似地，完成所有的萌宠屋的服务制作。

步骤 16 在“狗屋”图层上方新建图层“月牙”，选择“椭圆选框工具”，按住 Shift 键，绘制圆形选区，使用“渐变工具”（类型：径向渐变）进行拖动绘制，效果如图 1-83 所示。

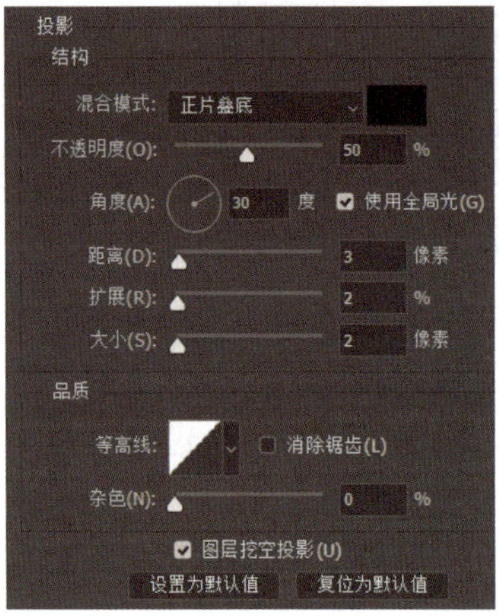

图 1-82 添加“投影”图层样式

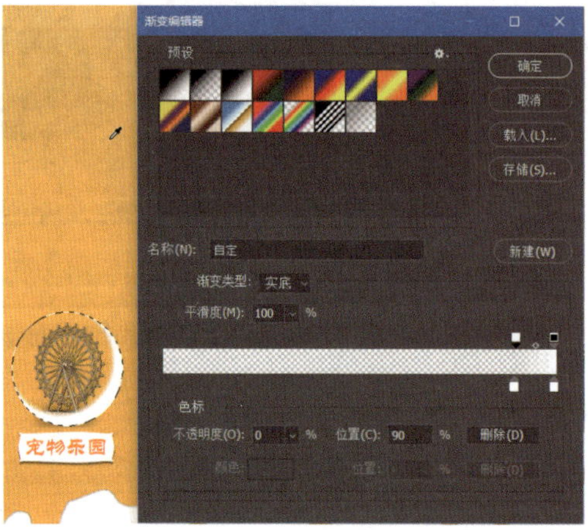

图 1-83 绘制月牙

步骤 17 设置“月牙”图层的不透明度为 50%。复制 4 次“月牙”，并调整位置，效果如图 1-84 所示。

步骤 18 选择“投影”图层，按 Shift 键单击“宠物寄养”图层，可选择从“投影”至“宠物寄养”的所有图层，按 Ctrl+G 组合键，建组“萌宠屋服务”。

步骤 19 按 Ctrl+S 组合键保存文件。

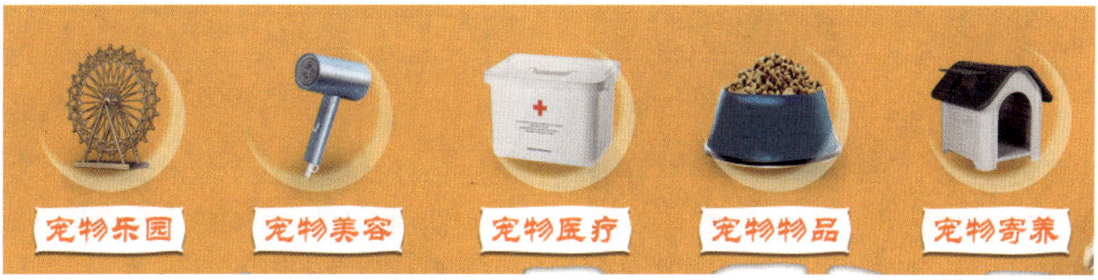

图 1-84 复制月牙

【任务总结】

本任务学习了渐变工具的使用，路径的创建方法和相关操作（如路径的计算、复制等），路径与选区的转换等；学习了抠图的工具法、路径法、色彩范围法、快速蒙版法、通道法、选择并遮住法等。本任务也是 Photoshop 的基础内容，学会、学懂、学精本任务知识点对后期的学习非常重要。

项目拓展

（1）请完成手造纸伞商业广告设计，效果如图 1-85 所示。

手造纸伞
商业广告设计

纸伞又称油纸伞，是中国传统手工艺品，起源于中国，多纸制或布制，有近千年的历史。纸伞工艺考究，造型美观，轻巧耐用，地方色彩浓郁。

本任务是“古道手造”的一个商业广告，手造纸伞从伞形出发，多色块多色调地烘托主题；通过精心设计的纹理、图案赋予地方浓郁色彩，让人感觉纸伞工艺考究；通过“那乡 那人 那伞”文案让人陷入了无限的遐想。

本任务主要学习矢量图形绘制方法、智能滤镜的使用等知识点，学习做设计前一定要深挖主题，做设计时要紧扣主题、发散思维、开拓创新，才能设计出好的作品。

大体的步骤如下：

1）背景元素制作。使用“钢笔工具”绘制背景元素，并添加图层蒙版，使用柔画笔涂抹元素边缘。

2）填充“云彩”图案，执行“添加杂色”和“动感模糊”滤镜，并设置混合模式为“叠加”。

3）置入素材“古道手造”标志及输入文字。

棉麻布手工织
商业广告设计

（2）请完成“棉麻布手工织”商业广告设计，效果如图 1-86 所示。

大体的步骤如下：

1）背景元素制作。使用“钢笔工具”绘制背景元素，并添加图层蒙版，使用柔画笔涂抹元素边缘。

2）填充“粗织物”图案，并设置混合模式为“叠加”。

3）置入素材“古道手造”标志及输入文字。

图 1-85　手造纸伞商业广告设计

图 1-86　“棉麻布手工织”商业广告设计

项目 2

字体设计

项目导读

字体设计是指依据视觉设计规律，对文字进行整体、有规律的精心安排。字体设计在保持文字信息传达、文字可识别性的基础上，为文字和排版增加视觉美感及个性，在当代平面视觉领域应用广泛。字体设计在广告宣传、企业 LOGO 设计、书籍版式设计、产品包装等方向上都有所体现，是视觉设计中重要的一环。在本项目中，我们将学习使用 Photoshop 进行字体设计的几种基本方法，掌握字体设计的基本思路，以便在日常工作中能够根据需求自行进行字体设计。

岗位技能

本项目对接中高职相关设计专业人才培养目标岗位，如数字影像后期、数字艺术制作、数字文化创意等相关行业，此类岗位需要具有良好的职业道德、爱岗敬业精神，有责任意识和创新意识，掌握相应的专业理论知识，具有较强的适应岗位的动手能力，能进行创意、设计、制作多层次的高素质、高技能专门人才，主要面向动漫公司、影视公司、游戏公司、电视台、数字多媒体行业公司、广告设计公司、传媒公司、文化传播公司、出版社等企事业单位。平面设计、视觉设计相关领域工作岗位从业人员应该具备相关文字设计能力、排版能力和职业素养。

教学目标

- 掌握钢笔工具、直接选择工具、画笔工具、形状工具等的使用。
- 掌握路径的使用方法。
- 掌握文字工具的使用方法。
- 掌握自由变换的使用方法。
- 掌握图层效果的使用方法。
- 掌握图层蒙版的使用方法。

课前学习微课

（1）扫一扫二维码，观看相关视频。

文字设计风格分类及思路

（2）完成以下工作：

1）从网络或生活中找三种风格独特的字体设计，并进行记录。

2）分析所找到的文字风格与其内容的关系。

任务1 简约风格文字设计

【任务描述】

本任务将通过简约风格的蜂蜜品牌文字设计及制作，学习钢笔工具、直接选择工具、形状工具等用法，学会文字设计中造字的基本方法，认识字体结构，理解文字美化思路，最终能自主进行简约风格文字设计。

【任务要求】

以简约风格进行品牌文字“一滴蜜”文字设计，完成效果如图 2-1 所示。

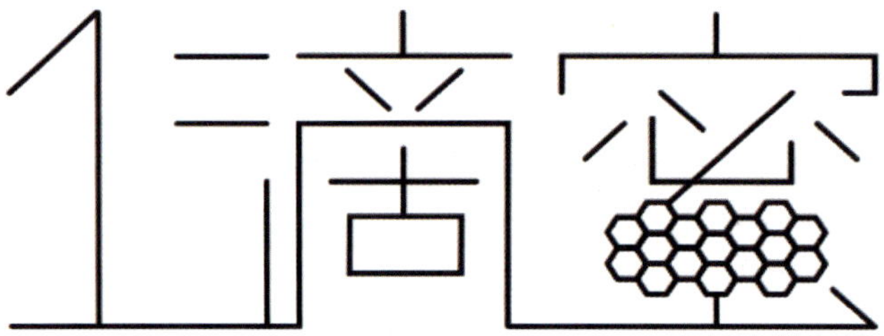

图 2-1

【知识链接】

1. 文字工具

文字工具是 Photoshop 中的基本工具之一，使用文字工具后，能输入文字，调整字体、形式、字号大小、颜色、排列方向等。通过“字符”面板，能进一步调整文字的行距、缩放、字距等更多属性。

2. 钢笔工具

Photoshop 提供多种钢笔工具。标准钢笔工具可用于绘制具有最高精度的图像；自由钢笔工具可用于像使用铅笔在纸上绘图一样来绘制路径；磁性钢笔工具可用于绘制与图像中已定义区域的边缘对齐的路径。可以组合使用钢笔工具和形状工具以创建复杂的形状。

钢笔工具可以绘制灵活多变的矢量路径，并可以对其进行填充和描边等操作，能制作丰富的图像。

3. 选择工具

选择工具包括路径选择工具和直接选择工具，是针对路径操作所使用的工具之一。路径选择工具能精确选择某一条路径。直接选择工具能选中路径中的任意锚点，并能对其进行锚点移动、方向线变化等操作。

4. 形状工具

计算路径

形状工具是绘制固定形状的工具，包括矩形工具、圆角矩形工具、椭圆工具、自定义形状工具。使用形状工具，能绘制出固定的形状，并能调整其填充颜色、描边等参数，不同的形状之间还能进行路径运算，形成更复杂的形状。

【任务实施】

简约风格文字设计

1. 建立基本文字

步骤 1 启动 Photoshop，新建文件，命名为“1 滴蜜”，尺寸为宽 160 毫米，高 80 毫米，分辨率为 300 像素 / 英寸，颜色模式 RGB。

步骤 2 使用“文字工具”单击图层空白处，输入文字“1 滴蜜”；设置字体为黑体，字号为 150 点，颜色为黑色。如图 2-2 和图 2-3 所示。

图 2-2 输入文字

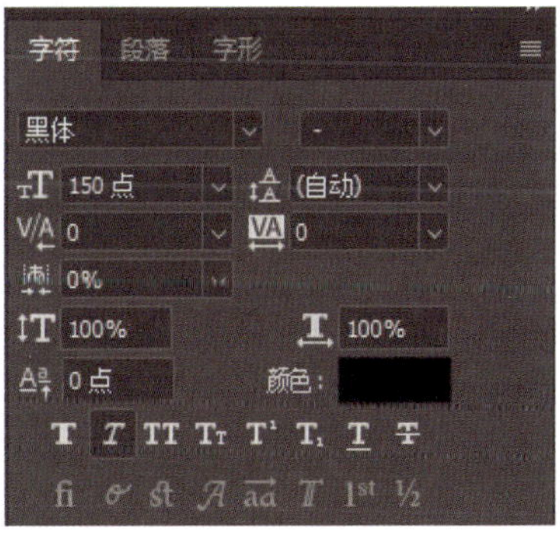

图 2-3 “字符”面板设置

提示：此时输入的文字为后续文字绘制的结构参考，可以根据设计方向选择合适的字体，甚至可以根据需要，每字都不一样，无须拘泥于单一字体。

“字符”面板是专门用来定义页面中字符属性的面板。除了常见的字体、字体样式、字号、颜色之外，“字符”面板中还可以对行距、字距等字符属性进行进一步设置。

步骤 3　将文字图层的不透明度降低，使其成为灰色参考图层，并围绕文字四周建立参考线，确定文字的大概结构范围，如图 2-4 所示。

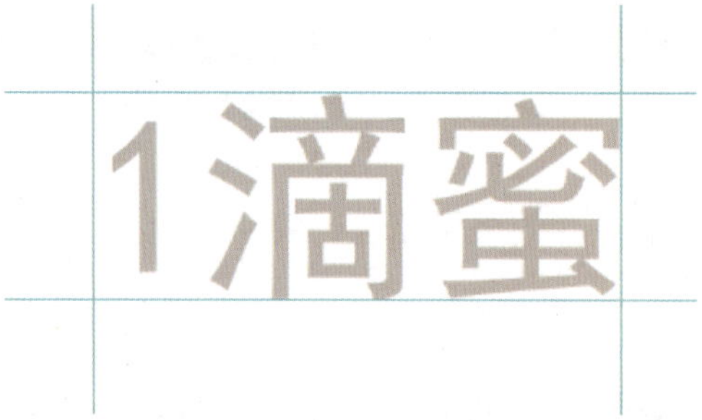

图 2-4　降低图层不透明度并建立参考线

提示：“标尺”与“参考线”是一种显示在图像上方的虚拟对象，用于辅助移动、变换过程中的精确定位。建立参考线时，需要先调出标尺，并使用鼠标按住左键从标尺处往画面方向拖动，也可以使用“视图”/“新建参考线”命令，输入数值建立参考线。

步骤 4　选择“钢笔工具”，将绘制设置为“形状”，填充为空白，描边为黑色，描边宽度为 10 像素，并调整“描边”选项，如图 2-5 和图 2-6 所示。

图 2-5　“钢笔工具”设置

图 2-6　“描边”选项设置

步骤 5　使用“钢笔工具”绘制数字“1”，如图 2-7 至图 2-9 所示。

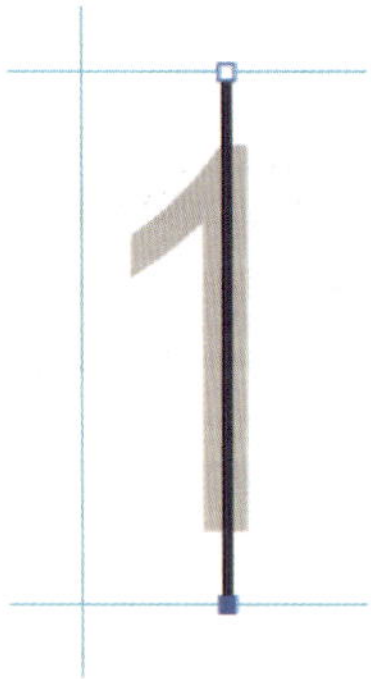

图 2-7　绘制数字 -1

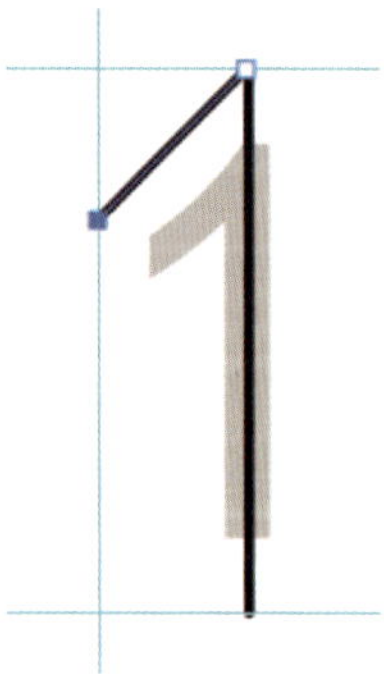

图 2-8　绘制数字 -2

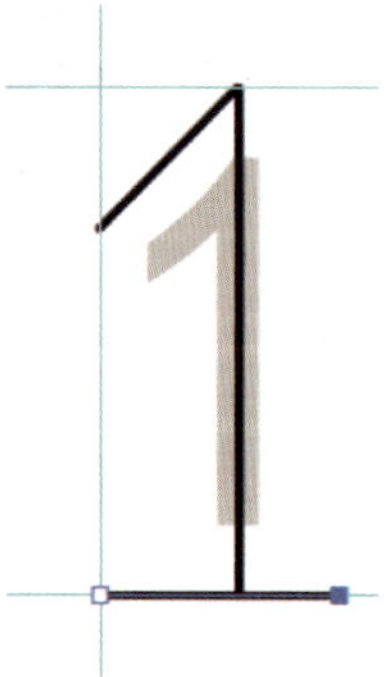

图 2-9　绘制数字 -3

提示：使用“钢笔工具”时，按住 Shift 键，可绘制出水平、垂直、倾斜 45 度的线条。

在本任务中，大部分线条都是水平、垂直、倾斜 45 度的，因此，在绘制时配合使用快捷键，能够快速地绘制角度精准的线条。

当锚点绘制完成时，按住 Ctrl 键，在空白处单击，可结束路径绘制。

步骤 6　使用“钢笔工具”绘制文字“滴”，如图 2-10 至 2-17 所示。

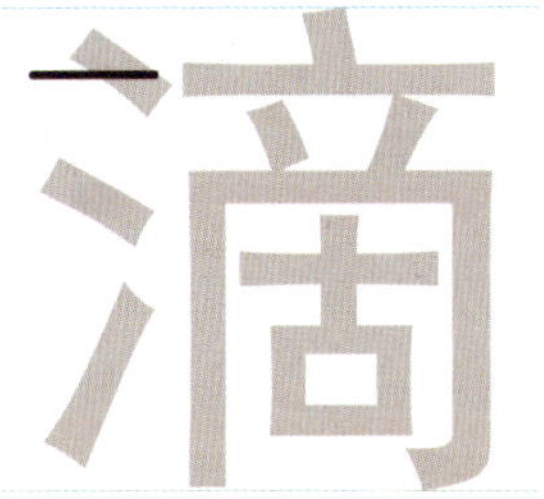

图 2-10　绘制横条

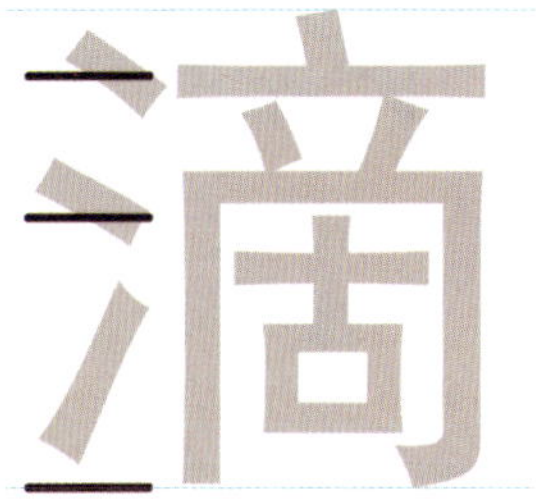

图 2-11　复制横条两次并对齐横线

图 2-12　继续绘制横线和竖线

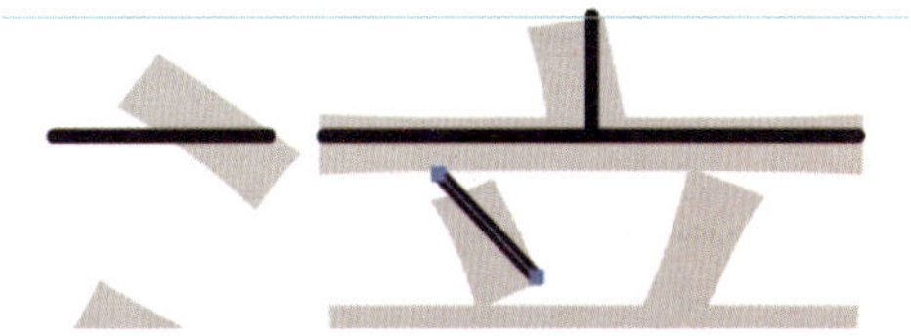

图 2-13　绘制斜线

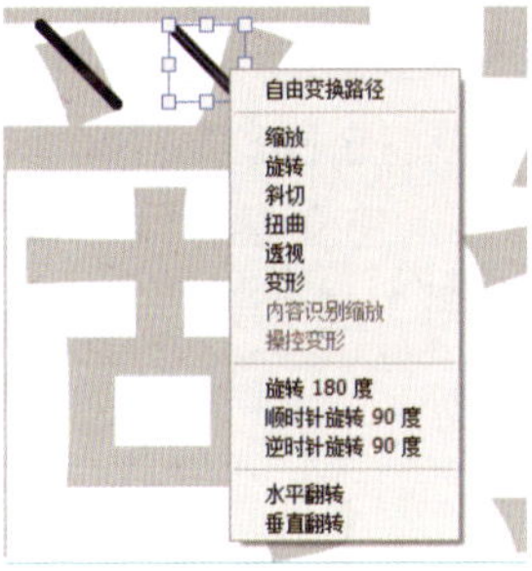

图 2-14　复制斜线，自由变换，水平翻转

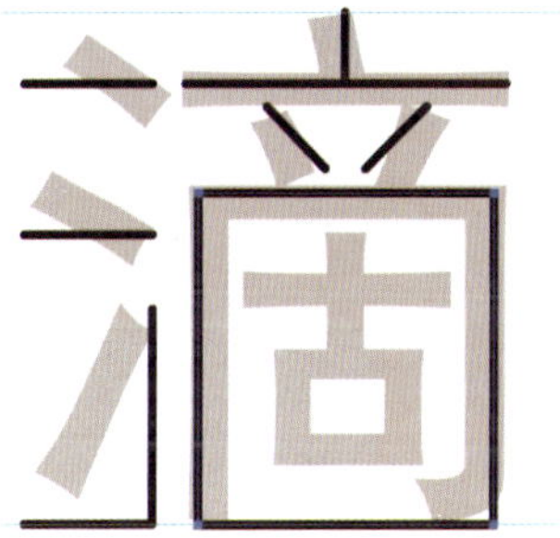

图 2-15　使用“矩形工具”绘制矩形

图 2-16　调整形状

（使用“钢笔工具”在下边缘增加两个锚点，并使用“直接选择工具”选中左侧锚点，删除该锚点，断开形状）

图 2-17　继续完成绘制

步骤 7　根据以上步骤，完成文字“蜜”的绘制，过程重复，不再赘述，效果如图 2-18 所示。当前完成效果如图 2-19 所示。

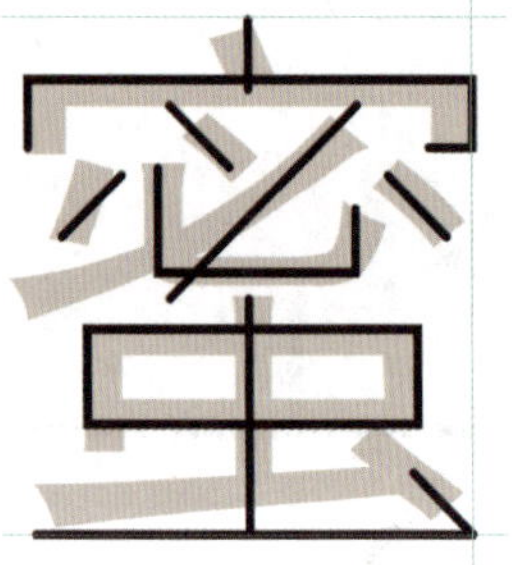

图 2-18　完成“蜜”字效果

图 2-19　钢笔绘制完成效果

2. 调整文字结构

步骤 1　根据观察，当前文字结构稳固，但笔画间缺乏联系，欠缺装饰美感，需对文字进行美化设计。在保持文字结构稳固的前提下，先对文字的笔画元素进行统一，使其联系性更强，装饰性也更强。建立参考线，调整每一笔画的位置，横竖高度调整，笔画长短对齐，如图 2-20 所示。

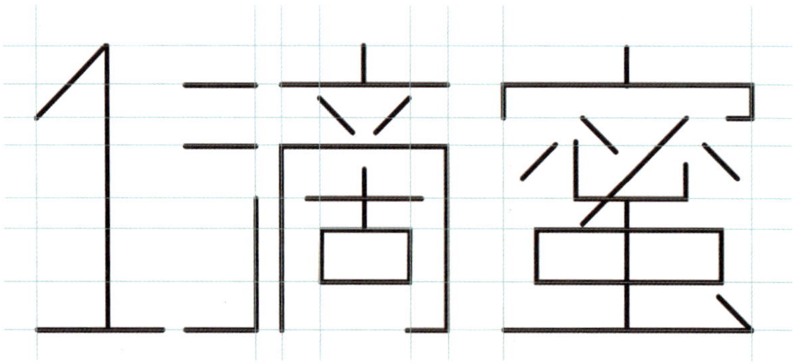

图 2-20　建立参考线，调整笔画位置

步骤 2　进一步美化文字。在调整文字结构之后，可以考虑进一步对文字进行美化，增强文字之间的联系，连笔就是常用的美化方法之一。使用“直接选择工具”，选中数字“1”的底部横笔的右锚点，按住 Shift 键向右拖拽，使其与右侧横线相连，并按此操作完成所有文字下边缘的连接，如图 2-21 所示。

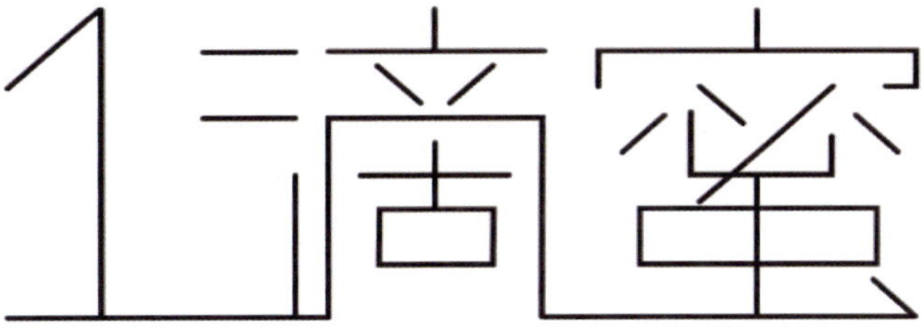

图 2-21　完成文字连笔

3. 绘制文字装饰元素

步骤 1　绘制装饰元素对文字进行进一步美化。选择“自定义形状”工具，设置填充颜色为空白，描边为 10 像素，并将形状选为六边形。在空白处单击绘制六边形，如图 2-22 所示。

步骤 2　制作蜂窝。选择移动工具，按住 Alt 键，拖动六边形，移动并复制一个形状，并将其与原形状对齐。重复操作，移动并复制六边形，组成蜂窝形状，如图 2-23 所示。

图 2-22　绘制六边形

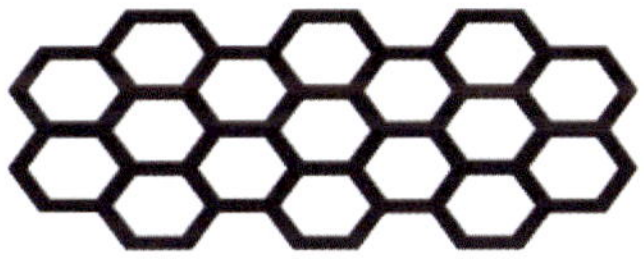

图 2-23　制作蜂窝形状

步骤 3　将蜂窝形状全选，移动至“窜”字口状位置，调整大小。删除原有口字形状。

步骤 4　按 Ctrl+S 组合键保存文档。

【任务总结】

本任务通过简约风格文字设计制作过程，展示了字体设计的一般流程。使用钢笔工具、形状工具，可以较为自由地创造和修改字体形态；修改填充、描边等参数可以绘制风格多样的文字。

文字美化的一般思路为：首先，考虑文字结构和比例，在保证文字的阅读性和信息传达性的基础上，调整文字结构；其次，进行笔画的美化，如连笔、变形、替换元素等；最后，还可以对文字进行材质拼贴、图形拼贴等美化。

任务2 广告文字设计

【任务描述】

本任务帮助读者掌握广告文字的设计制作方法。通过文字工具、图层样式、钢笔工具的使用，学习为文字增加投影、发光、内阴影等效果，学会复制并移动图层的技巧，最终完成广告文字的制作。

【任务要求】

完成广告文字设计，如图 2-24 所示。

图 2-24　广告文字设计效果图

【知识链接】

1. 图层样式

图层样式是应用于一个图层或图层组的一种或多种效果。可以应用 Photoshop 附带的某一种预设样式，或者使用“图层样式”对话框来创建自定义样式。图层样式在设计制图中应用非常广泛，可以综合制作出凸起、凹陷、发光、纹理、水晶质感等多种多样的效果。

选区工具

2. 选区工具

在 Photoshop 中，制作选区的方法有多种，使用工具箱中的形状选框工具、索套工具和魔棒工具能快速地制作选区。其中，形状选框工具能制作矩形、椭圆、单行、单列选区，索套工具能制作不规则形状选区，魔棒工具和快速选择工具能根据图像的颜色、对比度等自动绘制选区。

任务2 广告文字设计

【任务实施】

1. 制作背景

步骤1 启动 Photoshop CC，新建文件，命名为“夏日冰点购”，尺寸为宽 297 毫米、高 210 毫米，分辨率为 300 像素 / 英寸，颜色模式 RGB。

步骤2 制作背景。选择背景图层，填充青色（R84，G214，B216）。

步骤3 制作背景渐变。将前景色设置为蓝色（R47，G135，B216），选择“渐变工具”，选择从前景色渐变至透明；按住 Shift 键，从图层下部往上拉渐变，制作图层底部颜色较深的渐变效果。如图 2-25 和图 2-26 所示。

图 2-25 渐变设置

图 2-26 渐变填充效果 -1

步骤4 进一步制作背景渐变。将前景色设置为青色（R130，G248，B172），从右上角往图层中心拉渐变，再次将前景色设置为浅青蓝色（R184，G：252，B242），从左上角往图层中心拉渐变，制作更丰富的背景效果，如图 2-27 所示。

图 2-27 渐变填充背景 -2

2. 制作主体文字效果

步骤1 使用“文字工具”在图层空白处单击，输入文字“夏日冰点购”。字体为华

光综艺 _CNKI，字号为 120 点，颜色为白色。适当调整文字间距及上下行距，使字体排列较为紧凑。文字居中对齐，并适当排版。如图 2-28 和图 2-29 所示。

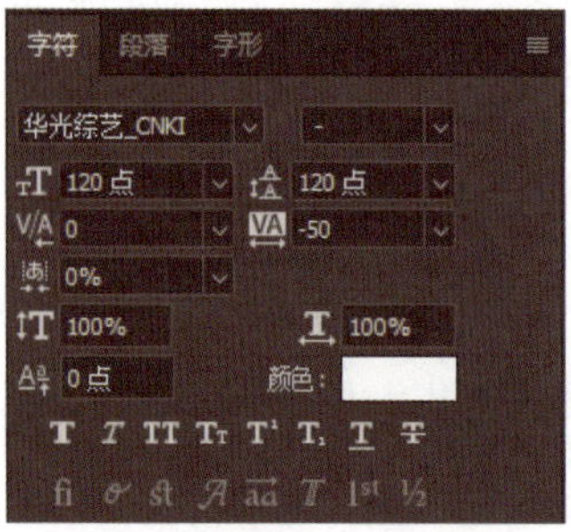

图 2-28 “字符”面板设置

图 2-29 文字效果

提示：Photoshop 中使用非默认字体必须先安装字体。下载 TrueType 字体文件，双击打开，按照提示安装；也可以直接将字体文件复制到 C:\WINDOWS\Fonts 路径下。本任务使用的字体为华光综艺体，需提前将素材包中的字体安装到系统中。

步骤 2 调整文字透视。选择文字图层，在图层上右击，选择“栅格化文字”，将文字转换为普通图层。选中文字，按组合键 Ctrl+T，打开自由变换，右击选择“透视”，拖动锚点，调整文字透视。如图 2-30 和图 2-31 所示。

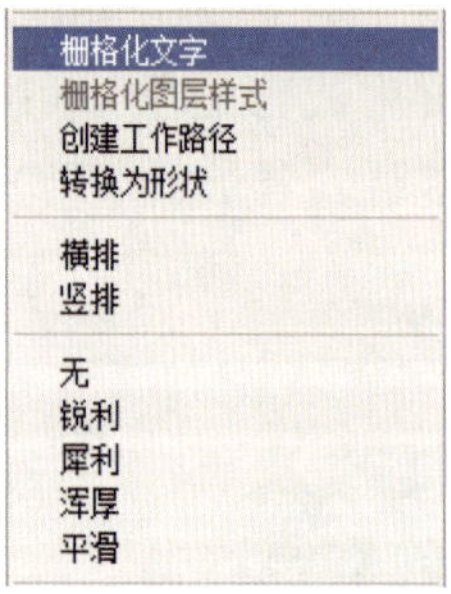

图 2-30 栅格化文字

图 2-31 改变文字透视

步骤 3 制作“文字透视层 1”。选中文字图层，复制 1 层（组合键 Ctrl+J），改名为“文字透视层 1”，放置在文字图层下方。

步骤 4 改变“文字透视层 1”的文字颜色。将前景色设置为青色（R97，G218，B174），在“图层”面板，按住 Ctrl 键，单击“文字透视层 1”的缩略图区域，载入文字选区，使用组合键 Alt+Delete 填充前景色。使用组合键 Ctrl+D 取消选区。

提示：在“图层”面板中，按住 Ctrl 键的同时单击该图层的缩略图，可以载入该图层的有像素区域成为选区。

步骤 5 选择“文字透视层 1”，选择“移动工具”，按住 Alt 键，同时按下小键盘上的向下和向左方向键，使图层向下向左复制。重复几次，复制多个图层，形成透视厚度效果。复制的图层数量视画面效果而定。如图 2-32 所示。

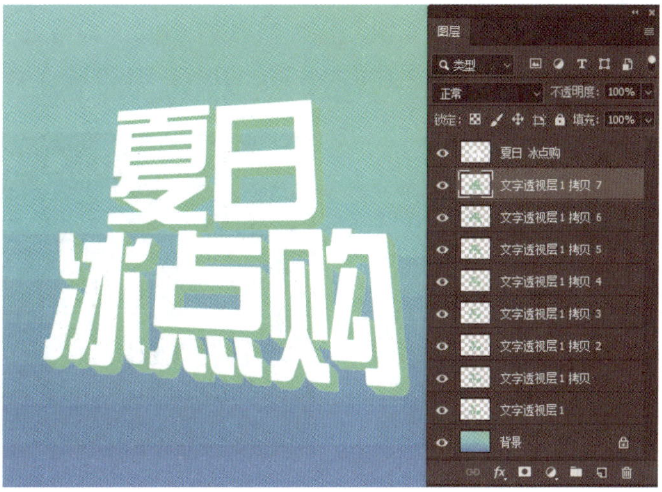

图 2-32 复制文字透视层

步骤 6 选中“文字透视层 1”及其副本，使用组合键 Ctrl+E 合并图层。使用组合键 Ctrl+J 复制一层，命名为“文字透视层 2”。调整图层顺序，将其放置在“文字透视层 1”之下。

提示：选中图层后，使用组合键 Ctrl+J 能快速复制图层。如果所选图层包含选区，则会快速将选区内容复制成为新图层。

步骤 7 重复之前的操作，改变“文字透视层 2”的颜色为（R40，G149，B194），移动复制图层，制作第二层透视厚度，如图 2-33 所示。

步骤 8 重复以上操作，制作第三层文字透视厚度。改变其颜色为（R23，G123，B134）。完成效果如图 2-34 所示。

图 2-33 制作第二层文字透视厚度

图 2-34 制作第三层文字透视厚度

3. 制作文字背板

步骤 1 绘制文字背板形状。选择“钢笔工具”绘制形状，填充为青色（R142，G250，B205），无描边。沿文字外侧绘制形状。图层命名为“文字背板 1”，顺序调整放置在所有文字层下方。如图 2-35 所示。

步骤 2 增加背板效果。将背板形状图层栅格化，添加图层样式。单击“图层”面板下方的“图层样式”按钮，添加“描边”效果。描边大小调整为 15 像素，位置为外部，颜色调为深青色（R30，G149，B120）。如图 2-36 所示。

图 2-35　绘制文字背板 1

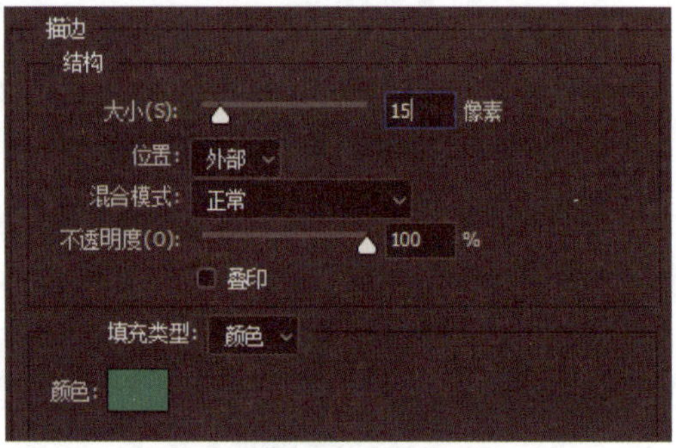

图 2-36　“描边”参数设置

步骤 3 再次添加“图层样式 - 内阴影”，调整颜色，降低不透明度，适当调节角度、距离和大小等参数，增加背板的质感，如图 2-37 和图 2-38 所示。

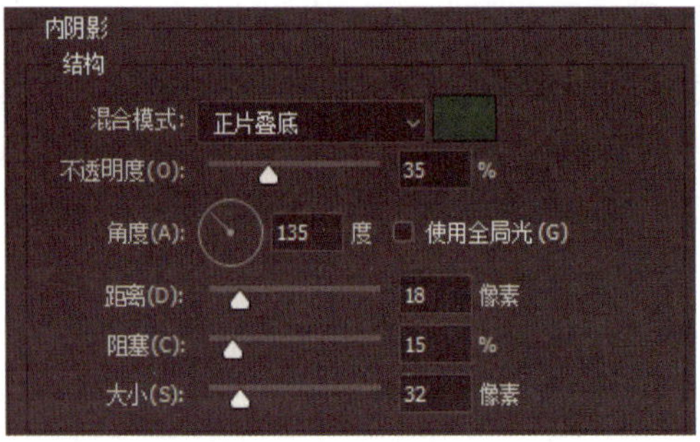

图 2-37　“内阴影”参数设置

图 2-38　文字背板 1 效果

步骤 4 修正“文字背板 1”的形状。根据观察，目前“文字背板 1”的形状比较生硬，需要进一步调整，增加边缘转折。使用“多边形索套工具”在“文字背板 1”图层上，顺应文字形状，在边缘处拖拽绘制选区，删除选区内容，增加边缘转折。效果如图 2-39 所示。

提示：多边形索套工具能够快速绘制边缘平直的闭合选区。如果在绘制时按住 Shift 键，可以绘制水平、垂直或 45 度方向上的直线。

步骤 5 制作“文字背板 2”。复制“文字背板 1”图层，命名为“文字背板 2”，调整图层顺序，将其放置在“文字背板 1”层下。右击“文字背板 2”层，选择“栅格化图层样式”。选择“文字背板 2”层，按住 Alt 键，同时按下小键盘的向下和向右键，复制并移动图层，形成透视厚度。完成后，合并“文字背板 2”及其所有副本，并将颜色改变为蓝色（R80，G97，B204）。

图 2-39 调整“文字背板 1”边缘形状

步骤 6 调整图层“文字背板 2”效果。选择“文字背板 2”图层，单击“图层”面板下方的“图层样式”按钮，为其添加图层样式。添加“描边”，描边大小为 15 像素，颜色为浅青蓝色（R111，G221，B219）。添加内阴影，颜色为深蓝色（R20，G30，B100），适当调整角度、不透明度、距离、阻塞、大小等参数，增加图层的厚度效果。如图 2-40 至图 2-42 所示。

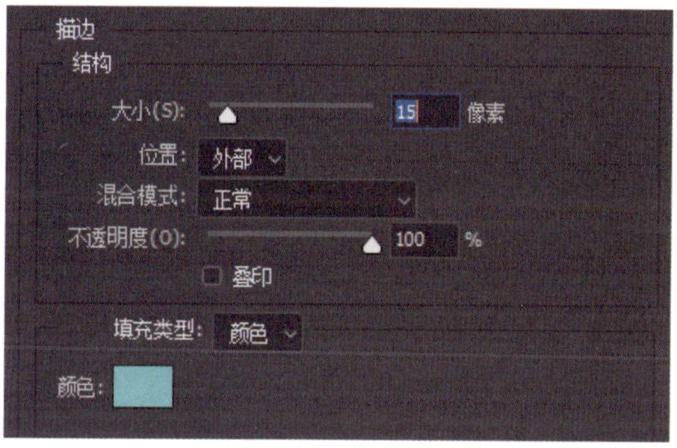

图 2-40 “描边”参数设置

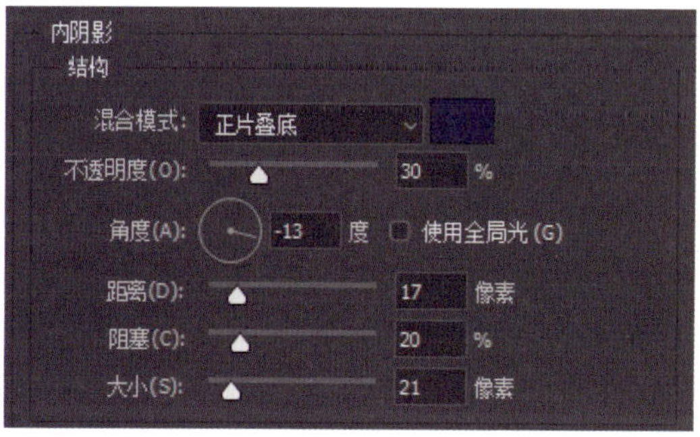

图 2-41 “内阴影”参数设置

图 2-42 “文字背板 2”效果

4. 制作海浪装饰

步骤 1 选择“钢笔工具”，将绘制改为形状，填充颜色为深蓝色（R13，G91，B100），无描边。选择背景图层，使用“钢笔工具”绘制形状。灵活使用 Ctrl、Alt 键以及直接选择工具对形状进行调整，呈现海浪形状。效果如图 2-43 所示。

步骤 2 将“海浪”图层按 Ctrl+J 组合键复制两层，分别调整其轮廓及颜色，颜色分别为（R138，G234，B233）和（R67，G174，B190），效果如图 2-44 所示。

图 2-43 海浪形状示意图

图 2-44 制作三层海浪效果

提示：需要调整形状时，可以使用“直接选择工具”选中需要调整的锚点，拖拽手柄进行调整。配合 Alt 键可以单独对一边手柄进行调整。

步骤 3 为海浪增加图层样式效果。选择第一层海浪，增加图层样式。添加“描边”，大小 15 像素，颜色为浅青色（R111，G221，B219）。增加投影，取消勾选使用全局光，调整角度、不透明度、距离、拓展、大小等参数，制作图层与底层之间的距离感。完成后，将图层样式复制到另外两层海浪上。效果如图 2-45 所示。

步骤 4 绘制海浪浪花。使用“钢笔工具”在顶层绘制浪花形状，并将海浪的图层样式复制到“浪花”图层上，调整参数，过程与海浪绘制一致，不再赘述。效果如图 2-46 所示。

图 2-45 增加“海浪”图层样式效果

图 2-46 浪花效果

5. 制作文字 summer 及其背板

步骤 1 使用“文字工具”输入文字 summer。设置字体为 Berlin Sans FB Demi，字号为 48 点，颜色浅青色（R151，G255，B220），字符间距为 -50。按组合键 Ctrl+T 自由变换，调整文字倾斜度。为文字图层添加图层样式。增加“描边”，大小为 15 像素，颜色为深绿色（R48，G151，B116）。添加投影，调整不透明度、角度、距离等参数。如图 2-47 所示。

步骤 2 制作文字背板。使用钢笔工具绘制一个装饰性的背板。颜色填充为黄色（R247，G241，B127）。为背板添加图层样式。添加“描边”，描边大小为 15 像素，填充一个比内部颜色稍深的黄色（R220，G213，B81）。添加内阴影，不透明度降低，取消勾选使用全局光，调整角度、距离、阻塞、大小等参数。添加投影，适当调整各项参数。如图 2-48 所示。当前效果如图 2-49 所示。

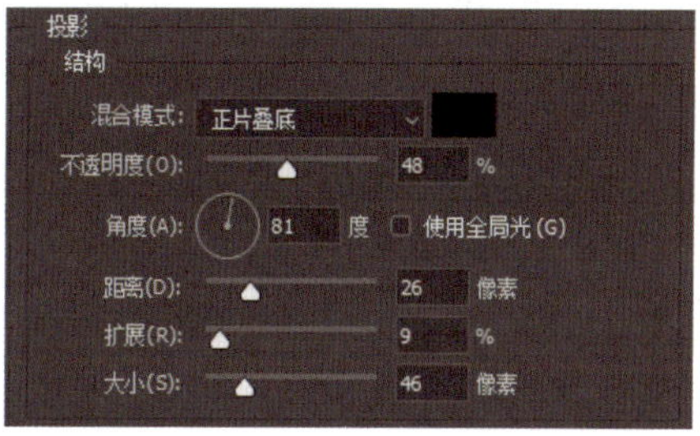

图 2-47 “投影”参数设置

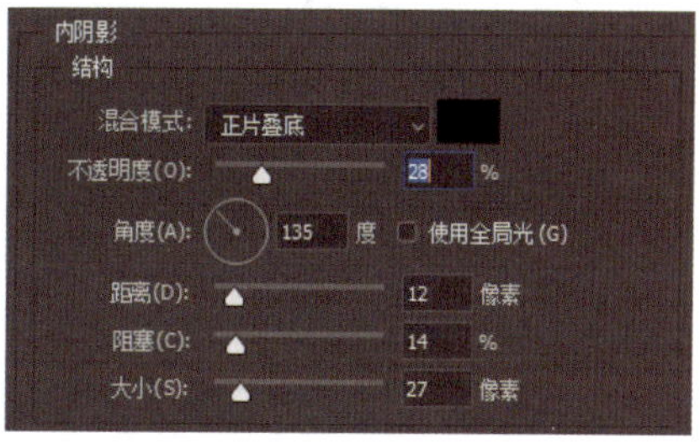

图 2-48 “内阴影”参数设置

图 2-49 当前效果展示

6. 制作主体文字图层样式效果

步骤 1 选择“夏日冰点购”图层，增加图层样式。添加投影，修改投影颜色为深绿色（R17，G105，B73），降低图层不透明度为 22%，调整角度、距离、扩展、大小等参数，增加文字的层次感。如图 2-50 所示。

步骤 2 选择“文字透视层 3”，增加图层样式。添加投影，将颜色调整为深绿色（R0，G114，B66），调整参数，如图 2-51 所示，最终完成效果图 2-24 所示。

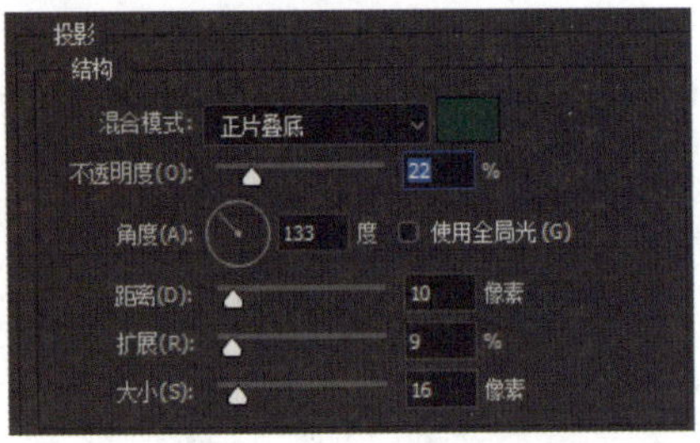

图 2-50 “投影”参数设置

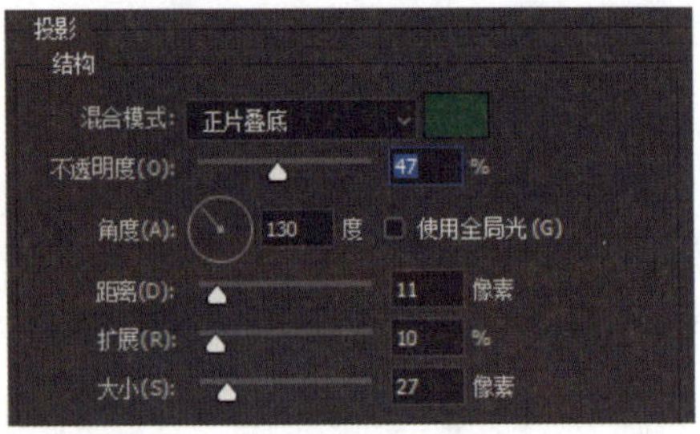

图 2-51 “文字透视层 3”投影参数设置

步骤 3 按 Ctrl+S 组合键保存文档。

【任务总结】

本任务通过常用广告文字设计制作过程，展示了在 Photoshop 中制作文字效果的一般方法。在 Photoshop 中，对文字图层进行栅格化后，可以调整其形变和透视；并能通过图层样式的种种设计，为文字增加厚度、描边、投影等效果。同时，根据文字内容、设计主题的不同，灵活使用图层样式，还能做出水晶字、金属字等更为华丽的文字效果。

任务3 手写文字设计

【任务描述】

本任务帮助读者掌握手写文字的设计制作方法。通过学习选择工具、画笔工具、橡皮擦工具、自由变形、剪贴蒙版、图层蒙版等内容，学会将现有字体与笔画素材进行拼合，灵活利用多种手法和技巧绘制出手写感，最终完成手写文字的制作。

【任务要求】

完成手写文字设计，如图 2-52 所示。

图 2-52 手写文字设计效果图

【知识链接】

画笔工具与橡皮擦工具

1. 画笔工具

画笔工具是 Photoshop 中常用的绘制工具之一。使用画笔工具，能根据笔刷形状绘制各式图像，可以配合画笔不透明度、画笔模式、画笔流量、画笔直径和硬度、画笔形态等参数的调整，进行丰富的设置。除了 Photoshop 中内置的笔刷外，还能简单地导入大量其他笔刷，极大地丰富了画笔工具的表现空间。因此，画笔工具也不仅仅用于绘图，是一个使用场景丰富、用途强大的工具。

2. 橡皮擦工具

橡皮擦工具包括橡皮擦工具、背景橡皮擦工具和魔术橡皮擦工具。顾名思义，橡皮擦工具是擦除画面中图像的工具。橡皮擦工具跟画笔工具类似，也有丰富的参数可以调整和设置，在照片处理中有广泛的应用。

3. 自由变换

变换是“编辑”菜单下的一个常用命令，包括自由变换、缩放、选择、斜切、透视、扭曲、变形等多种变换命令，常常配合选区使用，对图像整体或局部进行调整。

4. 剪贴蒙版

剪贴蒙版是图层与图层间的一种相互关系。使用剪贴蒙版意味着使用处于下方的图层形状来限制上方图层的显示状态，达成一种剪贴画般的效果。剪贴蒙版可以用于抠图，也可以用于自由绘制。

5. 图层蒙版

图层蒙版是 Photoshop 中一种特殊的选区，效果类似于在当前图层上覆盖一层玻璃片，使用各种绘图工具在蒙版（玻璃片）上涂色，涂黑的地方表示透明，显示图像，涂白的地方表示不透明，不显示图像，黑白之间的灰色则表示半透明。

图层蒙版在 Photoshop 中的作用是抠图和图像合成。使用图层蒙版可以保护原图层，并进行抠图，制作出图层间融合与过渡等效果。

【任务实施】

任务 3 手写文字设计

1. 制作背景及文字参考

步骤 1 启动 Photoshop CC，新建文件，命名为“手写文字”，尺寸为宽 210 毫米、高 160 毫米。分辨率为 300 像素 / 英寸，颜色模式 RGB。使用“文字工具”输入文字“米香”，将字体设置为“禹卫书法行书简体”，字号为 120 点，颜色为黑色。

提示：在进行手写文字字体设计时，初始输入的文字是作为设计形态的参考，需要根据文字及设计方向挑选合适的字体。如果计算机中没有足够丰富的字库，也可以在网上搜索在线生成文字，有许多网站提供丰富的在线文字生成服务，可以设计参考使用。

本任务所使用的字体为“禹卫书法行书简体”，需提前将素材包中提供的相应字体安装至系统中。同时，素材包中还提供了另外几种不同的手写字体，也可参考安装使用。

步骤 2 改变文字颜色并分层。为了便于进一步制作，将两个文字的颜色改为粉红色，并单独分层。

2. 制作“茉”字手写笔画

步骤 1 制作手写文字的思路是，在字库文件的基础上，使用笔画素材增强文字的随意性，再使用画笔、橡皮擦等工具增加细节和材质感。根据此思路，打开素材“毛笔笔触 .psd”文件，此素材内容为模仿毛笔笔触的矢量形状，可以从中挑选合适的笔触拼贴到文字上，对文字进行调整。

步骤 2 在“毛笔笔触”素材中选择“形状 2”，复制到“茉”字上层。使用“编辑”/“自由变换”命令（组合键 Ctrl+T），调整形状的大小，使其贴合文字横线。效果如图 2-53 所示。

步骤 3 制作草字头。继续选择合适的形状，重复复制、粘贴、自由变换等操作，拼贴完成草字头。如图 2-54 至图 2-56 所示，使用形状分别为形状 31、形状 93、形状 92、形状 98。

图 2-53 拼贴形状 2 效果

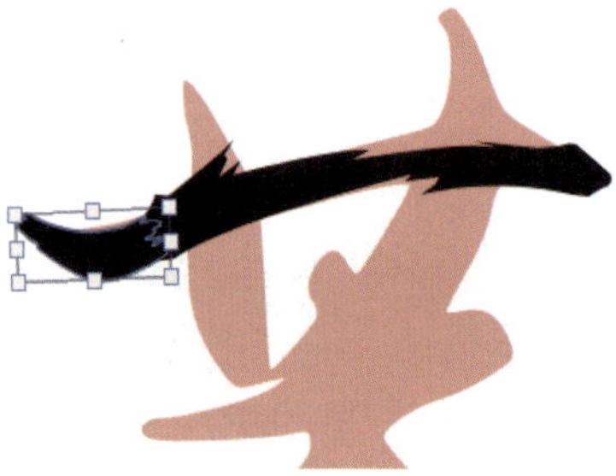

图 2-54 拼贴形状 31 效果

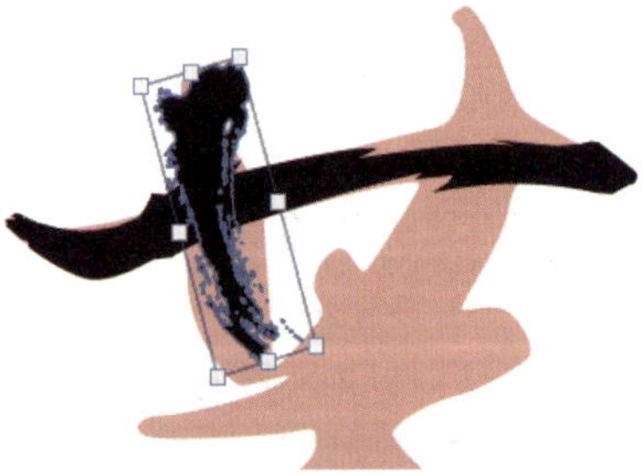

图 2-55 拼贴形状 93 效果

图 2-56 拼贴形状 92、形状 98 效果

步骤 4 制作“末”字。继续选择合适的形状，重复复制、粘贴、自由变换等操作，拼贴完成“末”字部分。如图 2-57 至图 2-62 所示，使用形状分别为形状 28、形状 90、形状 81、形状 83、形状 91、形状 103、形状 86。

图 2-57　拼贴形状 28 效果

图 2-58　拼贴形状 90 效果

图 2-59　拼贴形状 81 效果

图 2-60　拼贴形状 83 效果

图 2-61　拼贴形状 91、81 效果

图 2-62　拼贴形状 103、86 效果

步骤 5　笔画位置摆放合适后，选中所有形状图层，合并图层（组合键 Ctrl+E），并将图层改名为“茉字笔画”。

3. 制作“茉”字笔画质感

步骤 1　完成笔画放置后，笔画图层与文字图层融合不好，必须进一步对它们进行处理，增加它们的一致性。选择“茉”字图层，执行“图层”/“图层蒙版”/“显示全部”命令（或单击“图层”面板下方的“图层蒙版”按钮）为其添加图层蒙版。如图 2-63 所示。

提示：创建图层蒙版时，若画面中无任何选区，会直接创建出空的蒙版；如画面中有选区，则会创建一个显示选区内部内容而隐藏选区以外内容的蒙版。

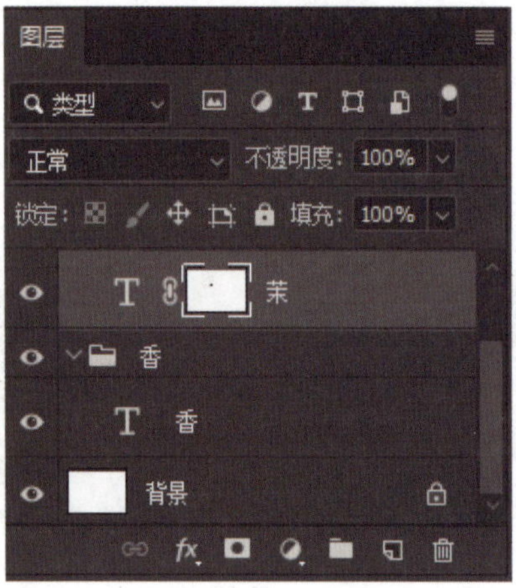

图 2-63　添加图层蒙版

步骤 2　选择“茉”字图层的图层蒙版，将前景色设置为黑色，选择“画笔工具”，在图层蒙版上进行涂抹，遮盖文字多余的部分，如图 2-64 所示。

步骤 3　选择“茉字笔画”图层，为其添加图层蒙版。重复上一步操作，使用“画笔工具”在图层蒙版上涂抹，遮盖笔画不均衡、不流畅的部分。如图 2-65 所示。

图 2-64　调整“茉”字蒙版示意

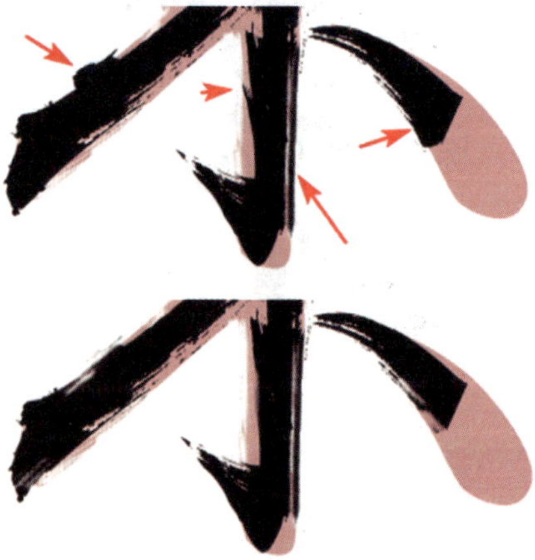

图 2-65　调整“茉字笔画”蒙版示意

步骤 4　选择“茉”字图层，在“字符”面板中，将文字颜色调整为黑色。观察图像，对不合适的地方进行细致修正。选中“茉”字图层及“茉字笔画”图层，将这两个图层进行合并（组合键 Ctrl+E），并将合并后的图层命名为“茉”。如图 2-66 所示。

图 2-66　合并图层后效果

步骤 5　在“茉”字图层上方新建图层，命名为“纹理”。按住 Alt 键，将鼠标移动到“图层”面板两个图层之间，鼠标形状变成转折箭头形状时，单击，使“纹理”层与“茉”层建立剪贴蒙版。再在“茉”字图层下方新建图层，命名为“墨迹”。如图 2-67 所示。

步骤 6　将前景色设置为白色，选中“画笔工具”，选择有水墨质感的笔刷，如“高清水墨笔触”中的笔刷（图 2-68），调整笔刷大小和不透明度，将不透明度适当降低，在“纹理”层上单击绘制，制作半透明的水墨纹理效果，如图 2-69 所示。可反复选择不同笔刷，调整大小和不透明度，制作随机墨水感。效果如图 2-70 所示。

图 2-67　图层关系示意

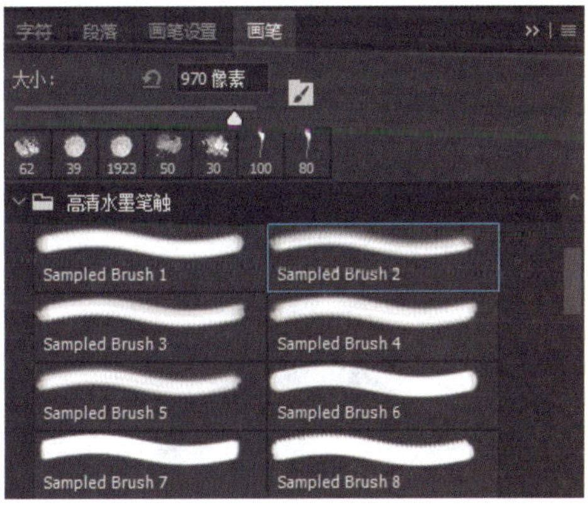

图 2-68　选择水墨质感的笔刷

图 2-69　使用笔刷绘制纹理

图 2-70　添加纹理后效果

提示：Photoshop 中能导入外部笔刷，丰富的笔刷设计能极大地丰富画笔工具的表现力。笔刷导入方法为，下载后缀名为 .abr 的笔刷文件，直接复制到 Adobe\Adobe Photoshop CC\Presets\Brushes 文件夹中。然后打开 Photoshop，在画笔窗口中，单击右上方的“设置”按钮，在出现的菜单栏中找到笔刷名称，单击“载入”按钮即可。

在本任务所提供的素材包中，包含三个水墨效果的笔刷，可根据所需效果灵活调用。

步骤 7　将前景色设置为黑色，选中“画笔工具”，选择墨水喷溅形状的笔刷，如“液体油漆流淌效果笔刷”中的笔刷，在“墨迹”图层上单击绘制墨水喷溅效果。反复对画笔大小、不透明度、笔刷方向等参数进行调整，制作随机效果。如图 2-71 所示。

4. 制作文字整体效果

步骤 1　制作文字“香”。按照“茉”字的制作方法，为文字“香”制作手写效果。过程不再赘述。完成后对两个文字位置进行调整，效果如图 2-72 所示。

图 2-71　添加墨迹后

图 2-72　文字效果制作示意

步骤 2 制作文字背景。导入素材“水墨背景 .png”，拖入水墨半圆图像。按组合键 Ctrl+T 对其进行自由变换，调整大小、倾斜度，放置在两文字图层下方。

步骤 3 导入素材“印章 .png”，将印章素材导入文件，重复上一步的操作，调整其位置及大小。

步骤 4 按 Ctrl+S 组合键保存文档。

【任务总结】

本任务通过手写文字的设计制作，学习了文字设计制作的另一种思路，即灵活利用现有字库，搭配毛笔笔画素材，拼贴出更有个性的手写字体。在这个过程中，需要对形状进行调整、对文字整体结构进行把握，开拓思路，配合画笔笔刷、橡皮擦工具、图层蒙版等对文字进行美化和调整。这样的制作方法并不复杂，是一种比较快捷的文字调整和美化的方法。

项目拓展

请完成可爱文字设计，效果如图 2-73 所示。

可爱文字设计

图 2-73 可爱文字效果图

本任务文字所指向的商品为水果软糖，为了突出糖果的甜蜜、柔软质感，在文字设计上突出了字形的圆润、字体的立体感以及光泽感。因此，设计思路主要分为以下几点：

（1）选择合适的字体。为了突出可爱感，在初始的字体选择上，可以挑选字形较为圆润可爱的字体，并适当调整字符之间的距离，使文字与文字之间较为贴近。

（2）制作文字背板。制作文字背板能更好地衬托文字。背板形状需要配合文字边缘，若使用“钢笔工具”绘制，形状较难把控。可以将文字复制后使用图层样式中的“描边”，将描边参数调大，自然能形成形状贴合文字的背板。

（3）制作文字立体效果。要使一个物体具有立体感需要有高光、阴影、投影。灵活利用图层样式中的斜面和浮雕、内阴影、投影等效果，增加文字立体感。单个图层调整出的效果有限，可以多使用几个图层，立体感、高光、投影分别在不同图层上调整。

总而言之，本任务制作技巧并不复杂，基本思路就是利用图层样式体现立体感。图层样式的功能强大，可以调整的参数非常多，不同样式、不同参数的搭配能形成不同的视觉效果，这其中的可能性是无限的，大家可以多多尝试，争取设计并制作出属于自己的文字效果。

项目 3

包装设计

项目导读

包装设计是指选用合适的包装材料，运用巧妙的工艺手段，为包装商品而开展的容器结构造型和包装美化装饰设计。包装是品牌理念、产品特性、消费心理的综合反映，良好的包装能直接提升消费者的购买欲，是产品与消费者的重要沟通手段。包装设计是一门综合性的学科，其中包括包装造型设计、包装结构设计以及包装装饰设计，在平面设计课程中，包装设计主要是指包装装饰设计。包装装饰设计又涵盖了内容设计、形式设计、色彩设计、文字版式设计等内容。在本项目中我们将学习使用 Photoshop 进行包装设计的基本方法，掌握包装设计的基本思路，以便在日常工作中能够根据需求自行进行包装设计。

岗位技能

本项目对接中高职相关设计专业人才培养目标岗位，如数字影像后期、数字艺术制作、数字文化创意等相关行业，此类岗位需要具有良好的职业道德、爱岗敬业精神，有责任意识和创新意识，掌握相应的专业理论知识，具有较强的适应岗位的动手能力，能进行创意、设计、制作多层次的高素质、高技能专门人才，主要面向动漫公司、影视公司、游戏公司、电视台、数字多媒体行业公司、广告设计公司、传媒公司、文化传播公司、出版社等企事业单位。本项目为平面设计、视觉设计相关领域工作岗位从业人员培养包装设计能力、图形图形处理能力、文字排版能力和职业素养。

教学目标

- 掌握选区工具、钢笔工具、填充工具、直接选择工具、形状工具等的使用。
- 掌握图层蒙版的使用方法。
- 掌握文字工具的使用方法。
- 掌握图层样式的使用方法。
- 掌握图像调色的基本方法。

课前学习微课

（1）扫一扫二维码，观看相关视频。

包装设计分类及设计规范

（2）完成以下工作：

1）在生活中找寻三种不同形态的包装（瓶子、盒子、袋子等），并拍照记录。

2）从网络上找寻你觉得特别的、好看的包装，分析其优势，并记录下来。

任务1 蜂蜜包装设计

【任务描述】

本任务将通过蜂蜜包装平面图及立体展示图，学习形状工具、钢笔工具、直接选择工具等的用法，学会灵活利用形状工具搭建图案，配合图层样式丰富画面效果；学习文字工具的使用方法，能根据画面效果灵活调整字符及段落；学习合理制作选区，学习滤镜中模糊效果的使用。

【任务要求】

完成蜂蜜品牌“一滴蜜”的包装设计，完成效果如图 3-1 所示。

图 3-1　任务完成效果

【知识链接】

1. 选区的调整

当画面中存在选区时，可以通过选项栏及菜单栏中的命令对选区进行调整，如图层选择、选区修改、创建图层蒙版等。

选区的调整

2. 模糊滤镜

滤镜是 Photoshop 中用来对图像进行艺术化处理的辅助功能，模糊滤镜组中提供了多种模糊滤镜，为图像应用模糊滤镜能使画面柔和，并淡化边界颜色。使用模糊滤镜能进行角色磨皮、制作景深效果、模拟摄像机拍摄效果等。其中，高斯模糊、动感模糊、方向模糊等是使用频率较高的模糊滤镜。

模糊滤镜

【任务实施】

1. 制作平面效果图的背景

任务 1 蜂蜜包装设计

步骤 1 启动 Photoshop CC 2018，新建文件，命名为“蜂蜜包装”，尺寸为宽 210 毫米、高 100 毫米，分辨率为 300 像素 / 英寸，颜色模式 RGB。

步骤 2 建立参考线。执行“视图”/“新建参考线”命令，弹出“新建参考线”对话框。选择“垂直”，位置为 7 厘米。重复操作，再次建立一条位置为 14 厘米的垂直参考线。并执行“视图”/“锁定参考线”命令（组合键 Alt+Ctrl+;）。此步骤目的为将画面三等分，为下一步制作划定范围。如图 3-2 和图 3-3 所示。

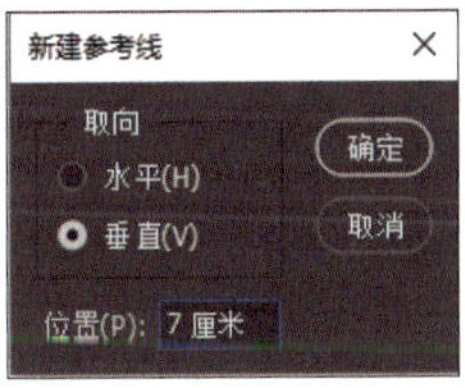

图 3-2 建立参考线

图 3-3 建立参考线后效果

步骤 3 制作左侧底色。首先，将前景色调整为橙黄色（R250，G169，B36），作为填色准备。接着，新建图层，使用矩形选框工具紧贴参考线框选，将参考线左侧区域选中，填充前景色（组合键 Alt+Delete），如图 3-4 所示。填充完毕后，取消选区。

步骤 4 使用“自定义形状工具”，设置填充为前景色，无描边，形状为正六边形，如图 3-5 所示。在画面上绘制一个正六边形，并将其放置在左侧底色与中间区域相交的位置，如图 3-6 所示。

图 3-4　填充左侧底色

图 3-5　“自定义形状工具”设置

图 3-6　绘制并放置正六边形

提示：绘制多边形，可以使用多边形工具，也可以使用自定义形状工具。多边形工具可以自由设定形状的边的数量，而自定义形状工具只有一些固定的形状。在本任务中，若使用多边形工具绘制六边形，容易发生旋转，难以稳固形状方向，自定义形状工具则更好控制，因此在本任务中使用的是自定义形状工具。在选择使用某种工具的时候，必须视情况而定，灵活配合才能取得最优效果。

步骤 5　制作菱形边缘。按住 Alt 键，单击正六边形，复制并移动它，向下拖动，制作第二个正六边形。重复操作，制作一整条菱形边缘。如图 3-7 所示。

提示：使用形状工具时，需要绘制正方形、正圆形等长宽比例锁定的形状，可以在绘制时按住 Shift 键，这样绘制出来的形状长宽比例是一定的。

当需要对形状进行对齐时，如果形状分布在不同图层，使用图层对齐方式。如果形状在同一个图层，则使用“路径选择工具”选中多条路径，然后单击选项栏中的“路径对齐方式”按钮，在弹出的快捷菜单中可以对所选路径进行对齐、分布。

步骤 6 制作菱形边缘线。全选六边形形状，合并形状（组合键 Ctrl+E），命名为“形状 1”。选择“形状 1”图层，将其复制一层（组合键 Ctrl+J），并向右移动，命名为“边缘 1”。使用“自定义形状工具”，将形状属性修改为无填充，描边为前景色（R250，G169，B36），描边宽度为 2 像素。重复以上步骤，复制“边缘 1”，命名为“边缘 2”，调整位置，完成边缘效果制作。如图 3-8 所示。

图 3-7　制作菱形边缘

图 3-8　制作菱形边缘线

步骤 7 整理图层。至此完成左侧背景制作，在“图层”面板选择除背景外的全部图层，单击新建文件夹，将其整理进组，修改名称为“左侧背景”。

提示：在使用 Photoshop 进行复杂图像制作的时候，经常会需要制作、使用许多图层，最终出现数十上百图层的情况。因此，对图层进行有效的归纳整理是十分必要的。创建图层组能够将图层移入图层组中，便于后续操作。

步骤 8 制作中间主标签。使用矩形工具，绘制长方形，填充为前景色（R250，G169，B36），无描边，在空白处绘制一个竖向的长方形，命名为“矩形 1”。效果如图 3-9 所示。

步骤 9 使用“自定义形状工具”，选择正六边形，填充为前景色，无描边。在空白处绘制正六边形，命名为“正六边形 1”。绘制完成后，调整两者间的相对位置。如图 3-10 所示。

步骤 10 制作主标签立体效果。单击正六边形图层，为其添加投影图层样式。调整投影参数为：角度 90 度，距离 0，扩展 9，大小 32 像素，并适当降低不透明度。调整合适后，单击“确认”按钮。在“图层”面板选择“正六边形 1”图层，右击，选择“拷贝图层样式”。再选择“矩形 1”图层，粘贴图层样式。效果如图 3-11 所示。

提示：图层样式可以复制和粘贴。在“图层”面板选中有图层样式的图层，右击，在弹出的快捷菜单中选择“拷贝图层样式”，同理，也可以将图层样式粘贴至其他图层上。

图 3-9　制作矩形

图 3-10　制作正六边形

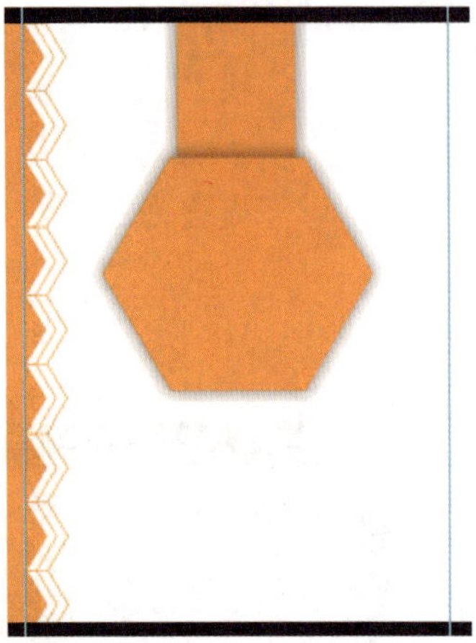

图 3-11　制作主标签立体效果

步骤 11　整理图层。在“图层”面板中选择“正六边形 1”图层及“矩形 1”图层，单击“创建新组”，将其编组。并将编组命名为“主标签”。

步骤 12　制作中间背景。使用“自定义形状工具”在画面空白处绘制正六边形，填充为前景色，无描边。重复制作多个正六边形，调整大小及位置，使其错落有致地排列。效果如图 3-12 所示。

步骤 13　丰富中间背景。再次使用“自定义形状工具”，设置形状为六边形，无填充，描边为前景色，描边大小为 2 像素。绘制正六边形，并重复制作，调整大小及位置，使排列更灵活。效果如图 3-13 所示。

步骤 14　整理图层。在“图层”面板将所有的中间背景形状都选中，单击“创建新组”按钮，将图层编组，并将编组命名为“中间背景”。

步骤 15　制作右侧背景。使用“自定义形状工具”，设置填充为前景色，无描边，形状为正六边形。在右侧空白处拖动绘制多个正六边形，并摆放位置。效果如图 3-14 所示。

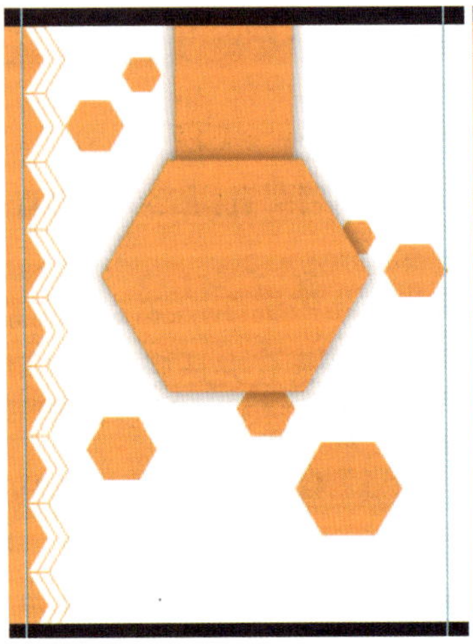

图 3-12　制作中间背景

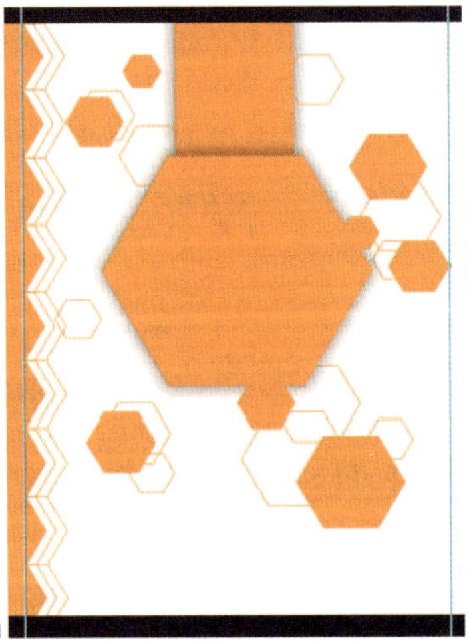

图 3-13　丰富中间背景

图 3-14　制作右侧背景

步骤 16 制作装饰六边形。使用“自定义形状工具”，设置无填充，描边为前景色，描边大小为 2 像素。在右侧空白处拖动绘制多个六边形，并调整大小及位置，形成装饰效果。完成后整理图层，将所有六边形图层选中，编组，并命名为“右侧背景”。如图 3-15 和图 3-16 所示。

图 3-15　制作装饰六边形

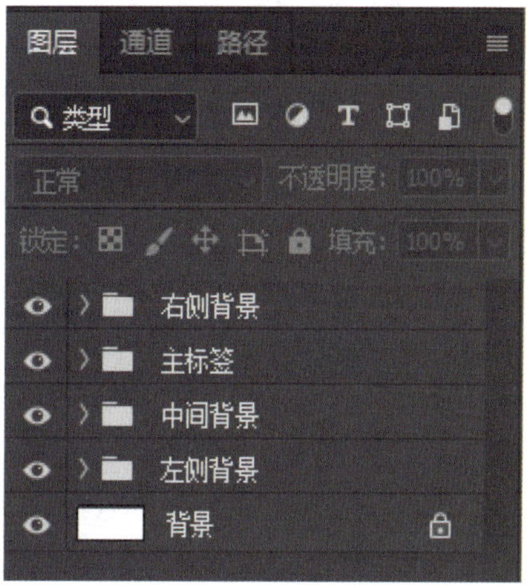

图 3-16　整理图层

蜂蜜包装背景制作完成，效果如图 3-17 所示。

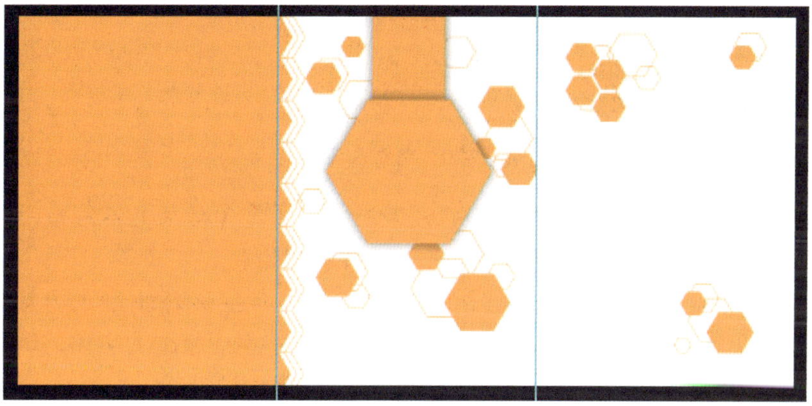

图 3-17　背景完成效果

2. 制作主标签文字

步骤 1 导入素材“一滴蜜文字 .png”，调整其大小，放置在主标签正六边形图层上方，并调整位置。效果如图 3-18 所示。

步骤 2 制作边框。在“图层”面板选择“正六边形 1”图层，复制一层，将形状属性调整为无填充，黑色描边，描边大小 2 像素。按 Ctrl+T 组合键自由变换，将其缩小一点，并移动位置，与文字边缘对齐。效果如图 3-19 所示。

步骤 3 制作装饰线。使用“钢笔工具”绘制形状。设置为无填充，描边黑色，描边大小 2 像素。按住 Shift 键，绘制一条横线。将其移动至文字顶端，与顶端对齐。并调整横线的长度，使其与六边形两端连接。复制一条横线，下移，调整位置。效果如图 3-20 所示。

图 3-18　置入文字，调整大小位置

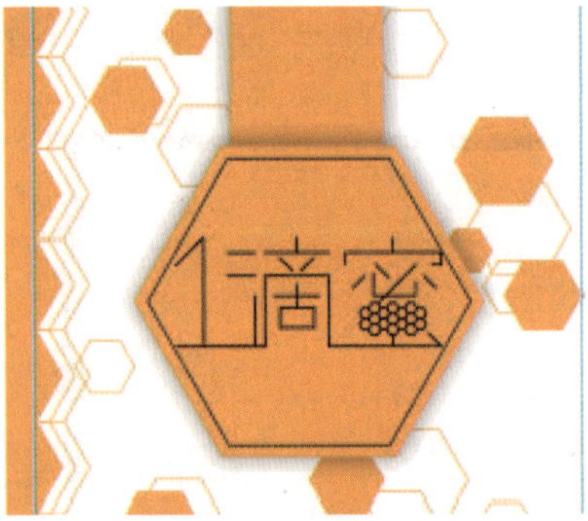

图 3-19　制作边框

图 3-20　制作装饰线

提示：使用钢笔工具绘制路径或形状，若绘制的图像（路径）不需要闭合，可以在绘制结束后，按住 Ctrl 键在任意空白处单击，即可结束绘制。

步骤 4　制作标签中的英文。使用“文字工具”在主标题文字上方输入英文“A DROP OF HONEY”。选择一个跟主体文字字形相配的字体，调整字号、字符间距、对齐方式等属性。如图 3-21 和图 3-22 所示。

步骤 5　删除与文字重叠线段。使用“路径选择工具”选中六边形边框，再使用“钢笔工具”，在文字“A”上、下的框线上增加锚点，再在两个锚点中间任意位置增加一个锚点。使用“直接选择工具”选中中间的锚点，按 Delete 键将其删除，即删除上下锚点中间的线段。如图 3-23 所示。

步骤 6　重复以上步骤，完成删除与文字“F”重叠的线段。效果如图 3-24 所示。

步骤 7　制作标签下部文字。使用“文字工具”，在标签下部输入文字“纯蜂蜜 100% 天然无添加”，并对其进行字体、字号、字距、行距等参数调整。摆放好位置后，删除与文字重叠部分的线段。效果如图 3-25 所示。

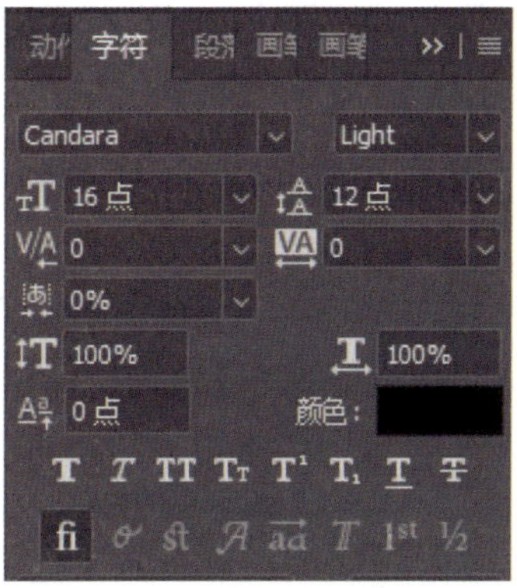

图 3-21　“字符”面板设置

图 3-22　文字效果

图 3-23　删除中间锚点后效果

图 3-24　删除与文字重叠线段效果

图 3-25　主标签文字制作完成效果

3. 制作产品说明性文字

步骤 1　制作左侧标语。使用“文字工具”在左侧空白处单击，输入文字“源于自然 健康相伴”“唤醒一天 美好心情”，并调整文字字体、字号、颜色等参数，调整好位置，如图 3-26 和图 3-27 所示。

步骤 2　导入素材“二维码素材 .jpg”，调整大小，将其放置在左侧下方，效果如图 3-28 所示。

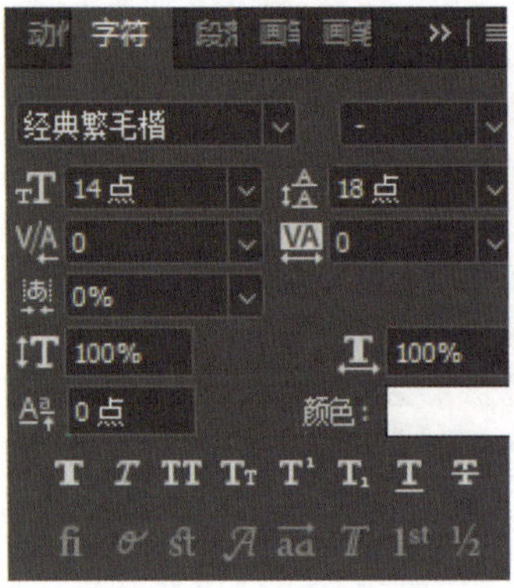

图 3-26 字符参数

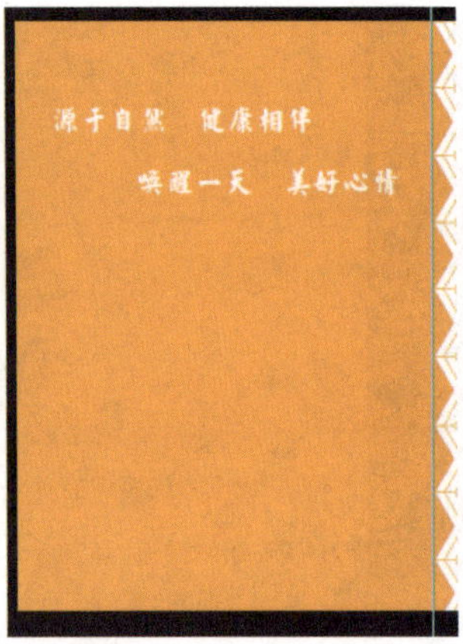

图 3-27 输入左侧文字

图 3-28 左侧效果

步骤 3 制作中间说明文字。使用“文字工具”在中间下方空白处输入文字“净含量：500 克”，设置字体为“微软雅黑”，颜色为前景色；调整大小和位置；添加“描边”图层样式，调整“描边”参数。如图 3-29 和图 3-30 所示。

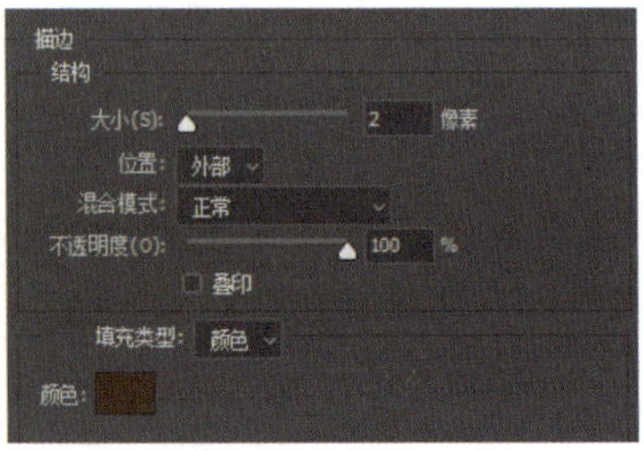

图 3-29 “描边”参数设置

图 3-30 中间完成效果

步骤 4 制作右侧说明性文字。使用“文字工具”，在右侧空白处单击输入文字“产”，设置字体为“微软雅黑”，颜色为白色，字号为 14，移动位置放置在左上第一个六边形中间。重复以上操作，分别完成“品”“信”“息”几字的输入及位置摆放。如图 3-31 所示。

图 3-31 文字排版效果

步骤 5 制作产品信息表。打开文档“蜂蜜说明文字”，复制产品信息文字。回到 Photoshop 中，使用“文字工具”在右侧空白处拖拽出一个矩形的文本框，粘贴文字。设置文字字体为“微软雅黑”，字号为 12 点，调整位置后，效果如图 3-32 所示。

提示：使用“文字工具”拖拽出矩形文本框时，可以创建段落文字。段落文字可以使文字限定在矩形文本框的范围内，文字能自动换行，且此区域的文字能统一进行字体、字号、行距、字距等参数调整，配合段落对齐等操作，能够制作出整齐的排列效果。

步骤 6 绘制文字矩形外框。使用“矩形工具”，设置无填充，描边为前景色，描边大小 2 像素。沿文字外轮廓绘制一个矩形外框，为文字做装饰。效果如图 3-33 所示。

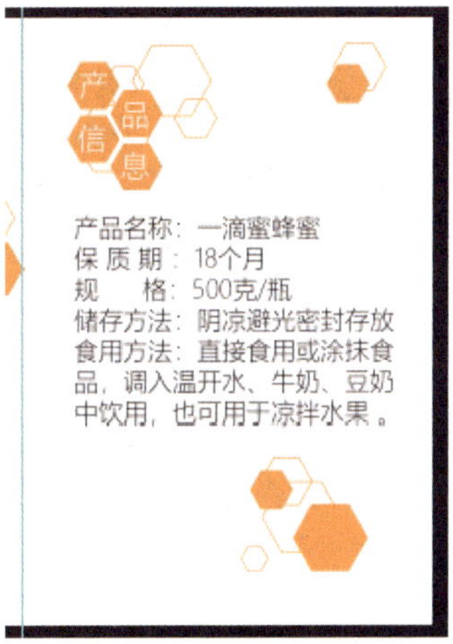

图 3-32　粘贴说明文字

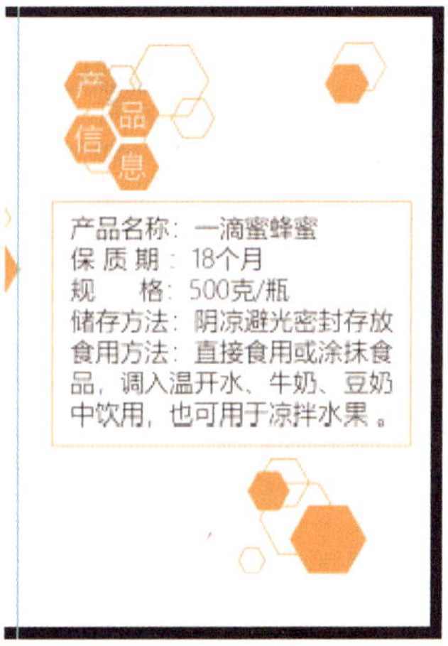

图 3-33　绘制文字矩形外框

步骤 7 到此，蜂蜜包装设计完成，效果如图 3-34 所示。整理文件后，保存文件，并执行“文件”“导出”/“快速导出为 PNG”命令，将文件导出，命名为“蜂蜜标签”。

图 3-34　蜂蜜标签设计效果图

4. 制作立体展示图

步骤 1　执行“文件”/“打开”命令，打开素材“蜂蜜瓶子素材.jpg”。从文件夹中选中“蜂蜜标签.png”文件，拖入 Photoshop 中。

步骤 2　调整“蜂蜜标签”层的大小及位置，使其大致贴合瓶子。如果看不清楚位置，可适当降低图层不透明度。位置调整完毕后，按回车键确认。在“图层”面板选择“蜂蜜标签”层，右击，选择“栅格化图层”，并将图层命名为“标签 1”。

步骤 3　选中“标签 1”图层，使用“矩形选框工具”沿玻璃瓶面转折处绘制矩形选框，框选标签左侧。按组合键 Shift+Ctrl+J 将所选图像原地剪切复制一层，并更名为“标签 2”。如图 3-35 和图 3-36 所示。

图 3-35　选择标签左侧

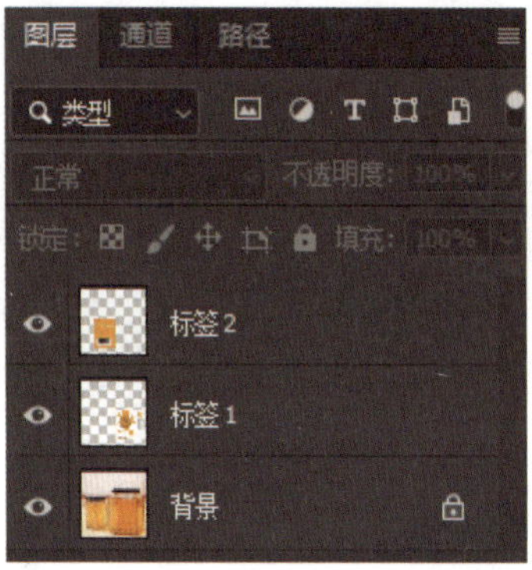

图 3-36　当前“图层”面板

提示：图层复制组合键为 Ctrl+J，图层剪切复制组合键为 Shift+Ctrl+J。

步骤 4　选中“标签 2”图层，按组合键 Ctrl+T 自由变换，并右击，选择“扭曲”。依次拖动左上和左下锚点，扭曲“标签 2”图层，使其大致贴合玻璃瓶子的侧面，效果如图 3-37 所示。调整完毕后，按回车键确认。

步骤 5　按照以上操作，对标签右侧进行同样的处理。将复制出来的图层更名为“标签 3”。效果如图 3-38 所示。

图 3-37　调整标签 2

图 3-38　调整标签 3

步骤 6 使用“钢笔工具”沿玻璃瓶边缘绘制路径，绘制完成后按 Ctrl+Enter 组合键将路径转变为选区。按组合键 Shift+Ctrl+I 反选。效果如图 3-39 所示。

步骤 7 依次选中“标签 2”和“标签 3”图层，按 Delete 键，删除瓶身外的标签。完成后调整三个标签图层的不透明度，使其完全显示。效果如图 3-40 所示。

图 3-39 制作选区

图 3-40 调整标签

步骤 8 选择“标签 2”图层，使用“矩形选框工具”在图层左侧绘制矩形选区，执行“选择”/“修改”/“羽化”命令，羽化 30 像素。执行“滤镜”/“模糊”/“高斯模糊”命令，设定模糊半径为 2.4 像素，给标签越远越模糊的镜头感，使其与瓶身更加融合。对“标签 3”图层也重复这种操作。效果如图 3-41 和图 3-42 所示。

图 3-41 标签 2 做模糊效果

图 3-42 两侧标签模糊效果

步骤 9 按照之前的操作，为左侧的小玻璃瓶贴上标签。

步骤 10 按 Ctrl+S 组合键保存文档。

【任务总结】

本任务通过制作蜂蜜包装设计平面图及立体展示效果图，展示了包装装饰设计的一般流程。首先要根据容器设定合适的尺寸，并根据容器的形态设计装饰的区域；其次，设计风格需要保持一致，图案、装饰、文字风格一致，并且与包装容纳的物体有一定关联性；再次，包装设计与其他版式设计有共通的要点，例如注意出血线、字号选择和文字排版要符合阅读习惯等。

本任务的制作技术并不复杂，灵活运用形状工具、钢笔工具进行图案绘制，再配合文字排版，就能完成。而这几项看似简单的工具，也是实际工作中使用频率很高的工具，大家在实例中多加练习，才能更好地应用在自己的设计中。

任务2 茶叶包装设计

【任务描述】

本任务主要通过抠图、调色、多种滤镜的使用以及图层蒙版的使用等，学习围绕设计主题挑选素材，综合处理多种素材，以及围绕拼贴的素材进行装饰设计，使画面颜色、风格统一，最终完成茶叶包装平面图设计及立体展示图制作。

【任务要求】

茶叶包装设计完成效果如图 3-43 所示。

图 3-43　茶叶包装设计完成效果

【知识链接】

1. 图像调整

图像调整是指通过调整画面的明暗、对比度、曝光度、饱和度、色相、色调等方面，实现对图像整体颜色进行修正或更改。Photoshop 中的调色命令非常多，最常用的调色命令包括曲线、色相 / 饱和度、亮度和对比度等。

2. 智能滤镜

智能滤镜是指应用于智能对象的滤镜。智能滤镜不会对智能对象产生不可逆的调整，其中参数可以反复进行修改、移除、隐藏等，滤镜间还能有混合模式调整。智能滤镜带有一个图层蒙版，可以调整其作用范围。

智能滤镜

【任务实施】

任务 2 茶叶包装设计

1. 制作背景

步骤 1 新建文件。新建一个尺寸为宽 150 毫米，高 240 毫米，分辨率为 300 像素 / 英寸，颜色模式为 RGB 的文件，命名为“茶叶包装平面图”。

步骤 2 置入茉莉花素材。从素材文件夹中选择“茉莉花 .jpg”素材，拖入 Photoshop 中，并简单放置。放置完毕后，将图层栅格化。关闭背景图层的显示，只观察茉莉花图层。

步骤 3 去除茉莉花素材背景。使用“魔棒工具”，调整容差为 10，在茉莉花四周的空白处单击取样，形成选区。经过观察，此时选区蚂蚁线基本能覆盖茉莉花的外轮廓。执行“选择” / “修改” / “扩展”及“选择” / “修改” / “羽化”命令，分别对选区进行 1 像素的扩展和 1 像素的羽化。按 Delete 键，将茉莉花周边的白色删除。效果如图 3-44 和图 3-45 所示。完成后，取消选择。

图 3-44 制作选区

图 3-45 去除白色背景

步骤 4 调整茉莉花的颜色。将“茉莉花”图层转化为智能对象，这样可以使用智能滤镜对其进行处理。使用曲线对图像进行调整，提升整体的亮度，降低花朵上的红色，并且调整叶子的绿色。再使用“色相 / 饱和度”面板调整色相、饱和度、明度，再次提亮花朵，并使其色调略偏冷。效果如图 3-46 和图 3-47 所示。

图 3-46　调整曲线

图 3-47　调整色相 / 饱和度

步骤 5　复制“茉莉花”图层，将其命名为“小茉莉花”。使用自由变换，右击，选择“水平翻转”，并调整其大小，将其放置在画面左上方，如图 3-48 所示。

步骤 6　继续调整“茉莉花”层。选择“茉莉花”层，执行“滤镜” / “艺术效果” / “干画笔”命令，为其添加干画笔效果。调整干画笔的数值，增强花朵上的块面纹理感。参数设置如图 3-49 所示。

图 3-48　调整小茉莉花

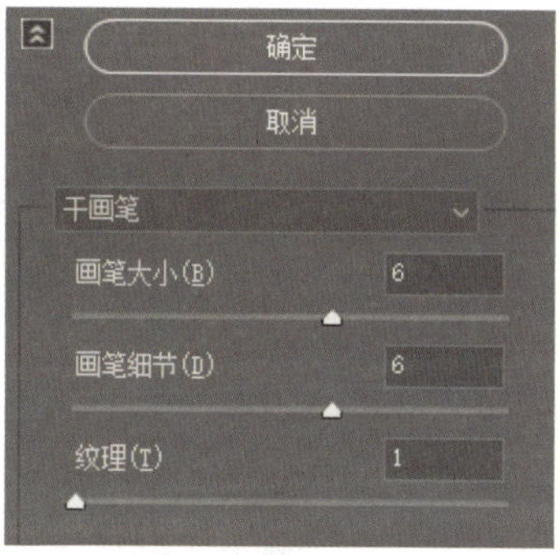

图 3-49　干画笔数值设置

步骤 7　再次使用干画笔效果，降低数值。并在“图层”面板双击“干画笔”效果后的“混合选项”按钮，将混合模式修改为“点光”。如图 3-50 和图 3-51 所示。

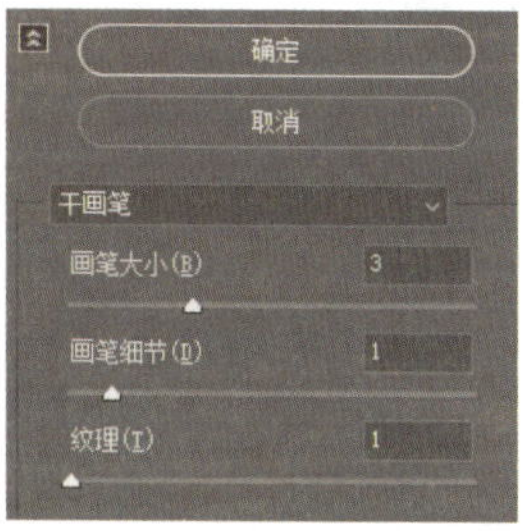

图 3-50　再次调整干画笔数值

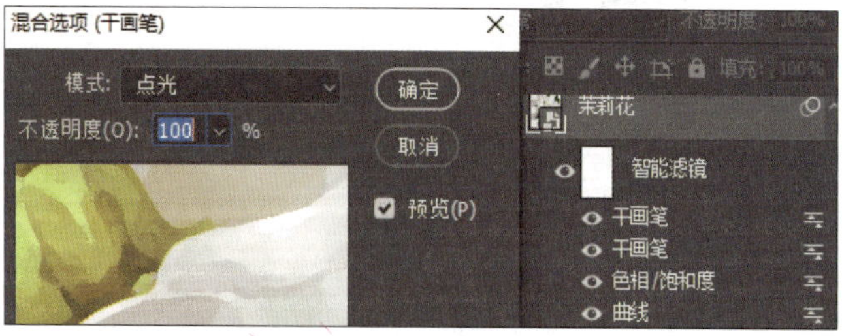

图 3-51　更改干画笔混合选项

步骤 8 继续调整“茉莉花”图层。执行“滤镜”/“艺术效果”/“木刻”命令，调整效果参数，并将效果的混合选项修改为“滤色”，同时降低不透明度，如图 3-52 和图 3-53 所示。

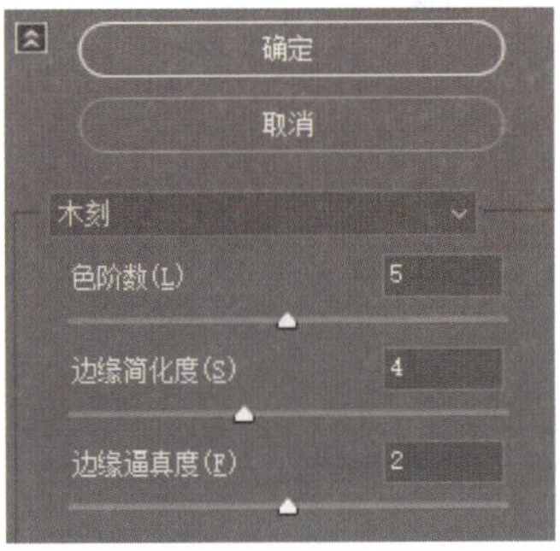

图 3-52 “木刻”参数设置

图 3-53 木刻混合选项

步骤 9 再次调整“茉莉花”图层。执行“滤镜”/“风格化”/“查找边缘”命令，并将混合选项修改为“正片叠底”。最后为图层添加“色阶”，降低图层的明度，使其有水印效果。如图 3-54 和图 3-55 所示。

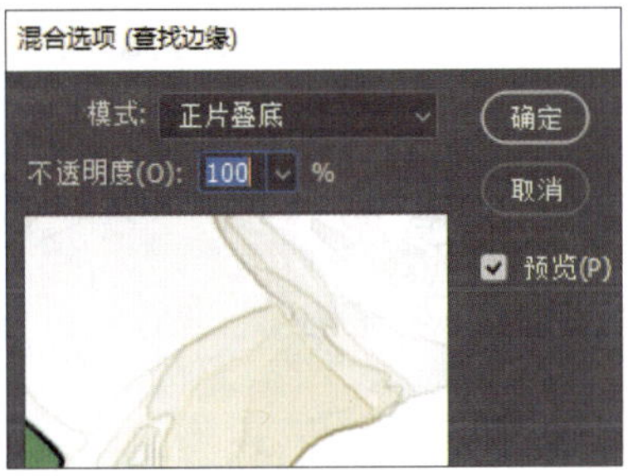

图 3-54 查找边缘混合选项

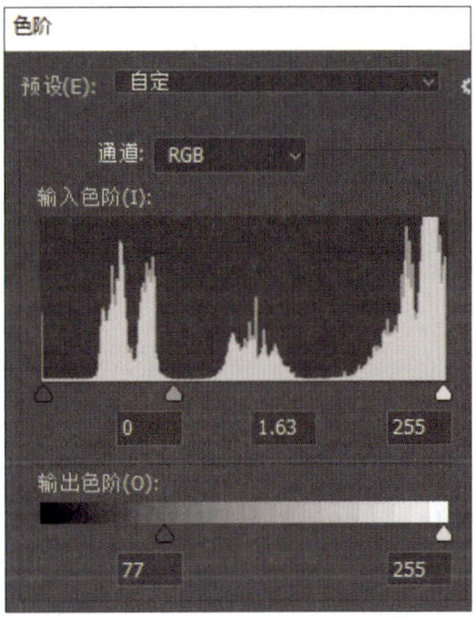

图 3-55 “色阶”参数设置

步骤 10 调整两层茉莉花的大小和位置后，再次从素材文件夹拖入素材“山水.jpg”，放置在页面下边缘处，并调整图层顺序，放在“茉莉花”图层之下。

步骤 11 为“山水”图层调整颜色。目前“山水”图层的颜色过蓝，与两朵茉莉花颜色不匹配，使用“色相/饱和度”面板对图层进行调色，使颜色与花朵较为匹配，如图 3-56 和图 3-57 所示。

步骤 12 从素材文件夹选择“云纹.jpg”素材，拖入文件中。调整大小，使其覆盖整个画面。调整图层顺序，放置在“山水”图层下。对“云纹”图层使用“色相/饱和度”面板调色，如图 3-58 所示。

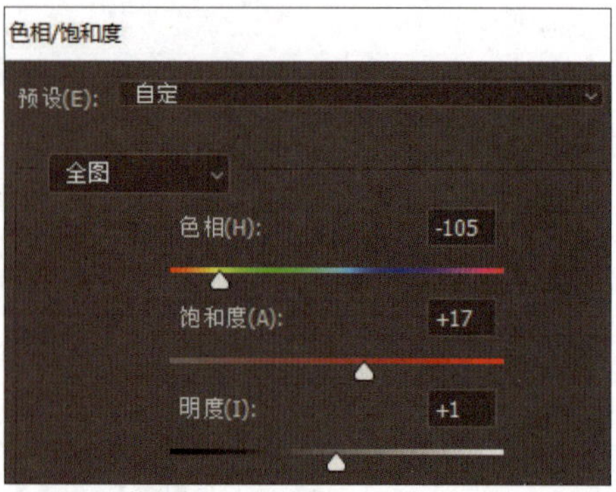

图 3-56 “色相 / 饱和度”参数设置

图 3-57 当前效果

步骤 13 当前山水有不透明的部分，会透出其下的云纹，可以适当调整。为“云纹”图层增加图层蒙版，使用渐变工具从下往上绘制渐变，使云纹的下半部分渐隐。

步骤 14 增加背景纹理。选中背景图层，设置前景色为淡黄色（R255，G254，B229），为背景图层填充前景色。从素材文件夹拖入素材“宣纸.jpg”，放在背景图层上方，将图层叠加模式改为“正片叠底”。增加背景的颜色和质感。效果如图 3-59 所示。

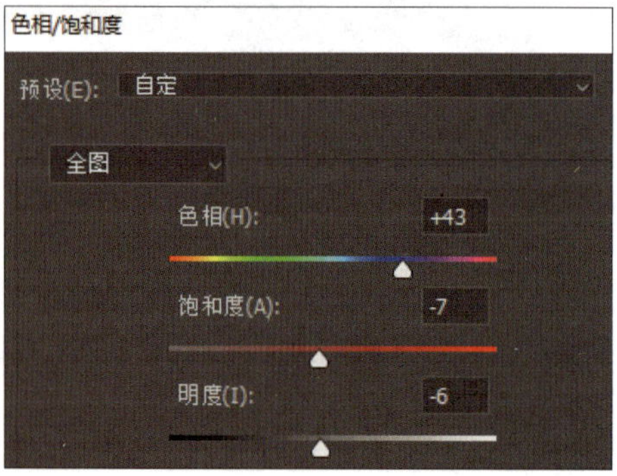

图 3-58 “云纹”图层色相 / 饱和度调整

图 3-59 添加背景的颜色和质感效果

2. 制作包装封条效果

步骤 1 将前景色设置为灰绿色（R81，G116，B94），使用“自定义形状工具”填充为前景色，无描边，形状为标签。在画面中拖动，绘制一个标签形状。

步骤 2 使用“直接选择工具”选中标签形状的左下、右下锚点，按住 Shift 键向下拖拽，拉长标签。如图 3-60 所示。

步骤 3 选中形状，执行“编辑”/“变换”/“垂直翻转”命令，使形状翻转，并调整大小，放置在页面上方，如图 3-61 所示。为图层更名为“标签 1”。

步骤 4 从素材文件夹中拖入素材“云纹”,放置在“标签 1”图层上方,建立剪贴蒙版,使云纹仅显示在标签内部，如图 3-62 所示。

图 3-60 绘制并调整形状

图 3-61 调整形状位置

图 3-62 添加云纹

步骤 5 为“标签 1”图层增加投影。选择“标签 1”图层，添加“投影”图层样式，调整参数，增加一点立体感，如图 3-63 和图 3-64 所示。

步骤 6 做下方标签。选择“标签 1”及其上方的“云纹”图层，复制图层，并移动到图像下方，进行位置摆放，效果如图 3-65 所示。更改名称为“标签 2”。

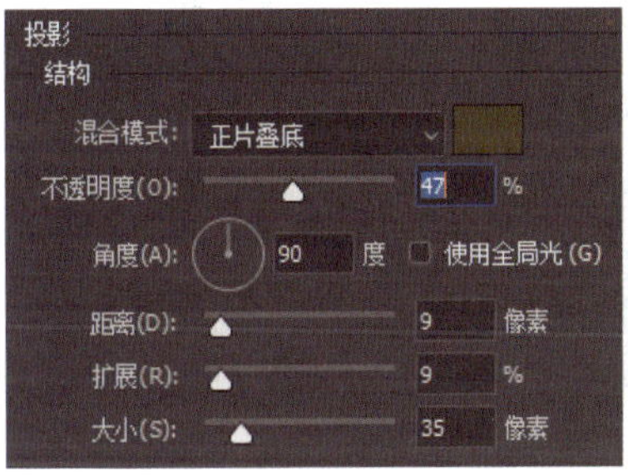

图 3-63 “投影”参数设置

图 3-64 投影效果

图 3-65 制作“标签 2”

步骤 7 制作椭圆贴标。使用“椭圆形状工具”，填充为渐变，无描边。在上方标签上绘制一个椭圆，并为其添加投影，如图 3-66 至图 3-68 所示。

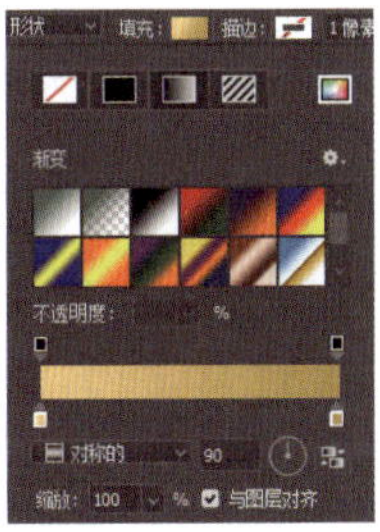

图 3-66 椭圆填充设置

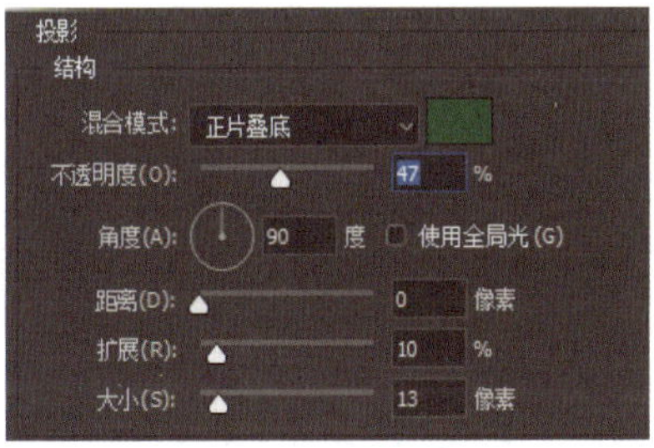

图 3-67 “投影”参数设置

图 3-68　椭圆效果

3. 制作文字

步骤 1　制作主体文字。从素材文件夹中拖入素材“茉香文字 .png”，调整大小、位置后，按回车键确认，如图 3-69 所示。

步骤 2　打开素材文件夹中的“包装说明文字 .txt”，复制内部文字。在 Photoshop 中，使用“直排文字工具”在画面中间单击，粘贴文字。设置字体为“黑体”，字号为 12 点，颜色为黑色，为文字增加下划线，并摆放位置，如图 3-70 和图 3-71 所示。

图 3-69　导入主体文字

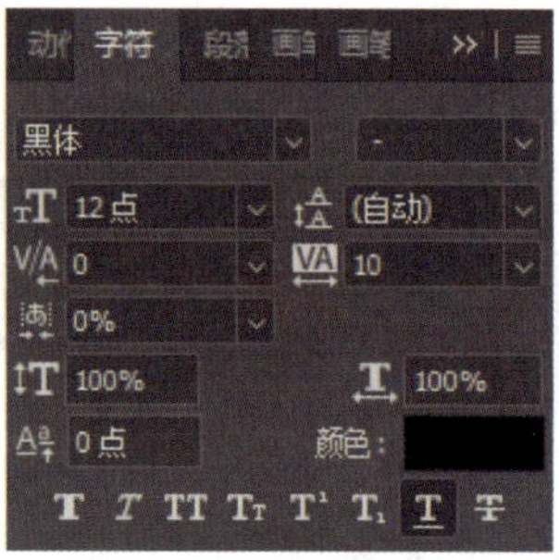

图 3-70　“字符”设置

图 3-71　当前效果

步骤 3　制作顶端标签文字。使用“横排文字工具”，在顶端椭圆贴标上单击输入文字“精品茉莉花茶”，设置字体为“黑体”，字号为 18 点，颜色为白色。调整位置，使其与椭圆形状居中对齐。目前文字不太明显，为其添加图层样式“投影”。如图 3-72 至图 3-74 所示。

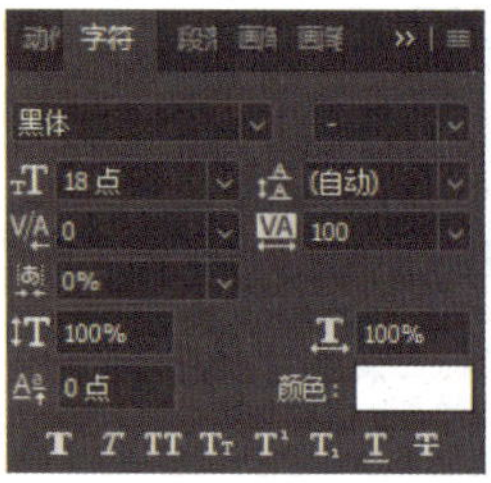

图 3-72　“字符”设置

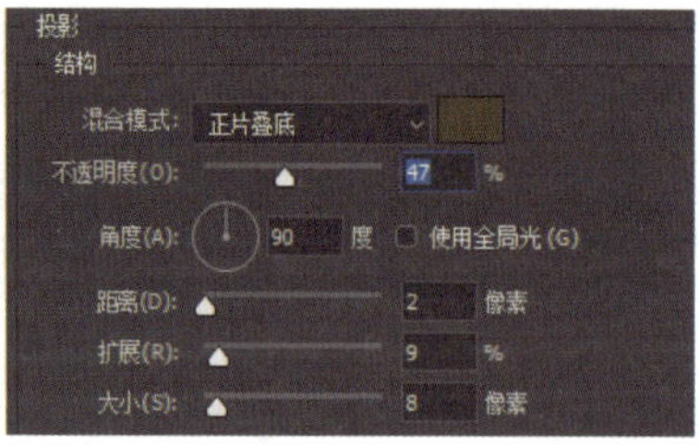

图 3-73　“投影”设置

图 3-74　标签文字效果

步骤 4 当前茶叶包装设计平面图已制作完成，保存文件，并导出文件，命名为“茶叶包装平面图”，效果如图 3-75 所示。

图 3-75 茶叶包装平面图

4. 制作茶叶包装立体图

步骤 1 新建文件。新建一个尺寸为 A3、分辨率为 300 像素 / 英寸，颜色模式为 RGB 的文件，命名为“茶叶包装立体图”。设置前景色为浅灰色（R221，G221，B221），背景色为中灰色（R139，G139，B139），使用“渐变工具”设置渐变，渐变颜色为从前景色到背景色，渐变形式为径向渐变，从背景图层中心往外拉渐变，做中间亮周围暗的背景。

步骤 2 将之前制作并输出的“茶叶包装平面图 .png”文件拖入 Photoshop 中，调整大小放置。并使用组合键 Ctrl+J 复制三层，关闭“拷贝 2”“拷贝 3”图层的显示。效果如图 3-76 所示。

步骤 3 选择“拷贝 1”图层，使用组合键 Ctrl+T 自由变换，右击，选择“垂直翻转”，将图层翻转，并向下拖拽，使其与“茶叶包装平面图”图层尾端对齐，如图 3-77 所示。

步骤 4 选择“拷贝 1”图层，为其添加图层蒙版。将前景色和背景色恢复为默认状态。使用渐变工具，选择从前景色渐变至透明，渐变样式为线性渐变，在图层蒙版下方拖拽，使“拷贝 1”图层呈现渐隐效果，如图 3-78 所示。

步骤 5 点开“拷贝 2”图层前的眼睛图标，使用自由变换调整其大小，右击，选择“透视”，调整其透视。效果如图 3-79 所示。

图 3-76　拖入素材并摆放

图 3-77　放置“拷贝 1”图层

图 3-78　调整图层蒙版效果

图 3-79　调整“拷贝 2”图层透视效果

步骤 6　调整前景色为绿色（R81，G116，B94）。新建图层，使用“矩形选框工具”沿“拷贝 2”图层的右侧边缘绘制矩形，并调整其透视，使其与“拷贝 2”图层形成盒子感。将图层命名为“侧边”。效果如图 3-80 所示。

图 3-80　制作盒子侧边

步骤 7　点开“拷贝 3”图层前的眼睛图标，使用自由变换，垂直翻转，并向下拖动，摆放位置。再次使用自由变换的“透视”或“扭曲”，调整其透视角度，使其基本与“拷贝 2”图层的下边缘对齐。

步骤 8 复制“侧边”图层。向下拖拽，与“拷贝 3”图层靠在一起，形成倒影的盒子侧边。为“拷贝 3”图层添加图层蒙版，使用“渐变工具”在图层蒙版上拖拽，形成半透明倒影效果图。对侧边倒影采取同样的操作，如图 3-81 所示。

图 3-81 制作侧向盒子倒影

步骤 9 至此项目制作全部完成，按 Ctrl+S 组合键保存文件。

【任务总结】

本任务通过制作茶叶包装及其立体效果图，展示了使用照片、图片素材进行包装设计制作的一般流程。在实际工作中，经常遇到需要拼贴图片素材的情况，那么就需要围绕核心元素（本任务中是茉莉花）对所有元素进行一致性的调整处理，比如统一颜色、统一风格等。只有所有的元素达到一个基本统一协调的状态，设计才会给人较为愉悦的观感。为了达到这个目的，必须从素材收集、颜色调整、字体排版等方方面面进行考虑。

本任务中，在围绕核心元素进行调整的思路下，主要运用了调色、智能滤镜、图层蒙版、剪贴蒙版等知识点完成制作。

任务3 糖果包装设计

【任务描述】

本任务通过对图像素材进行调色、绘制形状、调整图层样式、创建剪贴蒙版等操作，完成糖果包装设计平面图及展示效果图制作。通过本任务，进一步学习综合处理、拼贴素材，配合素材进行装饰性图案的设计和绘制，最终完成包装设计项目。

【任务要求】

完成糖果包装平面图设计，并完成糖果包装立体图制作，如图 3-82 所示。

图 3-82　糖果包装设计任务完成效果

【知识链接】

创建路径文字

1. 创建路径文字

当需要文字围绕某个图像、某种形状排列时，可以先用钢笔工具绘制路径，再使用文字工具在该路径上单击输入文字内容即可。

2. 图层混合模式

图层混合模式是指当前图层中的像素与下方图像之间像素的混合方式。图层混合模式的设置主要用于多张图像的融合，使画面同时具有多个图像中的特质，改变画面色调，制作特效等情况。不同的混合模式效果作用于不同的图层中能呈现不同的画面。混合模式不仅存在于图层中，还存在于绘图、修饰、颜色填充、滤镜等多种情况中。

【任务实施】

任务 3 糖果包装设计

1. 制作糖果包装平面图背景

步骤 1　启动 Photoshop CC 2018，新建文件，命名为“糖果包装平面图”，尺寸为宽 80 毫米、高 105 毫米。分辨率为 300 像素 / 英寸，颜色模式 RGB。填充浅蓝色（R217，G202，B255）。

步骤 2　从素材文件夹中选择“蓝莓 .png”文件，拖入 Photoshop 中，调整大小，并摆放位置，如图 3-83 所示。

步骤 3　从素材文件夹中选择“果汁 .png”文件，拖入 Photoshop 中，调整大小，摆放位置，放在“蓝莓”图层之下。调整完毕后，将图层栅格化。如图 3-84 所示。

步骤 4　使用“多边形索套工具”选中图层下方的黄色果汁，将其删除，只保留红色果汁，如图 3-85 所示。

图 3-83　放置蓝莓素材

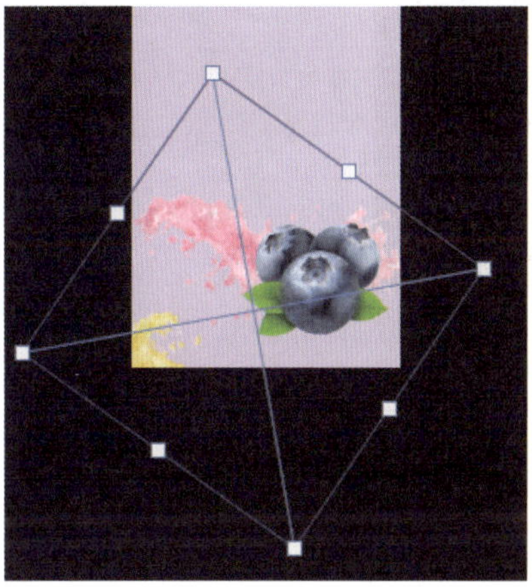

图 3-84　放置果汁素材

图 3-85　删除多余果汁

步骤 5　目前果汁颜色与蓝莓颜色不符，需要调色。选择“果汁”图层，执行“图像”/“调整”/“色相 / 饱和度”命令对其调色，使其颜色与蓝莓基本匹配，如图 3-86 和图 3-87 所示。

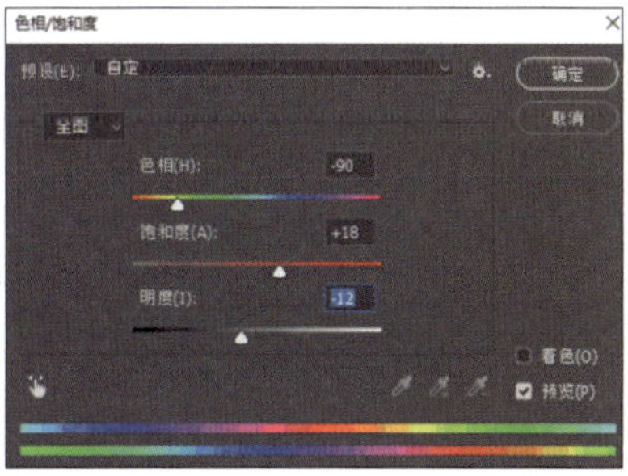

图 3-86　为果汁调色

图 3-87　果汁调色效果

步骤 6 为蓝莓绘制投影。新建图层，命名为“蓝莓投影”，调整图层顺序，放置在“蓝莓”图层下方。使用“椭圆选区工具”在蓝莓下方绘制一个椭圆，并填充黑色。完成后取消选择。如图 3-88 所示。

步骤 7 制作投影虚化效果。选择“蓝莓投影”图层，对其使用“滤镜”/“模糊”/“动感模糊”命令，设置角度为 0 度，调整距离的像素大小，使其看起来有合适的虚化效果。经过观察，200 像素效果合适。降低图层的不透明度，使投影更真实。如图 3-89 和图 3-90 所示。

图 3-88　填充椭圆选区

图 3-89　设置动感模糊参数

图 3-90　降低图层不透明度

步骤 8 制作标题背板。使用“钢笔工具”选择绘制形状 1，填充为比背景深一点的蓝色（R184，G170，B220），绘制波浪边缘形状，如图 3-91 所示。

提示：使用“钢笔工具”绘制形状后，可以配合“直接选择工具”，选择任意锚点进行细致调整。

步骤 9 再次使用“钢笔工具”绘制形状 2，填充为从深蓝（R41，G39，B78）到浅蓝（R93，G70，B151）的渐变，如图 3-92 所示。

步骤 10 再次使用“钢笔工具”绘制形状 3 和形状 4，填充分别为蓝色（R121，G85，B187）和浅一点的蓝色（R151，G118，B214），如图 3-93 所示。

图 3-91　绘制形状 1

图 3-92　绘制形状 2

图 3-93　绘制形状 3 和形状 4

步骤 11 为形状 1、3、4 添加图层样式，进一步增强画面的层次效果。为形状 1 添加“投影”图层样式，设置投影参数如图 3-94 所示。确认完成后，复制图层样式，粘贴至形状 3 和形状 4。效果如图 3-95 所示。

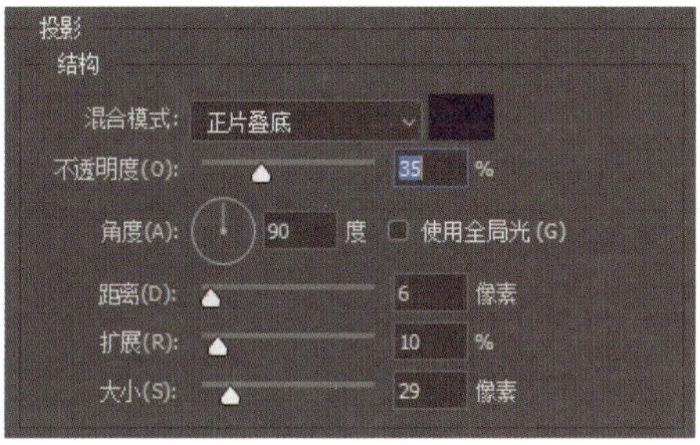

图 3-94 “投影”参数设置

图 3-95 添加投影后效果

步骤 12 使用“椭圆工具”，按住 Shift 键，绘制一个正圆形。填充为蓝色（R95，G78，B144），放在图像左下角。

步骤 13 为椭圆 1 添加图层样式。添加“斜面和浮雕”图层样式，给椭圆增加一些立体感。参数如图 3-96 所示。

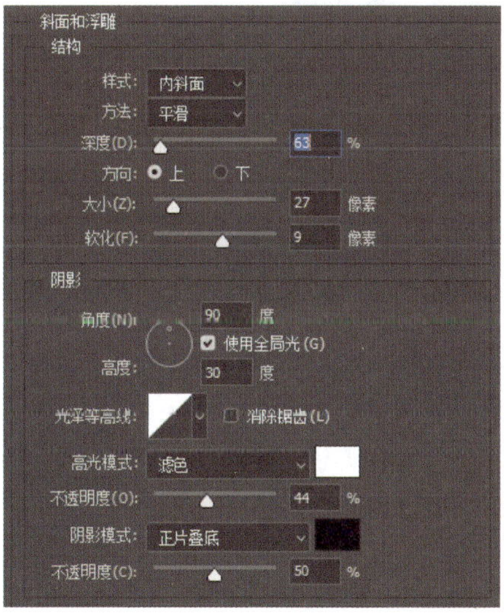

图 3-96 “斜面和浮雕”参数设置

步骤 14 再次为椭圆 1 添加“渐变叠加”图层样式，制作光影立体效果，如图 3-97 和图 3-98 所示。

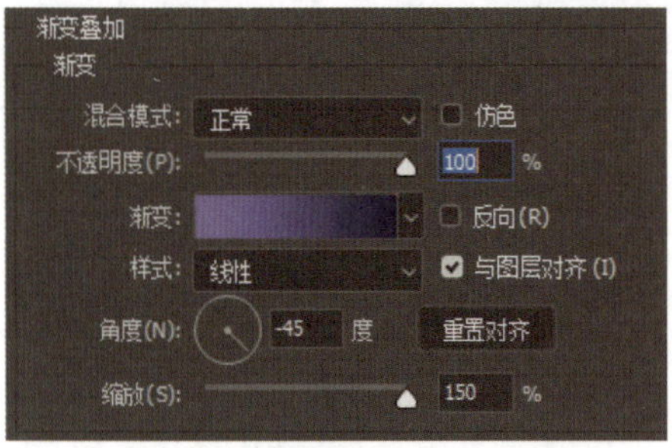

图 3-97 “渐变叠加”参数设置

图 3-98 当前效果

2. 制作糖果包装平面图文字

步骤 1 使用“文字工具”在图像空白处单击，输入文字“雅蜜”。设置字体为“华光胖头鱼”，字号为 48 点，颜色为白色。

步骤 2 使用“钢笔工具”绘制路径。沿文字背景的半弧形绘制一条弧形路径，使用“文字工具”，将光标移动到路径上，“文字工具”变成“路径文字工具”，单击“确认”按钮，输入文字“水果软糖”。如图 3-99 和图 3-100 所示。

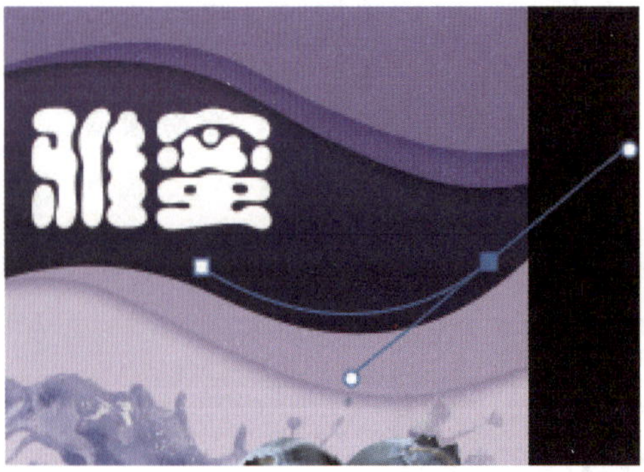

图 3-99 绘制弧形路径

图 3-100 输入文字“水果软糖”

步骤 3 为文字添加图层样式。选择“雅蜜”文字图层，单击添加“斜面和浮雕”图层样式，增加文字的厚度感。参数如图 3-101 所示。

步骤 4 继续丰富文字效果。继续添加“渐变叠加”图层样式，做文字由下到上的蓝色渐变。参数如图 3-102 所示。

步骤 5 再次添加“投影”图层样式，给文字添加一个投影效果，增加图像的空间感。参数如图 3-103 所示。

步骤 6 将“雅蜜”文字的图层样式复制至文字“水果软糖”上，使两个标题文字效果统一，如图 3-104 所示。

步骤 7 制作右上角的商标文字。使用“文字工具”在右上角空白处输入文字 yami，设置字体为“华光胖头鱼”，字号为 12 点，颜色为淡黄色（R255，G235，B103）。

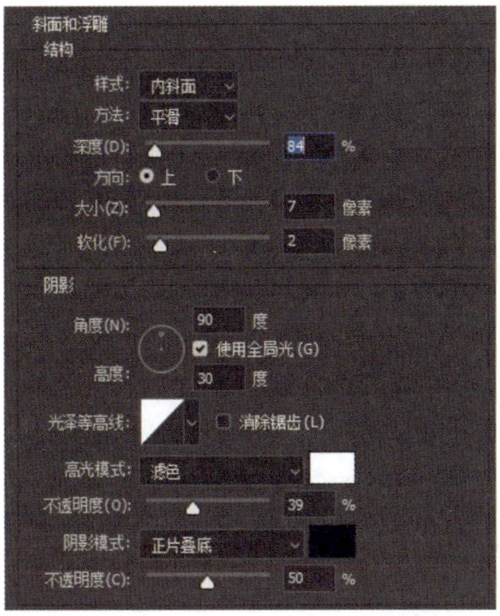

图 3-101 “斜面与浮雕”参数设置

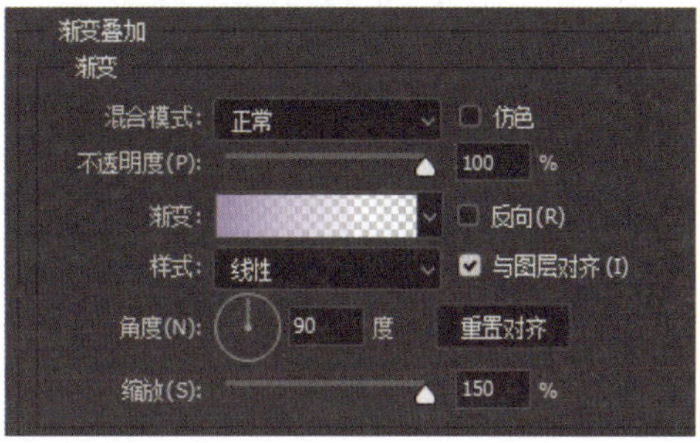

图 3-102 “渐变叠加”参数设置

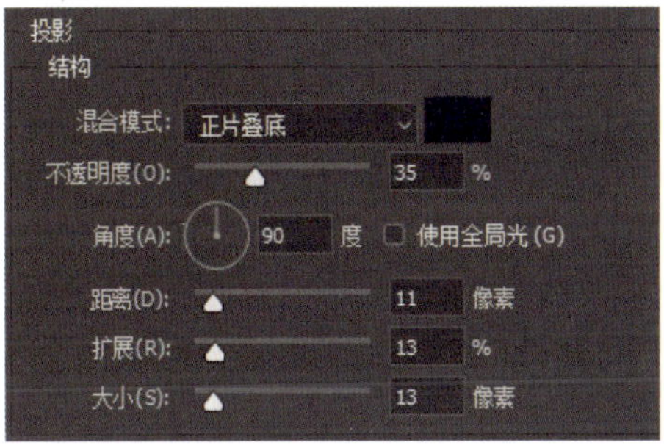

图 3-103 “投影”设置

图 3-104 标题文字效果

步骤 8 绘制商标文字装饰。使用“椭圆形状工具”在 yami 文字后绘制椭圆。

步骤 9 为文字 yami 及椭圆添加图层样式。为文字 yami 添加“描边”图层样式，设置描边大小为 5 像素，颜色为深蓝色。并将此图层样式复制贴至椭圆上。如图 3-105 和图 3-106 所示。

步骤 10 制作左下说明文字。使用“文字工具”，在左下侧圆形贴标处输入文字“净含量 50 克”，设置字体为“黑体”，字号为 12 点，颜色为白色。

步骤 11 制作右下说明文字。使用“文字工具”,在右下角蓝莓处输入文字“蓝莓味”，设置字体为“黑体”，字号为 18 点，颜色为白色。

步骤 12 制作右下角文字投影效果。为文字“蓝莓味”添加“投影”图层样式，调整“投影”参数，为文字增加立体感，使其与背景图像对比更分明，如图 3-107 所示。

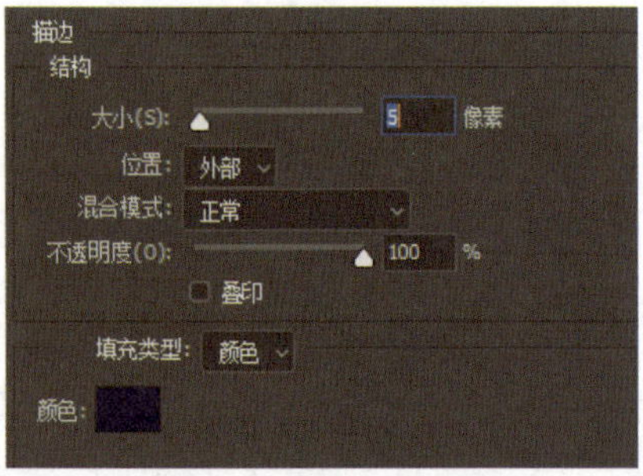

图 3-105 “描边”参数设置

图 3-106 当前效果

步骤 13 到此步骤，糖果包装设计平面图效果已完成。保存文件，并导出为 .png 文件，命名为“糖果包装平面图”。效果如图 3-108 所示。

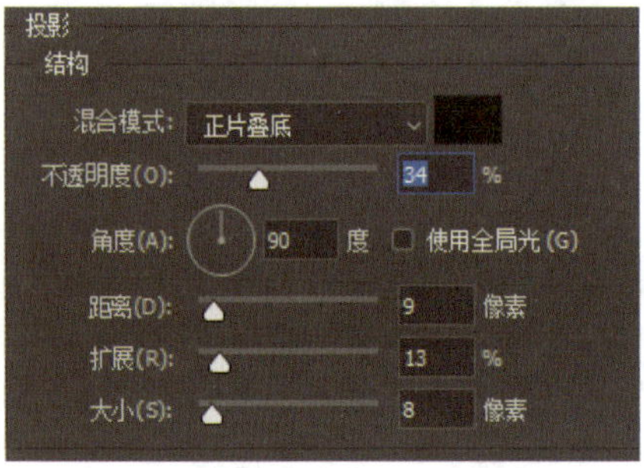

图 3-107 “投影”参数设置

图 3-108 糖果包装设计平面图效果

3. 制作糖果包装立体展示图

步骤 1 新建文件。新建一个尺寸为 A3、分辨率为 300 像素 / 英寸、颜色模式为 RGB 的文件，命名为“糖果包装展示效果”。设置前景色为浅蓝色（R209，G194，B245），为背景图层填充前景色。

步骤 2 从素材文件夹选择“包装袋 .png”，拖入文件中。再选择刚制作并导出的“糖果包装平面图 .png”，也拖入文件中。调整两个文件的相对位置，使“糖果包装平面图”覆盖“包装袋”。可以适当降低“糖果包装平面图”的不透明度，便于观看和对齐。如图 3-109 所示。

步骤 3 选择“糖果包装平面图”图层，执行“图层”/“创建剪贴蒙版”命令，使平面图完全贴合包装袋，并将图层不透明度调整为 100%。设置“糖果包装平面图”的图层混合模式为“正片叠底”，使图像融合得更好。效果如图 3-110 所示。

图 3-109　摆放两层素材

图 3-110　叠加素材效果

步骤 4　制作倒影。同时选中“糖果包装平面图”及“包装袋”图层，使用自由变换，调整其大小，并使用组合键 Ctrl+J，复制两个图层。将复制出来的图层垂直翻转，挪动位置，使其与原图层的末端对齐。

步骤 5　选择“包装袋 拷贝”图层，为其添加一个图层蒙版。使用“渐变工具”在图层蒙版上绘制渐变，使图像渐隐，更符合倒影的半透明感。如图 3-111 所示。

步骤 6　制作装饰背景。使用“钢笔工具”绘制形状。填充深蓝色（R51，G44，B90）。将图层放置在包装袋及其倒影下方。

步骤 7　使用“矩形工具”绘制形状，填充颜色与形状 1 一致。效果如图 3-112 所示。

图 3-111　制作包装倒影

图 3-112　绘制矩形

步骤 8　制作文字装饰效果。按照“糖果包装平面图”任务中的文字制作方法，再次制作标题文字，并放置在矩形上。也可从原文件中将文字复制到此文件中，调整大小。制作过程参考前面操作，不再赘述。

步骤 9　制作广告文字。使用“文字工具”在图像空白处输入文字“富含天然果汁”“Q 弹好滋味”两句话，设置字体为“华光综艺体”，字号为 48 点，颜色为与 yami 文字一致的浅黄色（R255，G253，B103）。

步骤 10 为广告文字添加投影效果。为广告文字添加“投影”图层样式，调整投影参数，为文字增加立体效果，也使其更容易阅读，如图 3-113 和图 3-114 所示。

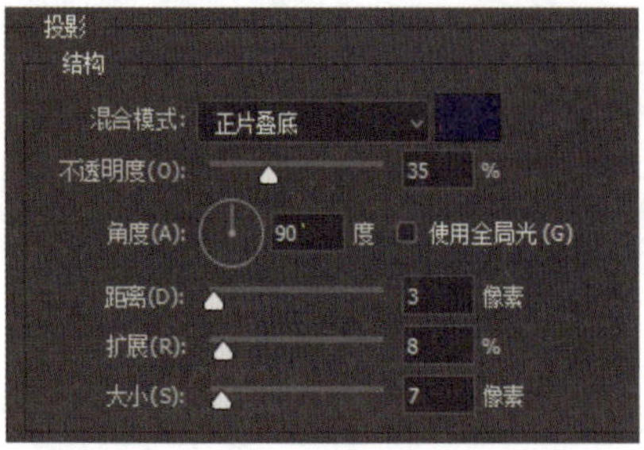

图 3-113 “投影”参数设置

图 3-114 文字添加投影后的效果

步骤 11 至此为止，任务效果全部完成。保存文件并输出。

【任务总结】

本任务通过糖果包装设计及立体展示图的制作，进一步练习了围绕核心元素进行画面统一以及自行设计制作装饰形状。与前两个任务相比，本任务不但需要围绕核心元素（蓝莓）进行素材收集、拼贴、调色、合成，还需要进行装饰形状的绘制以及标题文字的设计制作。使用的知识点并没有比之前的任务更复杂，却需要综合运用。在实际工作中也是如此，好的设计不一定需要使用复杂的技术，而是需要综合运用多种工具和技法的能力。

项目拓展

（1）请完成黄油饼干包装平面图设计，效果如图 3-115 所示。

黄油饼干包装
平面图设计

图 3-115 黄油饼干包装平面设计图效果

本任务需要制作一个饼干包装的平面效果图，根据一般设计思路，首先考虑元素放置（构图）及颜色（配色），然后围绕核心元素进行文字、装饰花纹等其他部分的设计。根据以上思路，制作要点如下：

1）对核心元素（饼干）进行颜色调整及位置摆放，并制作投影增加空间感。

2）制作文字。为了形成笨拙、可爱的感觉，文字可以在建立参考文字后，使用绘制工具（如钢笔、索套等）自行绘制。可以在绘制时自由调整文字的每一笔画。绘制出主体文字后，再根据主体文字的字形，选择较为搭配的英文字体。

3）制作月牙装饰。使用形状之间的叠加运算来制作。首先需要绘制多个小圆点，并排列整齐。再绘制一个圆形，利用形状运算合并后使圆形内部呈现小圆点。再次绘制一个小的圆形，合并后去除较小圆形，最终呈现月牙状。

4）制作其余装饰形状及文字。完成其他装饰元素及说明文字的制作，此处主要考验设计和排版能力，制作技巧无难度。

（2）请完成黄油饼干展示效果图设计，如图 3-116 所示。

图 3-116　黄油饼干展示效果图

在完成平面效果图设计后，通常需要制作立体展示图。本任务与任务 2、3 中的立体效果制作方法类似。制作思路如下：

1）制作背景。需要配合主体物体配色，制作合适的背景。

2）制作盒子立体感。本效果图展示方向为全正面，为增加体积感，可以使用图层样式的斜面和浮雕，压缩边缘，形成一定透视感。

3）制作投影。

4）制作远景。使用模糊滤镜对远景图像进行模糊处理，制作出摄像机镜头的景深感。

项目 4

版式设计

项目导读

版式设计是指设计人员根据设计主题和视觉需求，在预先设定的有限版面内，运用造型要素和形式原则，根据特定主题与内容的需要，将文字、图形、图像及色彩等相关视觉元素，进行有组织、有目的地组合编排的设计行为与过程。

版式设计存在于各个设计领域，它是将理性思维个性化地表现出一种具有个人风格和艺术特色的视觉传送方式。传达信息的同时，产生感官上的美感。不仅仅报纸、刊物、书籍（画册）、产品样本、挂历、展架、海报、易拉宝、招贴画、唱片封套和网页页面等平面设计需要进行版式设计，立体化的包装设计也需要对产品的各个面进行版式设计，甚至是动态的广告作品的每个镜头的画面也可以看作是一个版面，也需要进行版式设计。

版式设计是现代设计艺术的重要组成部分，是视觉传达的重要手段。它不仅是关于版面编排的问题，也是一种技能，更实现了技术与艺术的高度统一，版式设计是现代设计者所必备的基本功之一。

岗位技能

本项目对接中高职相关设计专业人才培养目标岗位，如数字影像后期、数字艺术制作、数字文化创意等相关行业，此类岗位需要具有良好的职业道德、爱岗敬业精神，有责任意识和创新意识，掌握相应的专业理论知识，具有较强的适应岗位的动手能力，能进行创意、设计、制作多层次的高素质、高技能专门人才，主要面向动漫公司、影视公司、游戏公司、电视台、数字多媒体行业公司、广告设计公司、传媒公司、文化传播公司、出版社等企事业单位。设计师、影像后期师、美工师等都应该具备相关版式设计能力和职业素养。

教学目标

- 掌握印刷出血的意义及设置。
- 掌握路径的的基本操作及使用。
- 掌握参考线的使用。
- 掌握图层、图层混合模式、图层样式、图层蒙版的基本操作及使用。
- 掌握样机的使用。

课前学习微课

（1）扫一扫二维码，观看相关视频。

印刷出血位　　制作画册规范　　制作三折页规范

（2）完成以下工作：

1）从网上收集不同类型的画册，并分析各类画册的特点。

2）去银行、通信公司等场所寻找折页并拍照，分析各类折页的特点。

3）在地铁站、公交车站台等地方拍摄各类广告，并分析各类广告设计的特点。

任务1 产品画册封面设计

【任务描述】

企业的生存力量来源于产品的销售所得，一个产品的价值不仅源于质量，也有品牌的因素。企业只有形成自己独特的企业文化，才能打造自己的品牌。品牌建立以后，带出群体产品的开发，进而扩大产品在市场上的占有率。所以现代企业也越来越重视产品包装设计以及企业宣传画册设计。形成以品牌为中心的全方位营销战略，以统一形象的产品打开市场。

进行产品画册设计的基础和前提是要明确一个大的设计方向。在设计公司接到客户的画册设计要求时，设计师必须整体把握，通过一种个性化的、无定向的创造性活动，为画册提供各种新的思维方式和设计模式，但最为重要的是秩序感的存在，它表现在所有的设计风格中。

产品画册设计还要重视设计的视觉效果和用户阅读后的体验，这也是能够让产品画册赢得大家关注的重点。画册设计要呈现给读者一个完整的感知框架，无论是图像符号、文字构成、色彩象征，还是信息传递、阅读方式、材质工艺等所有的元素均合理分配并在这个框架下进行设计，画册设计所有文字都需要围绕这个论点进行阐述。

在制作广西茉香花茶有限公司（以下简称“茉香公司”）产品画册前，我们应多方着手了解公司的环境、企业文化、生产经营范围、公司理念等信息。公司的文案为：花茶之选　钟于茉香（Fragrant jasmine is the best choice for flower tea）。我们要分析主题、深挖主题，通过双方多次商讨，才开始着手设计，最后制作出一套茉香公司的产品画册。由于篇幅有限，我们仅以茉香公司产品画册的封面设计作为任务内容进行讲解。

本任务主要学习印刷出血的概念、参考线的使用、路径和选区之间的转换、图层蒙版的应用，掌握如何设计产品画册，如何设计版面，如何使用样机完成展示效果图制作，提高产品可识别性。

【任务要求】

完成茉香公司产品画册封面设计，效果如图 4-1 和图 4-2 所示。

图 4-1 画册封面效果

图 4-2 画册封面使用样机效果

【知识链接】

1. 出血

出血是一个常用的印刷术语，是指在设计时加大产品外尺寸，在裁切位加一些图案的延伸，专门给各生产工序在其工艺公差范围内使用，以避免裁切后的成品露白边或裁到内容。在做设计时，我们一般分为设计尺寸和成品尺寸，设计尺寸总比成品尺寸大，大出来的边是要在印刷后裁切掉的，这个要印出来并裁切掉的部分就称为出血或出血位。

印刷出血的设置是根据印刷品的厚度及工艺来定的。3 毫米为常用印刷标准出血，就是沿实际尺寸加大 3 毫米的边。

2. 路径

如果要移动一条路径，就需要使用路径选择工具，按住 Shift 键单击可以选择多条路径，按住 Ctrl 键单击可以将“路径选择工具”切换为“直接选择工具”。

3. 样机

在平面设计中，设计师提供给甲方的往往不是设计稿，而是作品效果图。设计师想要自己设计的作品展现出最好的一面，需要自己动手制作效果图。往往大多数甲方需要的产品都是统一规格的，每次都重复设计效果图会耗费大量的时间和精力。基于这种情况，样机的使用给设计师提供了便捷的途径。因此，在平面设计当中，样机的使用是非常频繁的。

样机是一个制作好的文件，以 .psd 格式的居多，可以通过智能图层替换，应用已有的样机效果，更好地展示设计成果。

使用样机还有很大的一个好处，就是可以保护自己的知识产权。样机都是有透视的，透视的作用就是会导致图片变形，这样可以减少出现盗用设计稿而不付费的不诚信行为。

【任务实施】

任务 1 产品画册封面设计

1. 置入茉香 LOGO 并加效果

步骤 1 启动 Photoshop CC 2018，新建文档“茉香画册封面 .psd”（21.6 厘米 ×21.6 厘米；300 像素 / 英寸；CMYK 模式）。执行“视图”/“新建参考线”（水平：0.3 厘米和 21.3 厘米；垂直：0.3 厘米和 21.3 厘米），给文档设置了 0.3 厘米的出血位。

提示：正方形画册的尺寸为 210 毫米 ×210 毫米。

参考线是 Photoshop 的辅助工具之一，通过参考线可以更精确地绘制和调整图层对象。

步骤 2 将项目 2 中完成的“茉香 LOGO”文件导入，并进行缩放。放置在画布垂直居中水平偏上的位置，如图 4-3 所示。

图 4-3 置入“茉香 LOGO”

步骤 3 将 LOGO 的 4 个图层拖到“图层”面板的“新建图层”按钮上，复制 LOGO 的 4 个图层，并分别将 4 个复制的图层拖动到原来图层的下方。

步骤 4 栅格化“花茶 拷贝”图层，按 Ctrl 键单击缩略图载入选区，给选区填充暗红色（R78，G11，B17），使用“移动工具”将“花茶 拷贝”图层稍稍向下向右偏移。

步骤 5 选中“墨迹 拷贝”图层，单击“图层”面板下方的“创建新的填充或调整图层”按钮，选择“纯色”（R187，G142，B73）。按 Alt 键，将鼠标移动至纯色填充图层和“墨迹 拷贝”图层中间，直到出现向下的箭头后单击，给“墨迹 拷贝”图层添加剪贴图层。使用“移动工具”向下向右微调“墨迹 拷贝”图层的位置。

步骤 6 用同样的方法完成“茉 拷贝”图层和“香 拷贝”图层的制作（纯色填充图层的颜色为（R187，G142，B73））。

步骤 7 选中“墨迹 拷贝”图层，按住 Shift 键，单击“茉”图层，选中除了背景层外的其他所有图层，按 Ctrl+G 组合键，给以上图层建组，重命名为“茉香 LOGO”。效果如图 4-4 所示。

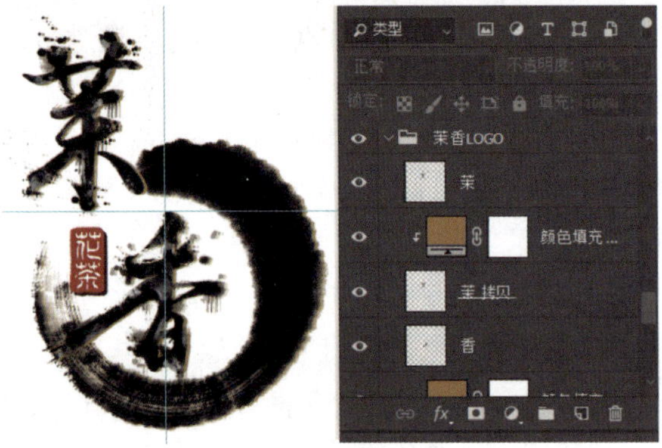

图 4-4　茉香 LOGO 效果

提示：图层组的作用就像文件夹一样，把同类的图层归类放在一起，便于管理和简单的操作（如复制和删除等）。

使用 Shift+Ctrl+G 组合键可以对图层进行取消编组操作，或者在组名后右击，在快捷菜单中选择“取消图层编组”，或者使用“图层”/“取消图层编组”命令。

2. 设计产品画册封面主图

步骤 1 新建水平 9 厘米的参考线和垂直 10.8 厘米的参考线。

步骤 2 选择“椭圆工具”（工具模式：路径），将光标对准新建的两条参考线的中心点，按 Alt+Shift 组合键，拖动鼠标绘制圆形路径“工作路径”，双击“工作路径”，在弹出的“存储路径”面板中改名为“大圆”。

提示：工作路径是出现在“路径”面板中的临时路径，用于定义形状的轮廓。

以下是关于路径与工作路径的区别：

- 使用工具绘制时，所产生的路径为工作路径，是自动产生的；使用“路径”面板下的“创建新路径”按钮产生的为路径。
- 工作路径只有一个，而路径可以为多个。

- 工作路径不能复制，而路径可以复制。
- 工作路径可以转换为路径：将工作路径拖动至面板上的“创建新路径”按钮上，可以将工作路径转换为路径。

步骤 3 将“大圆”拖到“创建新路径”按钮两次，分别改名为“中圆”和“小圆”。

步骤 4 使用路径选择工具选中“中圆”路径，按 Ctrl+T 组合键，再按 Alt+Shift 组合键，以参考线交叉点为圆心对中圆路径进行等比例缩放。类似地，对小圆路径也进行缩放。

步骤 5 选择“直线工具”，选项栏中设置粗细为 0.05 厘米，按住 Shift 键，绘制一条水平直线、一条垂直直线和一条 45° 的直线。并使用“路径选择工具”分别对路径进行调整位置，效果如图 4-5 和图 4-6 所示。

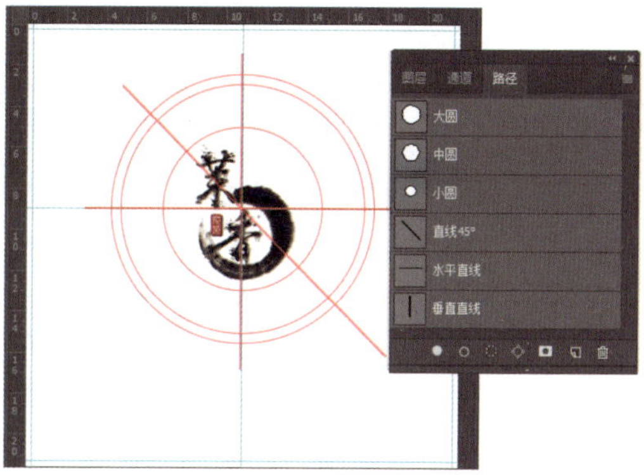

图 4-5 绘制路径

图 4-6 局部展示

步骤 6 选择所有的路径，按 Ctrl++ 组合键多次，将视图放大。选择“多边形套索工具”（可以配合 Shift 键使用）沿着如图 4-7 所示的区域绘制选区。

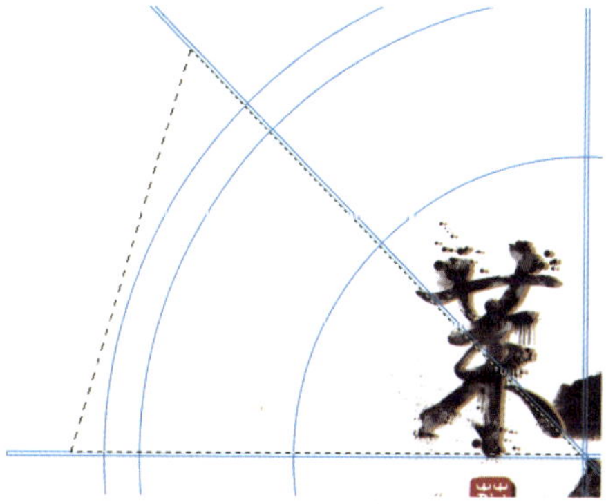
图 4-7 绘制选区 -1

步骤 7 单击“路径”面板下方的“从选区生成工作路径”按钮，双击工作路径，将其改名为“大三角”。

提示：选区转换为路径的方法：创建选区后，单击“路径”面板下方的“从选区生成工作路径”按钮。

将路径转换为选区的方法：单击在“路径”面板下方的“将路径作为选区载入”按钮；或者按 Ctrl 键的同时在路径缩览图上单击；或选择路径后，按 Ctrl+Enter 组合键。

步骤 8 用同样的方法制作“小三角”路径，如图 4-8 所示。

步骤 9 单击“路径”面板空白处，取消所有路径的选择。

步骤 10 按 Ctrl 键的同时，单击“大圆”缩览图，载入大圆选区；按 Ctrl+Alt 组合键的同时，单击“小圆”缩览图，得到大圆选区减去小圆选区；按 Ctrl+Alt+Shift 组合键的同时，单击“大三角”缩览图，得到如图 4-9 所示的选区。

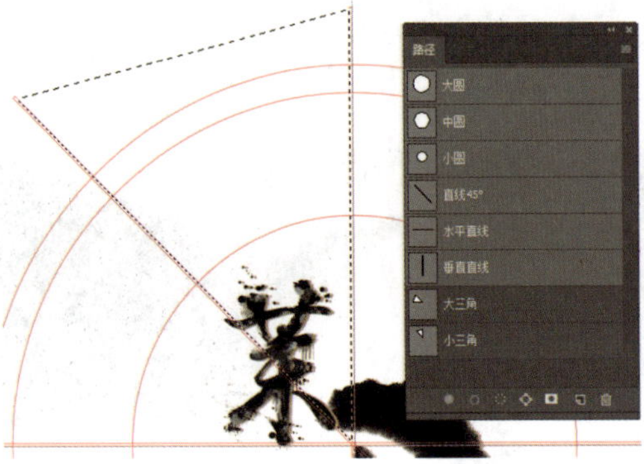

图 4-8 绘制选区 -2

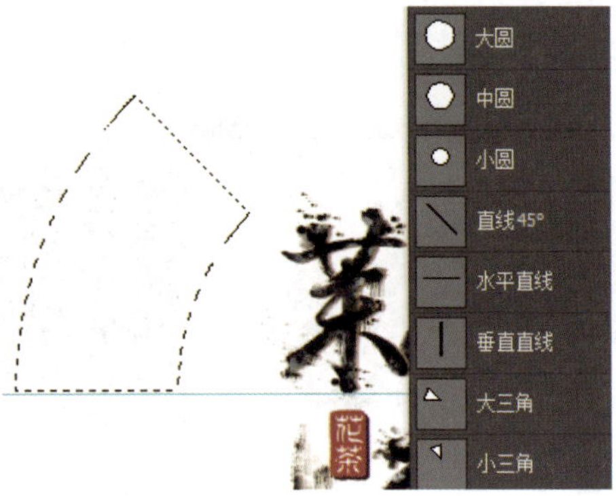

图 4-9 选区计算

步骤 11 回到“图层”面板，新建图层，按 Ctrl+Delete 组合键填充背景色（颜色随机）。

步骤 12 用类似的方法实现如图 4-10 所示的蓝色区域的填充。

步骤 13 选择“图层 1”，按 Ctrl+Alt+T 组合键，将变换框的定位点移到参考线的交叉点上，如图 4-11 所示。

图 4-10 选择并填充

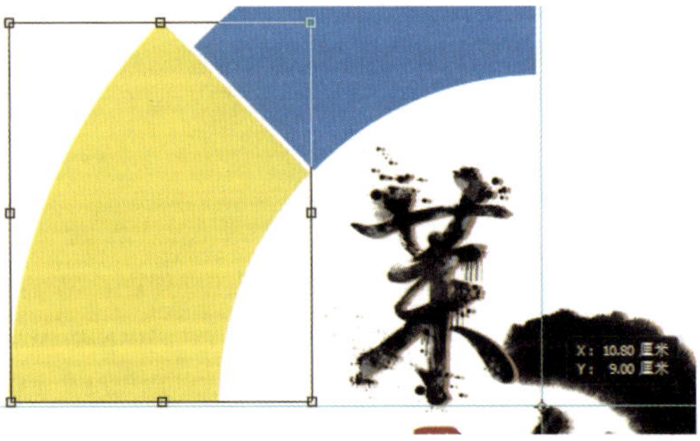

图 4-11 调整定位点位置

步骤 14 按住 Shift 键的同时，将黄色色块旋转 90°，按 Enter 键确认变换。如图 4-12 所示。

步骤 15 按 Ctrl+Alt+Shift+T 组合键两次，得到如图 4-13 所示的效果。

图 4-12　旋转黄色色块

步骤 16　同理，完成蓝色色块的制作，效果如图 4-14 所示。

图 4-13　重复复制黄色色块

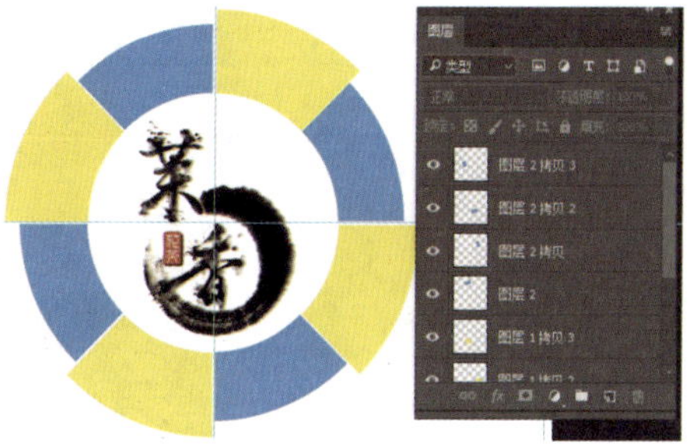

图 4-14　重复复制蓝色色块

步骤 17　选择“图层 1”，将素材“茉莉花 .jpg”拖入文档中。调整大小及角度，如图 4-15 所示。

步骤 18　按 Ctrl 键的同时，单击“图层 1”的缩览图，在“茉莉花”图层中载入“图层 1”的选区。单击“添加图层蒙版”按钮，如图 4-16 所示。

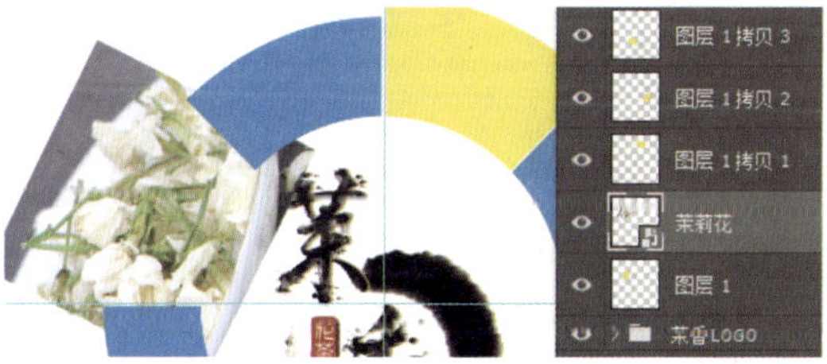

图 4-15　置入茉莉花图片

图 4-16　添加蒙版

步骤 19　用同样的方法完成其他花果图片的操作，将所有的色块图层删除。由于金银花和菊花有点偏暗，给金银花加“亮度 / 对比度”调整层，给菊花加“亮度 / 对比度”和“色相 / 饱和度”调整层，效果如图 4-17 所示。

步骤 20　复制“大圆”路径，使用“路径选择工具”选中该路径，按 Ctrl+T 组合键，再按 Shift+Alt 组合键的同时将“大圆 拷贝”稍微放大，按 Enter 键确认变换。

步骤 21　选择“铅笔工具”，设置笔刷大小为 6 像素，颜色为（R187，G142，B73）。

步骤 22 新建图层，选择“大圆 拷贝”路径，单击“路径”面板下方的“用画笔描边路径”按钮。选择“多边形套索工具”将部分圆环删除。

提示：描边路径有两种方法，但是不管是哪种方法，都需要先将描边的工具进行设置。

（1）首先设置进行描边的工具（如画笔、铅笔、橡皮擦、图章等的大小和颜色等），再选择需要描边的路径，单击“用画笔描边路径”按钮进行描边。

（2）首先设置进行描边的工具（如画笔、铅笔、橡皮擦、图章等的大小和颜色等），右击需要描边的路径，选择“描边路径”，在弹出的“描边路径”对话框中进行工具的选择（在该对话框中还可以勾选“模拟压力”选项）。

除此之外，还可以填充路径，选择“路径”面板下方的“用前景色填充路径”按钮即可。

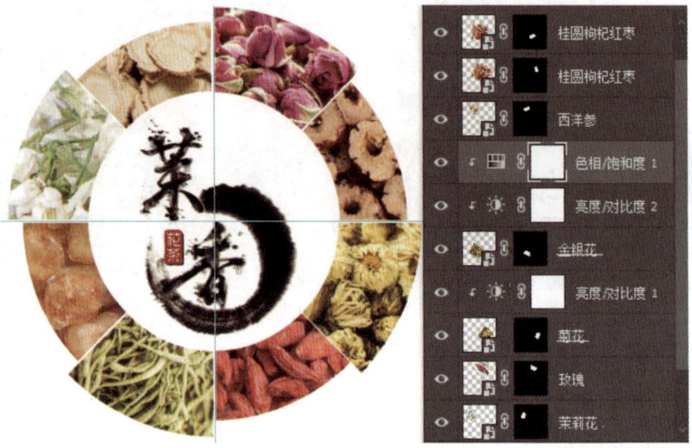

图 4-17　添加调整图层

步骤 23 类似地，完成小半圆环的制作。效果如图 4-18 所示。

图 4-18　装饰主图

3. 产品画册封面细节完善

步骤 1 用“文字工具”输入文字“花茶之选 钟于茉香”（字体：迷你简黛玉；字号：

50 点）。右击文字图层，对文字栅格化。按 Ctrl 键，单击栅格化文字图层的缩览图，载入文字选区。

步骤 2　单击“路径”面板下方的“将选区生成工作路径”按钮，将文字选区转换为文字路径。

步骤 3　使用“直接选择工具”对文字路径进行修改，如图 4-19 所示。将之前栅格化的文字图层删除。

图 4-19　修改文字形状

步骤 4　新建图层，并重命名为“文字”。载入“文字”路径选区后，再按 Alt+Shift 组合键的同时，使用“矩形选框工具”框出“花茶之选钟于”6 个文字，用（R234，G146，B29）的颜色进行填充。

步骤 5　类似地，完成“茉香”文字的制作，颜色为（R170，G62，B49）。给以上文字添加投影效果并垂直居中于画布，效果如图 4-20 所示。

图 4-20　给文字添加图层样式

步骤 6　输入 Fragrant jasmine is the best choice for flower tea（字体：迷你简彩蝶；字号：18 点；黑色），右击文字图层进行栅格化图层，将文字垂直居中。

步骤 7　将素材“祥云”拖入文档中调整好位置，设置混合模式为“线性加深”，栅格化“祥云”图层，删掉其他的祥云图案，仅保留右上角的祥云图案。

步骤 8　类似地，完成另一个祥云图案（保留右下角的图案）的布局。

步骤 9　复制“茉香 LOGO”组中的“茉”和“香”图层，将它们拖动至图层的最上层，并将它们转换为“智能对象”，再按比例将文字放大，调整好位置。

步骤 10　给“茉”和“香”文字添加纯色（R208，G208，B208）的填充图层，效果如图 4-21 所示。

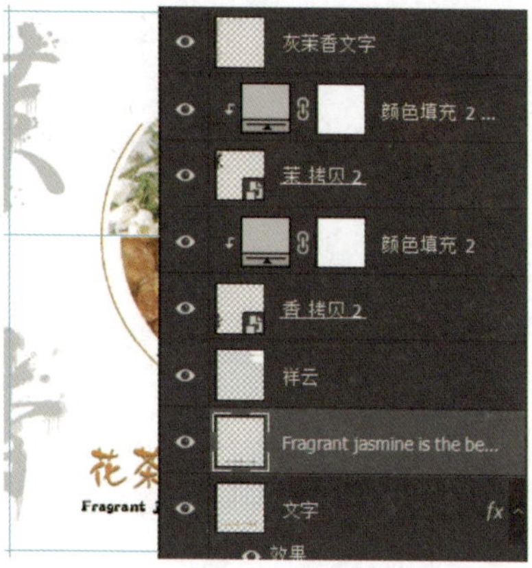

图 4-21　添加纯色填充图层

4. 制作产品画册的展示效果

步骤 1　选中“茉香画册封面 .psd”的最顶层，按 Ctrl+Shift+Alt+E 组合键，盖印图层，并重命名为“盖印”，按 Ctrl+C 组合键复制盖印图层。

步骤 2　打开素材“图册封面样机”，双击“画册封面”智能对象，此时，打开 Layer1.psb 文件，按 Ctrl+V 组合键粘贴盖印图层，按 Ctrl+T 组合键缩放盖印图层，确认后，按 Ctrl+S 组合键保存并关闭，稍等片刻，回到画册封面样机中，可以发现封面已发生改变。

步骤 3　类似地，完成产品画册书脊的制作。隐藏“盖印”图层，按住 Shift 键并选择图层“茉 拷贝 2”“香 拷贝 2”及它们的纯色填充图层，拖动到“创建新图层”按钮进行复制后，右击选择“合并图层”，重命名为“灰茉香文字”，按 Ctrl+C 组合键复制该图层。

步骤 4　双击“图册封面样机”的“画册书脊”智能对象，打开 Layer2.psb 文件，按 Ctrl+V 组合键粘贴“灰茉香文字”图层，按 Ctrl+T 组合键缩放图层并调整位置，将该图层以外的图层全部隐藏，在最下面新建图层并填充白色，给“灰茉香文字”图层添加纯色（R208，G208，B208）填充图层，保存并关闭，稍等片刻，回到画册封面样机中，画册书脊也发生了改变。将文件另存为“画册封面展示 .psd”。

【任务总结】

本任务通过制作产品画册封面，主要学习了印刷出血的相关知识，这是行业的要求，但是印刷出血的设置也不是固定的，是根据印刷品的厚度及工艺来定的。3 毫米为常用印刷标准出血，就是沿实际尺寸加大 3 毫米的边。这是我们需要牢牢掌握的内容，这样才会在以后的设计中得心应手，不出差错。

同时，我们还接触到了行业中提到的样机，样机的使用，可以提高过稿率，且可以保护自己的知识产权。

任务2 三折页制作

【任务描述】

宣传折页（poster foldout）主要是指用四色印刷机印刷的单张彩页，一般是为了扩大影响力而做的一种纸质宣传材料，是一种以传媒为基础的纸质的宣传流动广告。折页有二折、三折、四折、五折、六折等。

本任务主要学习路径、调色等知识点，掌握 Photoshop 常用工具的使用、蒙版的种类及使用方法、调色的基础知识等。

【任务要求】

最终效果图如图 4-22 所示。

图 4-22　最终效果

【知识链接】

三折页尺寸

设计的常规尺寸一览表见表 4-1。

表 4-1　设计的常规尺寸一览表

产品类型	成品尺寸	设计尺寸
三折页（16 开）	210 毫米 ×285 毫米	216 毫米 ×291 毫米
三折页（8 开）	420 毫米 ×285 毫米	426 毫米 ×291 毫米
宣传册（16 开）	210 毫米 ×285 毫米	216 毫米 ×291 毫米
宣传册（8 开）	420 毫米 ×285 毫米	426 毫米 ×291 毫米
海报（4 开）	420 毫米 ×570 毫米	426 毫米 ×576 毫米
海报（3 开）	370 毫米 ×840 毫米	376 毫米 ×846 毫米
KT 板	1.2 米 ×2.4 米 /0.6 米 ×1.2 米	1.2 米 ×2.4 米 /0.6 米 ×1.2 米

【任务实施】

任务 2　三折页制作

1. 新建文档及参考线

步骤 1　启动 Photoshop CC 2018，新建文档（291 毫米 ×216 毫米，300 像素 / 英寸，CMYK 模式）并存储为“茉香三折页 .psd”。

步骤 2　新建水平参考线：0.3 厘米、21.3 厘米；垂直参考线：0.3 厘米、9.8 厘米、19.3 厘米、28.8 厘米。

2. 制作三折页正面内容

步骤 1　置入素材“玫瑰 .jpg”，并调整大小及位置。

步骤 2　打开“茉香画册封面 .psd”，右击“茉香 LOGO”组，选择“复制组”，在弹出的对话框中进行如图 4-23 所示的设置，实现组的复制。随后调整大小及位置。

步骤 3　在“茉香 LOGO”组的最下面新建白色矩形图层，并设置不透明度为 70%。

步骤 4　绘制或描边两条红色边框（C6%，M90%，Y49%，K0%），效果如图 4-24 所示。

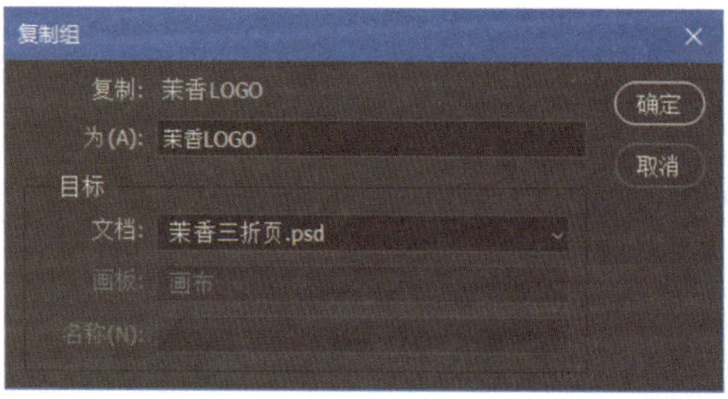

图 4-23　复制组

图 4-24　茉香 LOGO 加底

步骤 5 打开“茉香画册封面 .psd”的“路径”面板，选择“文字路径”，使用“路径选择工具”框选“花茶之选 钟于茉香”路径，按 Ctrl+C 组合键复制。

步骤 6 单击“茉香三折页 .psd”，新建图层。选择“路径”面板，按 Ctrl+V 组合键粘贴，并双击新建路径“文字”。

步骤 7 选择“路径选择工具”，调整文字路径间的间距及位置，按 Ctrl+T 组合键缩放文字。

步骤 8 参照“茉香画册封面 .psd”对“花茶之选 钟于茉香”的处理方法，完成“茉香三折页 .psd”的“花茶之选 钟于茉香”的制作。“花茶之选 钟于”颜色为（C11%，M53%，Y90%，K0%）；“茉香”颜色为（C6%，M90%，Y49%，K0%），将图层重命名为“花茶之选 钟于茉香”。

步骤 9 给“花茶之选 钟于茉香”添加投影样式。

步骤 10 输入文字“Fragrant jasmine is the best choice for flower tea”（字体：迷你简彩蝶；字号：10 点），在 for 前换行并右对齐文字。调整好位置后，栅格化文字。

步骤 11 将背景层以外的图层全选，建组 1。

步骤 12 选择“背景”图层，选择“矩形工具”（工具模式：形状），在中间折页处绘制矩形，颜色为（C6%，M90%，Y49%，K0%）。

步骤 13 选择组 1 中的“玫瑰”图层，设置混合模式为“正片叠底”，添加蒙版，使用“画笔工具”（硬度：0%；不透明度：20%；流量：20%；黑色）对玫瑰边缘进行涂抹，让图片很好地融合在一起，没有明显的边缘痕迹，如图 4-25 所示。

图 4-25 给“玫瑰”添加图层蒙版

技巧：画笔的大小调整的快捷键为 /。

步骤 14 在“矩形 2”上使用“矩形工具”（工具模式：形状）继续绘制白色小矩形块，调整位置。使用“文字工具”输入“二维码”。

步骤 15 选择“矩形 2”“矩形 3”“二维码”图层，建组 2-2。

步骤 16 打开素材“联系方式矢量图 .ai”，框选矢量图，复制到“茉香三折页 .psd”（粘贴为：智能对象）。按 Ctrl+T 组合键，在选项栏调整 W 为 9%，H 为 9%，再对齐及调整位置。

步骤 17 根据如图 4-26 所示的效果输入文字及绘制横线，再建组 2-1。

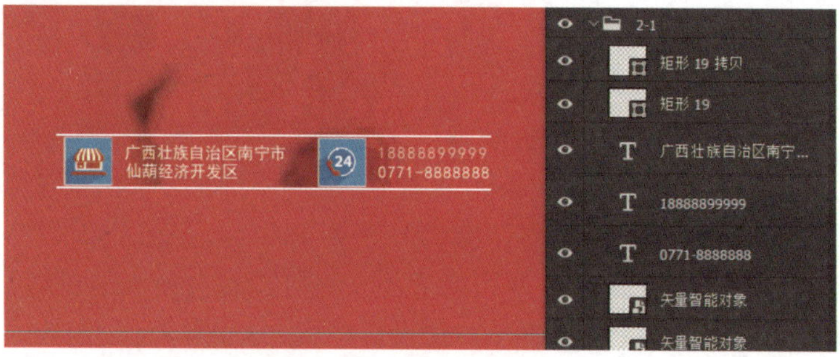

图 4-26 输入相关信息

步骤 18 置入"金花茶.jpg"图片，并调整大小及位置，将图片拖至"背景"层上方。

提示："金花茶.jpg"为供货商的种植产地图片，鸟语花香，原生态的自然环境让人有种心旷神怡的感觉，通过图片感觉自己也闻到了花香，听到了鸟鸣。

步骤 19 使用"矩形工具"和"文字工具"制作出如图 4-27 所示的效果。红色颜色为（C27%，M96%，Y64%，K0%）

步骤 20 将组 1、组 2-1、组 2-2、"背景"外的所有图层建组 3。

步骤 21 将组 1、组 2-1、组 2-2、组 3 建组"正面"。如图 4-28 所示。

图 4-27 输入文字及绘制矩形

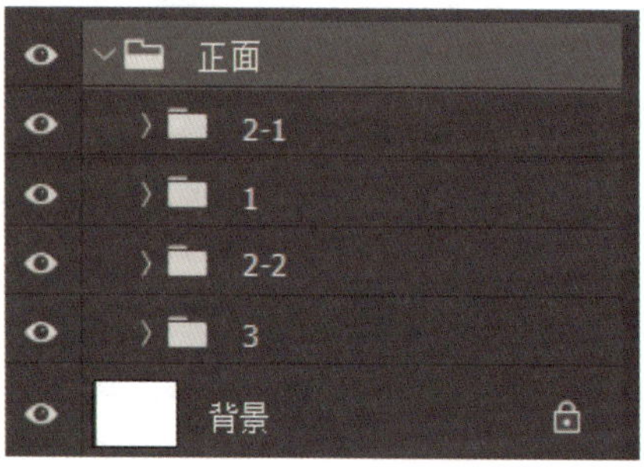

图 4-28 整理"图层"面板

步骤 22 按 Ctrl+S 组合键保存文件。

3. 制作茉香三折页正面展示效果

步骤 1 打开"茉香三折页.psd"文件，按 Ctrl+Shift+Alt+E 组合键盖印图层。

步骤 2 使用"矩形选框工具"选择如图 4-29 所示的区域，按 Ctrl+C 组合键。

步骤 3 打开素材"三折页样机 - 正面.psd"，另存为"茉香三折页正面展示.psd"。

步骤 4 双击 1 图层，此时打开 Shape 11.psb 文档，按 Ctrl+V 组合键粘贴图片，按

Ctrl+S 组合键保存并关闭。稍等片刻，回到“茉香三折页正面展示 .psd”后，发现效果如图 4-30 所示。

图 4-29 使用“矩形选框工具”选择

图 4-30 使用样机制作三折页展示效果

步骤 5 类似地，完成其他折页页面的制作。至此完成整个三折页的制作。

步骤 6 按 Ctrl+S 组合键保存。

【任务总结】

本任务通过制作三折页，再次学习了印刷出血的相关知识，同时，我们也了解到了设计的常规尺寸，发现并不是所有的印刷品都必须有出血值，比如 KT 板的设计就不需要设置出血值。

任务3 公益广告设计

【任务描述】

文物古迹是历史的见证，是人类技术和文化的结晶，是人类创造活动的实物遗存，是珍贵的研究材料。

对文物古迹的保护是对历史、文化的保护，是对社会共同记忆和利益的保护，也是对优秀传统文化的传承。文物古迹是人类在社会历史实践中创造的具有文化价值的财富遗存，在日益物质化的今天，保护文物显得极其迫切和重要。

古老华夏文明孕育出多姿多彩的历史文化。中国任何一处文化古迹，都是我们的共同财富。保护文化古迹，已成为众多有识之士的共同心声，也需要全社会为之努力。

以上也是本任务制作的“保护古迹 留下历史”公益广告的设计初衷，希望大家一起行动，共同保护古迹，记住历史，忆苦思甜。本任务制作难度不大，意在传达在做设计时应牢记的原则：①简洁；②紧扣主题；③自由创新；④艺术创意；⑤真实、不浮夸。本任务主要学习图形绘制、版面布局等知识，掌握设计的要素有主题、元素、构图以及色彩。

【任务要求】

完成“保护古迹 留下历史”效果图，如图 4-31 所示。

图 4-31　最终效果

【知识链接】

1. 分析主题

在进行设计工作时，我们要进行任务分析。有条理的任务分析可以帮助设计师准确快速地完成设计任务。

2. 色系和主色

在设计时，根据主题确定色系和主色，然后通过调整透明度、饱和度等方法调配出新的色彩，以便色彩相对统一，且有层次感。

【任务实施】

任务 3 公益广告设计

1. 图形绘制

步骤 1　启动 Photoshop CC 2018，新建文档（80 厘米 ×120 厘米；150 像素 / 英寸，RGB，白色），并存储为“保护古迹 留下历史 .psd”。

步骤 2　置入“建筑 .jpg”文件，并调整大小及位置。

步骤 3　右击“建筑”图层，执行“栅格化图层”。使用“多边形套索工具”选择图片白色区域，执行“编辑”/“填充”命令（内容：内容识别）。

步骤 4　新建图层，使用“钢笔工具”（工具模式：路径）在文件右上角绘制如图 4-32 所示的图形，按 Ctrl+Enter 组合键将路径转换为选区，填充颜色（R98，G127，B107）。

步骤 5　复制“图层 1”，得到“图层 1 拷贝”，将“图层 1 拷贝”置于“图层 1”下方，并水平翻转及调整大小，添加图层效果“颜色叠加”，颜色为（R70，G109，B91），如图 4-33 所示。

图 4-32　绘制广告元素

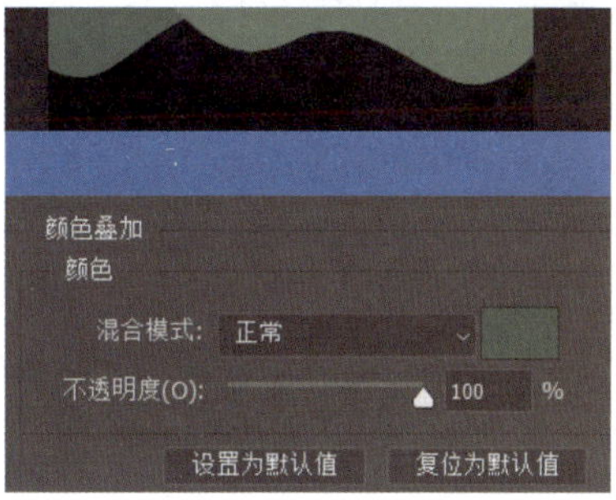

图 4-33　复制广告元素并调整 -1

步骤 6　复制“图层 1 拷贝”，得到“图层 1 拷贝 2”，将“图层 1 拷贝 2”置于“图层 1 拷贝”下方，并调整大小及旋转，双击“颜色叠加”，单击色块更改叠加颜色为（R49，G76，B67），如图 4-34 所示。

步骤 7　复制“图层 1 拷贝 2”，得到“图层 1 拷贝 3”，将“图层 1 拷贝 3”置于“图层 1 拷贝 2”下方，并水平翻转及调整大小、旋转，如图 4-35 所示。

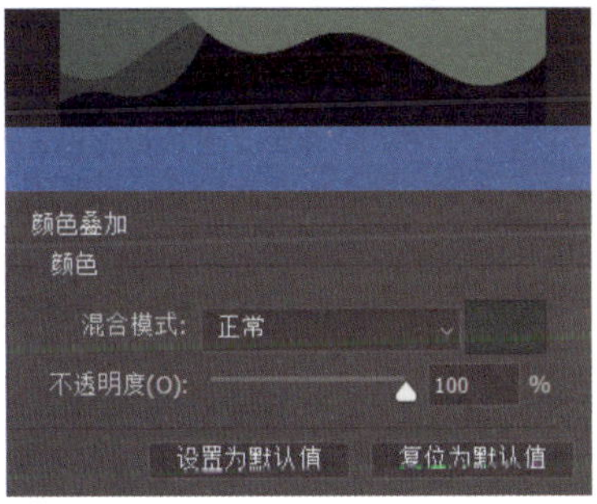

图 4-34　复制广告元素并调整 -2

图 4-35　复制广告元素并调整 -3

步骤 8　复制“图层 1 拷贝 3”，得到“图层 1 拷贝 4”，将“图层 1 拷贝 4”置于“图层 1 拷贝 3”下方，并调整大小及旋转，双击“颜色叠加”，单击色块更改叠加颜色为（R34，G55，B46），如图 4-36 所示。

2. 文字制作

步骤 1　使用“直排文字工具”输入“保护古迹”（字体随意；颜色：R187，G131，B74），给文字添加图层样式，如图 4-37 所示。

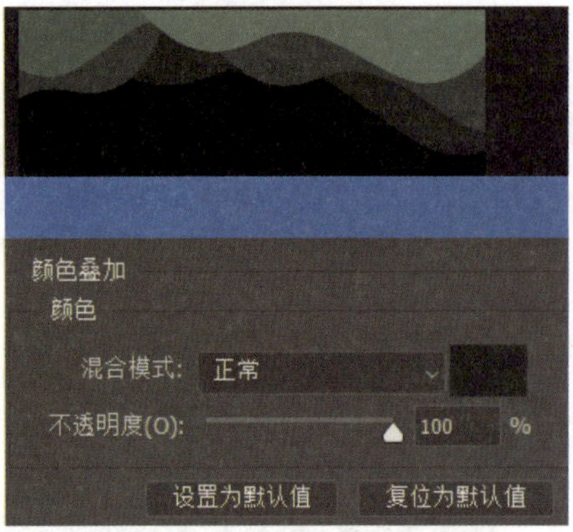

图 4-36 复制广告元素并调整 -4

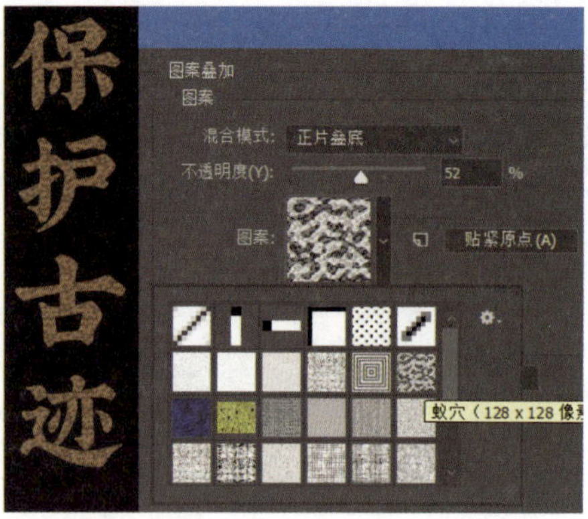

图 4-37 制作“保护古迹”文字

步骤 2 复制“保护古迹”图层，使用“直排文字工具”单击文字区域，修改文字为“留下历史”。选中两个文字图层，执行“图层”/“对齐”/“顶边”命令，并调整好位置。

步骤 3 使用“文字工具”输入“中国古建”（R216，G171，B171）及图形工具（R148，G9，B9）制作如图 4-38 所示的印章效果。

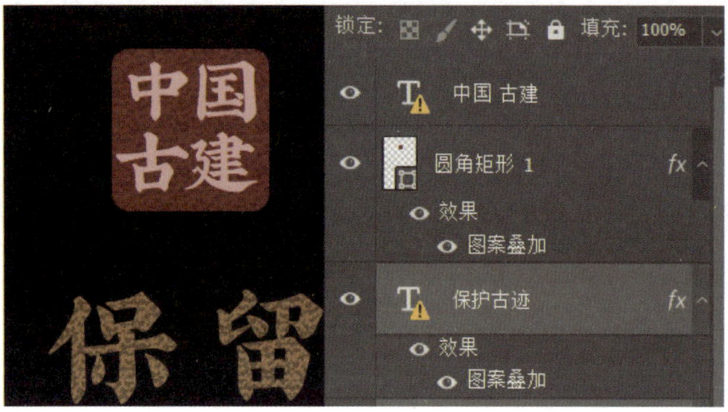

图 4-38 制作印章的效果

步骤 4 按 Ctrl+S 组合键保存文件。

3. 制作公益广告展示效果

步骤 1 打开“保护古迹 留下历史 .psd”，按 Ctrl+Shift+Alt+E 组合键盖印图层。

步骤 2 按 Ctrl+A 组合键，选择公益广告图片后按 Ctrl+C 组合键。

步骤 3 打开素材“户外广告 .psd”，另存为“户外广告展示 .psd”。

步骤 4 双击“灯箱”图层，此时打开 Smart Object4.psb 文档，选择“图片”图层，按 Ctrl+V 组合键粘贴图片，并缩小图片，将图片水平居中和垂直居中于背景，按 Ctrl+S 组合键保存，关闭。稍等片刻，回到“保护古迹 留下历史 .psd”后，效果如图 4-39 所示。

步骤 5 按 Ctrl+S 组合键保存文档。

图 4-39　公益广告户外展示效果

【任务总结】

本任务通过制作公益广告，了解到色调是指一幅图像中画面色彩的总体倾向，是大范围的色彩效果。不同的色彩给人不同的感觉，色彩会给人冷与暖、膨胀与收缩、轻与重、柔和与坚硬、华丽与朴素、兴奋与沉静等不同的感觉。所以，学会运用色彩及合理搭配色彩对于设计师来说是至关重要的。

项目拓展

（1）请完成垃圾分类公益广告制作，如图 4-40 和图 4-41 所示。

垃圾分类，一般是指按一定规定或标准将垃圾分类储存、投放和搬运，从而转变成公共资源的一系列活动的总称。分类的目的是提高垃圾的资源价值和经济价值，力争物尽其用，减少垃圾处理量和处理设备的使用，降低处理成本，减少土地资源的消耗，具有社会、经济、生态等几方面的效益。

垃圾分类公益广告制作

该公益广告的大体制作步骤如下：

1）使用“钢笔工具”绘制广告背景（垃圾桶、人、水草等）。

2）制作“垃圾分类”文字。

3）广告细节制作。

4）使用样机制作广告效果。

图 4-40 垃圾分类公益广告

图 4-41 广告街景展示效果

《老虎石故事》电影广告制作

（2）请完成《老虎石故事》电影广告制作，如图 4-42 和图 4-43 所示。

老虎石海上公园位于北戴河风景区中心，占地面积3.3万平方米。这里，巨石延伸入海，形如群虎盘踞，故名老虎石。公园内分布有形态不一的礁石，状似群虎，有的散落在晶莹的沙滩上，有的雄踞在密林中，有的在巨浪拍击的海岸上淋浴，有的在阳光下酣睡。每当潮水上涨，搏击海涛，卷起雪浪千重；风平浪静时，石前波光潋滟，鸥鸟飞翔，澄碧空明，海天一色。站在石上，可倾听大海呼吸，可观赏渔船风帆，可垂竿而钓，回首北望，山峰耸峙。碧海、金沙、礴石，吸引着国内外游客到此消夏观光；玩水嬉戏、洗海水澡、沐日光浴，让旅游者及赋诗作画的文人墨客流连忘返。

《老虎石故事》电影广告采用老虎石海上公园的建筑物、海洋生物、海鸥、海浪、蓝色色调、文案等元素来制造幽静神秘的感觉，让人有种很强烈的探索欲。本任务主要学习图形绘制、版面布局等知识，掌握设计的基本思路，从确定主题、选取元素、安排构图以及色彩运用等4个步骤进行分析，该电影广告的大体制作步骤如下：

1）为素材背景添加渐变图层蒙版，制作广告背景。

2）制作文字。其中“老”和“石”字使用了渐变叠加的图层样式。

3）使用样机制作广告的街景效果。

图4-42 《老虎石故事》电影广告

图4-43 电影广告街景效果

项目 5

VI 设计

项目导读

VIS 全称 Visual Identity System，译为视觉识别系统，是企业形象识别系统（CIS）的重要组成部分。VIS 是以标志、标准字、标准色为核心展开，并延伸到办公应用、环境指示、员工服饰、交通运输等应用系统中，将企业理念、文化特性、服务内容、企业规范等抽象概念通过静态的具体的视觉符号展现出来，传达给社会受众，以此来塑造出独特的企业形象。品牌形象已经是资讯发达的当今社会的热门词汇，无论是世界 500 强企业还是路边的连锁小店，为统一和提升企业的形象力，使企业形象表现出符合社会价值观要求的一面，企业就必须进行品牌形象管理和品牌形象设计。通过学习本项目课程，将了解到 VIS 包含的设计内容，熟悉视觉识别系统设计的一套完整流程，掌握 VI 的设计方法和制作技巧。

岗位技能

本项目对接中高职相关设计专业人才培养目标岗位，如数字影像后期、数字艺术制作、数字文化创意等相关行业，此类岗位需要具有良好的职业道德、爱岗敬业精神，有责任意识和创新意识，掌握相应的专业理论知识，具有较强的适应岗位的动手能力，能进行创意、设计、制作多层次的高素质、高技能专门人才，主要面向动漫公司、影视公司、游戏公司、电视台、数字多媒体行业公司、广告设计公司、传媒公司、文化传播公司、出版社等企事业单位。未来影像后期从业人员都应该具备制作 VIS 的能力和职业素养。

教学目标

- 了解 VI 与 CI 的区别与联系。
- 了解 VI 系统的主要构成。
- 掌握 VI 基础要素系统设计方法与制作技巧。
- 掌握 VI 应用要素系统设计方法与制作技巧。

课前学习微课

扫一扫二维码，观看相关视频。

VI 与 CI

完成以下工作：

网上搜索中国联通 VI 手册完整版，了解 VI 系统的基本构成及 VI 手册的制作规范。

任务1 企业 VI 基础要素系统设计

【任务描述】

本任务主要完成企业 VI 基础要素设计。基础要素是 VI 系统的根本，包含企业标志、企业标准色、企业标准字、企业标准组合以及辅助图形等。

【任务要求】

完成如图 5-1 所示的 VI 基础要素系统展示效果图。

图 5-1　VI 基础要素系统展示效果图

【知识链接】

1. VI 与 CI

CIS（Corporate Identity System）即企业形象识别系统，亦译为“企业形象统一战略”，是企业大规模化经营而引发的企业对内对外管理行为的体现。CI 指企业形象识别，主要包含以下三个方面：

MI（Mind Identity）即理念识别，它是确立企业独具特色的经营理念，是企业生产经营过程中设计、科研、生产、营销、服务、管理等经营理念的识别系统。MI 是 CI 的根本，是企业的精髓所在，体现企业经营的理念精神。

BI（Behavior Identity）即行为识别，它要求企业在经营运作中对全体员工有统一的行为要求和行为准则，包括应用统一的语言、统一的行动来给公众展示企业的形象。

VI（Visual Identity）即视觉识别，它是企业在企业标志设计、企业广告宣传中以特定的色彩、图案、文字表达体现企业形象。VI 是 CI 中最具有传播力和感染力的部分，最容易被公众接受，具有重要意义。

2. VI 基础要素系统的基本组成

VI 基础要素系统组成

VI 系统主要包含基础要素和应用要素两个部分，它们合在一起就构成了视觉识别系统的主体。在每个部分，各自包含了众多的小版块。VI 基础要素系统主要包括标志、标准字、标准色、标准组合以及辅助图形等内容。标志部分包括标志及标志释义、标志墨稿及反白、标志标准化制图、标志预留空间与最小比例限定以及标志色彩规范等内容；标准字部分包括企业中文全称字体、企业中文简称字体、企业英文全称字体、企业英文简称字体、常用的辅助字体等内容；标准色部分包括企业标准色、企业辅助色、背景色使用规定等内容；标准组合包括标志与标准字组合规范、标志与辅助图形组合规范、标志与吉祥物组合规范、禁用组合规范等内容；辅助图形包括辅助图形单元图形、辅助图形延展效果稿、辅助图形使用规范、辅助图形组合规范等内容。

3. 路径工具

路径是由锚点、线段组合而成的不会被打印的矢量线条，具有稳定的分辨率和平滑度。路径工具由路径绘制工具和路径编辑工具组成，路径不同于绘图工具创建的任何图形以及选择工具创建的选区，因为它不会融和在图像背景上，所以便于修改、重新操作或移动变换。路径的主要作用是精确绘制图形及精确制作选区。

4. 形状工具

使用形状工具可以在图像中绘制直线、矩形、圆角矩形和椭圆，也可以绘制多边形和创建自定形状库，以重复使用和共享自定义形状。

5. 图层组

图层组是多个图层的集合，创建它是用来方便管理和编辑图层。将相关的多个图层放到一个图层组里，起到对多个图层进行同一操作以及简化“图层”面板的作用。

【任务实施】

任务 1 企业 VI 基础要素系统设计

1. 制作封面封底

步骤 1 启动 Photoshop CC 2018，新建文档（宽度：285 毫米，

高度：210 毫米；分辨率：300 像素 / 英寸）。

步骤 2 将“标志与企业简称横排 .eps”文件拖到新建文件中，用“文字工具”给手册加上中英文名称。

步骤 3 用“钢笔工具”（工具模式：形状）在底部绘制装饰色块图形，并填充淡黄色，然后复制图层，调整形状和填充色，得到两个色块重叠效果，如图 5-2 所示。

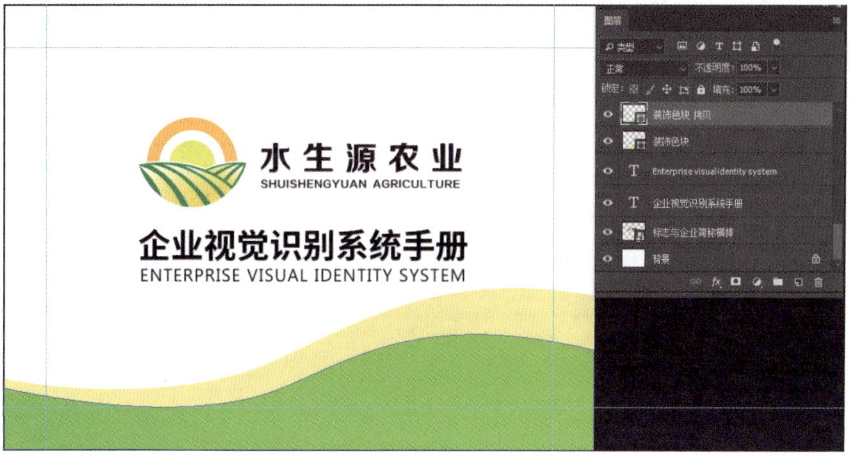

图 5-2 “钢笔工具”绘制图形

步骤 4 用同样的方法绘制左上角装饰色块，并置入辅助图形，完成最终封面效果，如图 5-3 所示。

步骤 5 将除背景图层外的所有图层选中，图层编组后命名为“封面”。用以上同样的方法制作封底效果，如图 5-4 所示。

图 5-3 封面效果

图 5-4 封底效果

2. 制作 VI 手册内页模板

步骤 1 隐藏“封面”“封底”图层组，执行“编辑”/“首选项”/“单位与标尺”命令修改标尺单位为“厘米”，使用“视图”/“新建参考线版面”命令设置内页版心，设置参数如图 5-5 所示。

步骤 2 用“形状工具”及“路径调整工具”绘制页眉和页脚的图形，如图 5-6 所示。

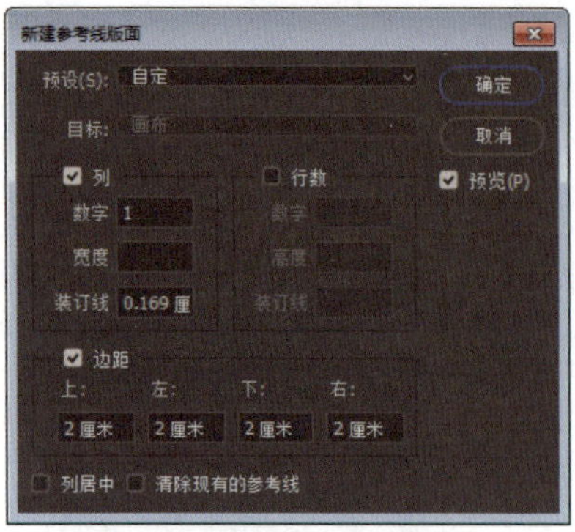

图 5-5　内页版心设置

图 5-6　页眉和页脚图形设计

步骤 3　用“文字工具”输入页眉和页脚区的文字及页码信息，如图 5-7 和图 5-8 所示。

图 5-7　页眉信息

图 5-8　页脚信息

步骤 4　将“页脚标志 .eps”置入文件中，并调整大小和位置，最后将所有内页模板图层选中，按 Ctrl+G 组合键进行图层编组，并命名为“内页模板”，效果如图 5-9 所示。

图 5-9　内页设计最终效果

3. 企业标志

（1）标志及标志释义。

步骤 1　复制“内页模板”图层组并命名为“标志”，隐藏“内页模板”图层组。在“标志”图层组内置入“标志标准稿 .eps”文件。

步骤 2 置入“标志说明 .eps”文件。调整大小和位置以适合版心，最终效果如图 5-10 所示。

图 5-10 标志及标志释义

（2）标志墨稿及反白稿。

步骤 1 复制“内页模板”图层组，并命名为“标志墨稿及反白稿”，用“矩形工具”创建正方形形状图层，并设置填充为白色，描边为黑色、宽度为 1 像素。置入“标志标准稿 .eps”文件，栅格化图层后用去色命令将标志色彩去除，调整大小并与正方形形状中心对齐，完成标志墨稿制作。效果如图 5-11 所示。

图 5-11 标志墨稿

步骤 2 复制“矩形 1”和“标志标准稿”两个图层，用“移动工具”将它们垂直移动到页面下方，接着将矩形填充修改为黑色，标志反相，完成标志反白稿制作。

步骤 3 置入“墨稿及反白说明 .eps”文档。

步骤 4 修改标题文字及页码，最终效果如图 5-12 所示。

图 5-12　标志墨稿及反白稿

（3）标志预留空间及最小比例限定。

步骤 1　复制“内页模板”图层组，并命名为“标志预留空间”，置入“标志标准稿 .eps”文件，调整大小，用“矩形工具”创建“形状”图层，并设置无填充，描边为灰色、宽度 1 像素实线的矩形线框，变换其大小，让其宽高正好与标志一致。然后绘制一个边长为标志高度 1/5 的正方形，属性与刚才绘制的矩形线框相同，并复制三个同样的正方形路径，并将四个正方形放置在矩形线框四个直角顶点处，如图 5-13 所示。

步骤 2　用直线工具绘制四条线段，将四个正方形相连接，最后将这几个形状图层的描边属性都统一修改为 1 个像素粗细的虚线，如图 5-14 所示。

步骤 3　同样利用直线工具在虚线框外侧绘制线段，标注出标志高度为标准单位 A，在四个小正方形内部标注不可侵入的范围为 0.2A，如图 5-15 所示。

图 5-13　定界矩形制作

图 5-14　连接线段制作预留空间

图 5-15　预留空间标注

步骤 4　再次置入“标志标准稿 .eps”文件，调整大小，复制三份，并分别调整四个标志从小至大展示，在最小标志底部用直线工具绘制线条，标注为 15 毫米，最终效果如图 5-16 所示。

图 5-16　最小比例限定

步骤 5　置入“标志预留空间及最小比例限定说明 .eps”文档。

步骤 6　修改页面标题及页码，最终效果如图 5-17 所示。

图 5-17　标志预留空间及最小比例限定

4. 企业标准色

步骤 1　复制“内页模板”图层组，并命名为“标准色”，用“矩形工具”创建“形状”图层，并设置填充色为（R255，G193，B37），描边为无颜色，用“文字工具”在矩形右侧输入显示色和印刷色色值。然后用复制矩形和文字图层制作其他标志标准稿用色情况，如图 5-18 所示。

步骤 2　同步骤 1，用“矩形工具”和“文字工具”制作企业辅助用色，如图 5-19 所示。

步骤 3　置入“企业色说明 .eps”，修改页面标题及页码，最终效果如图 5-20 所示。

图 5-18　企业标准色规范

图 5-19　企业辅助用色规范

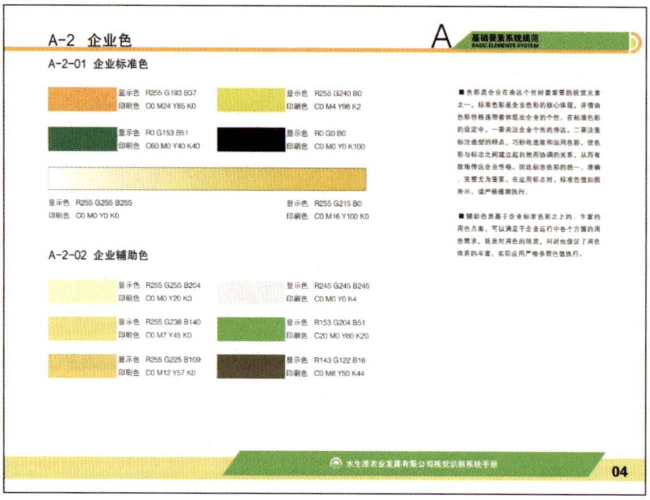

图 5-20　企业标准色

5. 企业标准字

步骤 1　复制“内页模板”图层组，并命名为“标准字”，安装“素材 / 字体”文件夹内的所有字体。用“文字工具”输入“水生源农业”（字体：方正正粗黑简体；字号：40.16 点，字间距：140，字体颜色：黑色）。

步骤 2　用“矩形工具”在企业简称外周绘制一个矩形（宽度：951 像素，高度：251 像素；填充：无填充；描边：1 像素，50% 中灰）。栅格化形状图层后与“企业简称”图层中心对齐，如图 5-21 所示。

步骤3 复制上一步制作的两个图层，将它们垂直向下移动，文字排列到矩形的上层，用“油漆桶工具”填充矩形内部为纯黑色，文字颜色修改为纯白色，如图5-22所示。

图5-21 企业标准字标准稿

图5-22 企业标准字反白稿

步骤4 用“矩形工具”绘制一个正方形（宽和高：51像素；填充：无填充；描边：1像素，中灰色），将其栅格化后复制一层，按Ctrl+T组合键自由变换，在属性栏中设置参考点水平位置X值增加50，确定位移变换。按Ctrl+Shift+Alt+T组合键17次，生成19个正方形。将这19个图层合并，用类似的方法纵向上复制生成五行，效果如图5-23所示。

步骤5 使用“矩形工具”绘制一个小正方形（宽和高：11像素；填充：无填充；描边：1像素，中灰色），用上一步的方式制作内部小网格，合并后将小网格的颜色设置为15%灰，并排列到大网格图层的后层，复制企业简称，并标注其宽高，完成效果如图5-24所示。

图5-23 制作标准网格

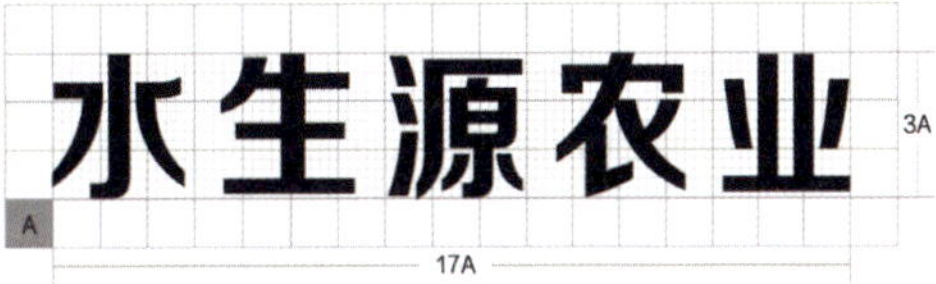

图5-24 企业标准字网格制图

步骤6 置入“企业简称中文字体说明.eps”，并修改页面标题及页码，最终效果如图5-25所示。

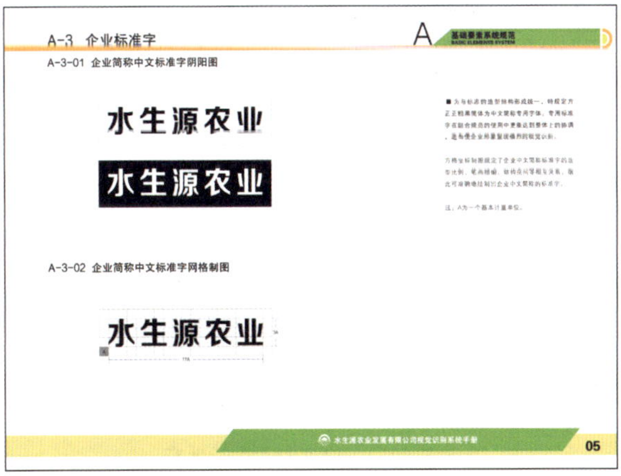

图5-25 企业简称中文字体规范

步骤 7 复制“标准字”图层组并重命名为“英文标准字”，制作企业简称英文字体规范，最终效果如图 5-26 所示。

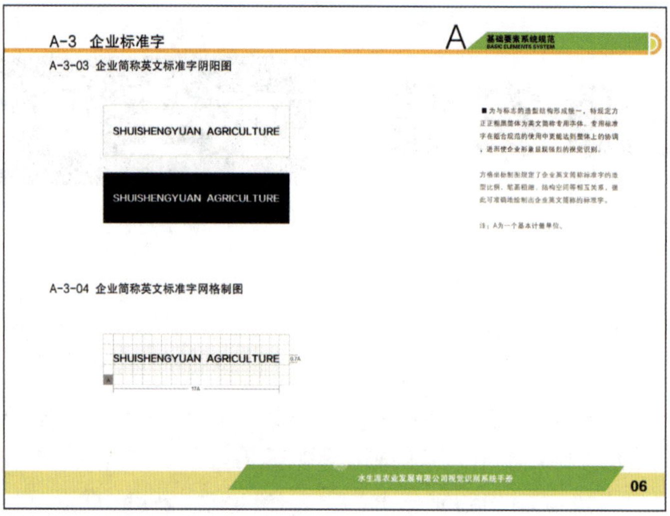

图 5-26 企业简称英文字体规范

步骤 8 复制“内页模板”图层组并调整到最顶层，命名为“专用印刷字体”，用“文字工具”输入“水生源农业企业视觉识别系统手册印刷字体”并复制 4 个图层垂直向下移动，每个文字图层依次设置“方正正粗黑简体”“方正大黑简体”“方正黑体简体”“方正中等线简体”“方正书宋简体”，如图 5-27 所示。

步骤 9 置入“企业专用印刷字体说明 .eps”，将标题更改为“企业专用印刷字体”，更改页码，效果如图 5-27 所示。

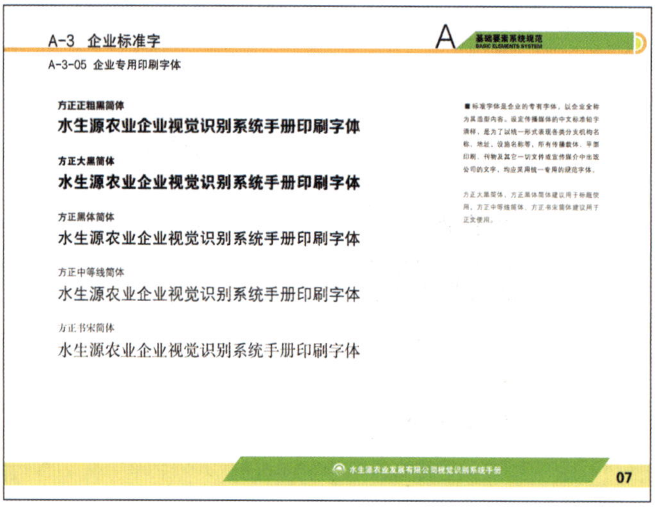

图 5-27 企业印刷字体规范

6. 企业标准组合

步骤 1 复制“内页模板”图层组，并命名为“标志与标准字组合”，置入“标志图形 .eps”，用“文字工具”按标准字比例规范制作标志与标准字的允许的组合形式。用“直线工具”绘制表格，效果如图 5-28 所示。

图 5-28 标志与企业简称的组合

步骤 2 置入“标志与标准字组合说明 .eps”，修改标题及页码，效果如图 5-29 所示。

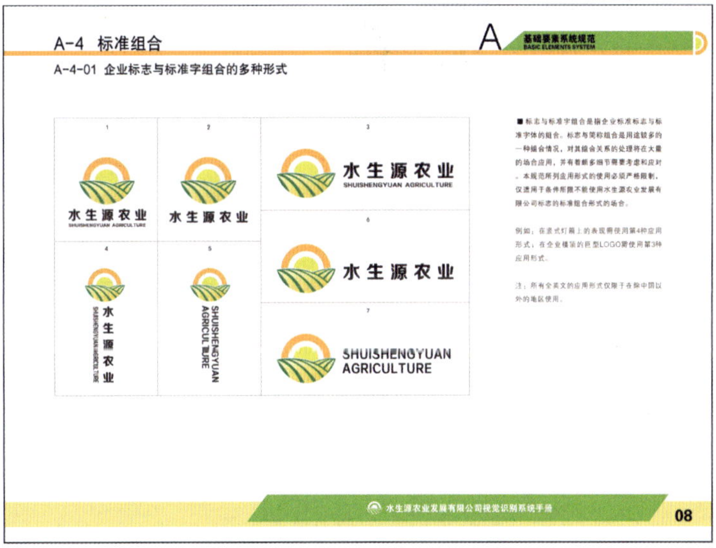

图 5-29 标志与企业简称组合规范

步骤 3 复制“标志与标准字组合”图层组，命名为“禁用组合”，用上一页的制作方法，制作组合禁用样式，效果如图 5-30 所示。

步骤 4 置入“组合禁用说明 .eps”，修改标题及页码，效果如图 5-31 所示。

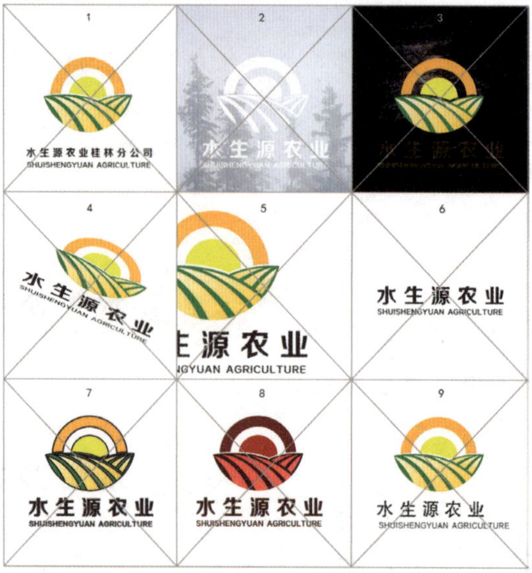

图 5-30　禁用组合

图 5-31　禁用组合规范

【任务总结】

本任务展示企业 VI 基础要素系统的设计制作过程，从 VI 手册的封面和封底开始，到手册内页模板的设计制作，再到每一张内页的细节展示内容的制作过程。VI 基础要素系统是整套 VI 的根本，至少包含企业标志、企业标准字、企业标准色及企业标准组合四大模块内容。

任务2 企业 VI 应用要素系统设计

【任务描述】

本任务在任务 1 的基础上，帮助大家完成部分应用要素的设计制作。利用任务 1 中的基础要素，比如标志、标准组合及辅助图形，结合应用要素的标准尺寸比例以及应用系统套用模板素材，完成办公应用系统的名片、信封、信纸及档案袋，环境指示系统的接待台、门牌，服饰系统的文化衫、太阳帽等应用要素的规范设计。

【任务要求】

最终完成效果如图 5-32 所示。

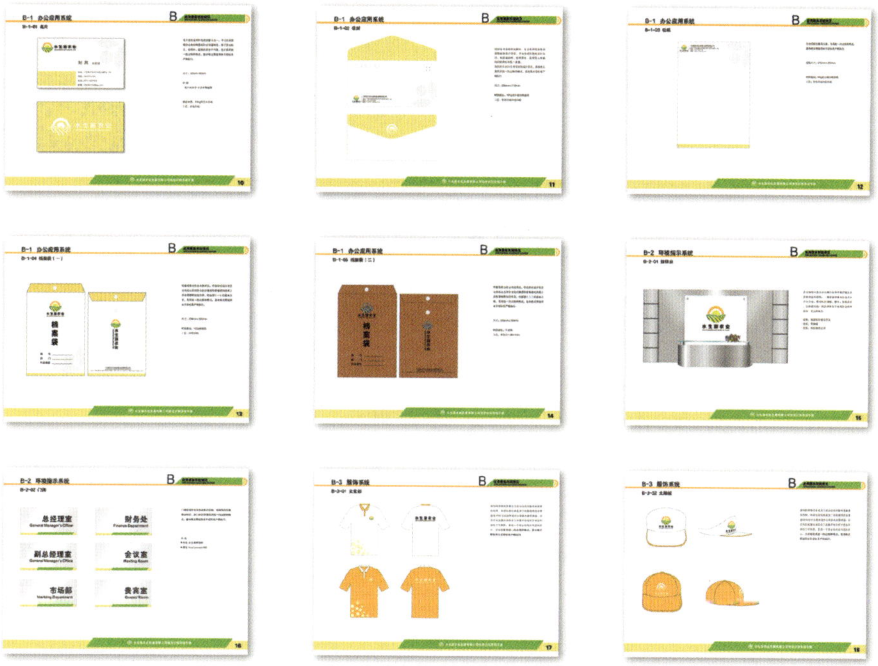

图 5-32　VI 应用要素系统展示效果图

【知识链接】

VI 应用要素系统组成

VI 应用要素系统的基本组成

VI 应用要素系统中，主要包括办公用品、环境指示、员工服饰、交通运输等内容。办公用品系统包括名片、信封信纸、便笺、各型文件夹 / 公文袋 / 资料袋、各类表单和账票、各类证卡（如工作证、出入证、生日卡、圣诞卡）、奖状、奖牌、纸杯、杯垫、办公设施（如纸镇、笔架、雨具架）等用具；环境指示系统包括企业门头效果、企业建筑外观效果、接待台背景板、各部门门牌、户外招牌、道旗、公司机构平面图、大门入口指示、方向指引标识牌、立地式道路导向牌、欢迎标语牌、停车场区域指示牌、警示标识牌等内容；员工服饰系统包括管理人员男装、管理人员女装、员工男装、员工女装、运动帽、T恤等内容；交通运输系统包括轿车、班车、运输货车、集装箱运输车、特殊车型等内容。

【任务实施】

任务2 企业VI应用要素系统设计

1. 办公应用系统设计

（1）名片设计。

步骤1 复制“内页模板”图层组并重命名为“名片”。用“文字工具”将其中的章节信息修改为“B”“应用要素系统规范”“Application elements system”“B-1 办公应用系统”“B-1-01 名片”，页码为10。

步骤2 用“矩形工具”绘制一个矩形（1200像素×667像素；填充：白色，描边：2像素，深灰色）。在其中置入“标志与简称横排组合.eps”“辅助图形2.eps”。

步骤3 使用“文字工具”输入名片正面文案信息，绘制一个矩形（填充：R255，G238，B140），复制多个“辅助图形2”，分别调整它们的大小、角度和位置，合并图层，设置“辅助图形2”的不透明度为20%，最终制作的名片正面效果如图5-33所示。

图5-33 名片正面

步骤4 复制1200像素×667像素大小的矩形图层，并修改填充色为（R255，G238，B140）辅助色，在其中置入“标志与简称横排组合反白.eps”“辅助图形2.eps”，复制多个辅助图形，调整大小、角度和位置，设置辅助图形的不透明度为20%。最终名片背面效果如图5-34所示。

图5-34 名片背面

步骤 5 将正背面相关图层编组，并为它们分别制作“投影”图层样式。置入“名片说明 .eps”，最终效果如图 5-35 所示。

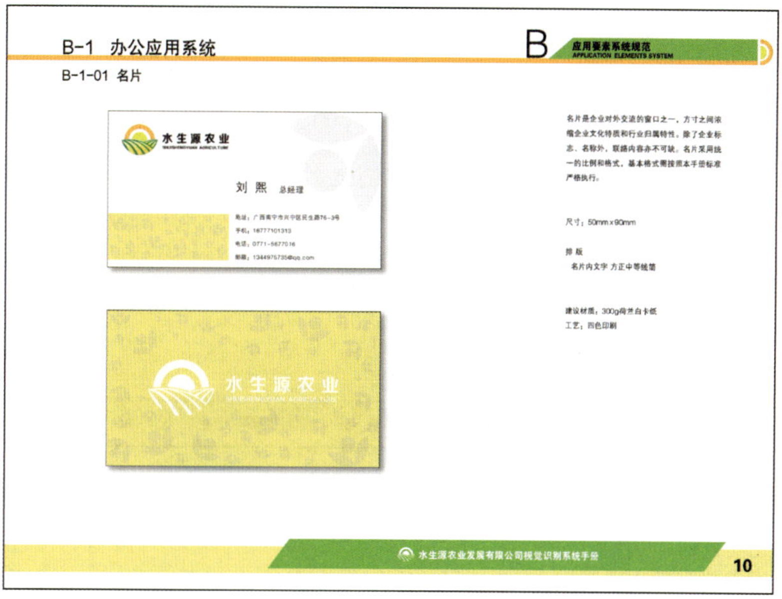

图 5-35 企业名片规范

（2）信封设计。

步骤 1 复制“名片”图层组，并重命名为“信封”。删除页面内名片展示内容及文字说明，修改标题及页码。

步骤 2 置入“信封正面 .eps”“标志标准稿 .eps”“辅助图形 2.eps”，用“文字工具”输入信封文案信息，信封正面效果如图 5-36 所示。

步骤 3 置入“信封背面 .eps”“标志图形白色 .eps”，信封背面效果如图 5-37 所示。

图 5-36 信封正面

图 5-37 信封背面

步骤 4 置入“信封说明 .eps”，最终效果如图 5-38 所示。

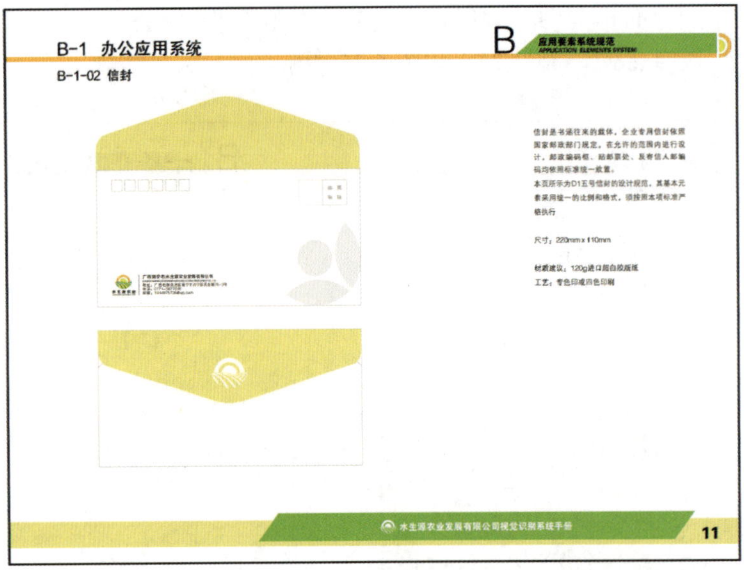

图 5-38　企业信封规范

（3）信纸设计。

步骤 1　复制“信封”图层组，并重命名为“信纸”，删除页面内信封展示内容及文字说明，修改标题及页码。

步骤 2　用矩形工具绘制一个矩形（1000 像素 ×1414 像素；填充：白色；描边：2 像素，深灰色），复制信封正面的标志、企业信息、辅助图形图层到本图层组中，并在矩形底部绘制一个填充为（R255，G238，B140）辅助色的矩形。

步骤 3　置入“信纸说明 .eps”，最终效果如图 5-39 所示。

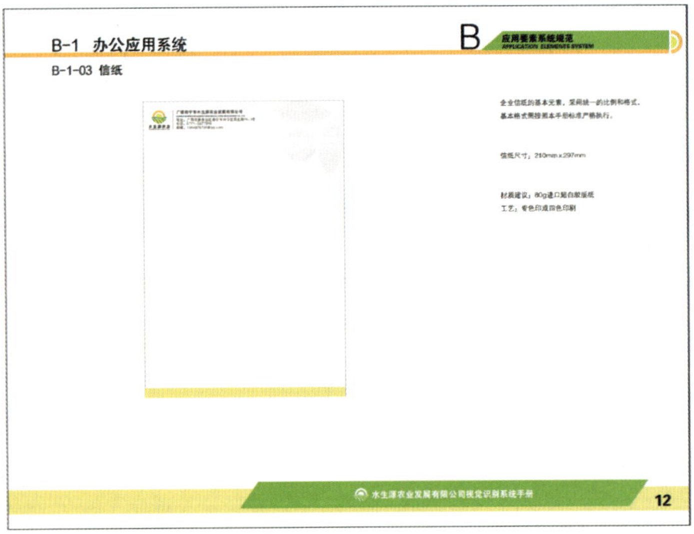

图 5-39　企业信纸规范

（4）档案袋（一）设计。

步骤 1 复制“信纸”图层组，并重命名为“档案袋（一）”，删除页面内名片展示内容及文字说明，修改标题及页码。

步骤 2 使用“矩形工具”绘制一个矩形（800 像素 ×1112 像素；填充：白色；描边：2 像素，深灰色）。复制“矩形形状”图层，手动垂直翻转并透视变换做成档案袋封口。置入“辅助图形 3.eps”，缩小至比封口高度略大，栅格化图层后用再复制的方式得到比封口宽度要大的装饰图形，合并图层并放置于封口图层的上层且创建剪贴蒙版。最后在封口中间绘制三个白色填充灰色描边的同心圆。如图 5-40 所示。

图 5-40 档案袋封口效果

步骤 3 复制档案袋以上所有相关图层，并将封口垂直翻转，复制三个同心圆且垂直移动到下方，将这些图层编组并命名为“档案袋外形”。

步骤 4 置入“标志标准稿 .eps”“标志与简称竖排组合 .eps”“辅助图形 2.eps”，使用“文字工具”输入档案袋正背面相关文案信息，用“直线工具”绘制灰色线条，在矩形底部绘制一个填充为（R255，G238，B140）辅助色的矩形，最后将这些相关图层编组命名为“档案袋图文”。

步骤 5 置入“档案袋（一）说明 .eps”，最终效果如图 5-41 所示。

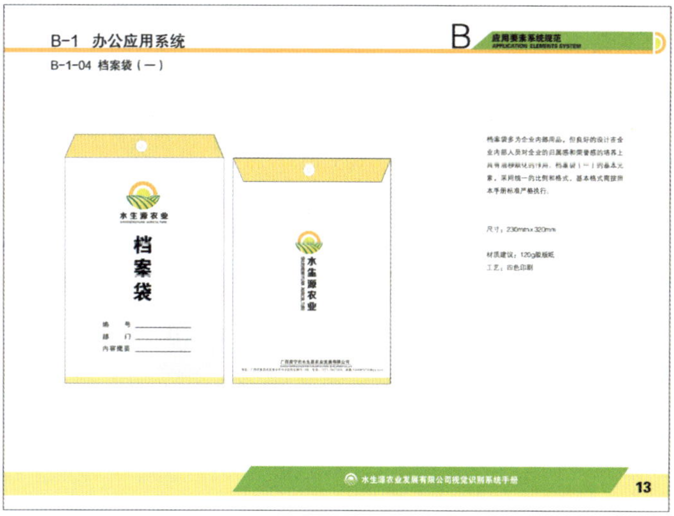

图 5-41 档案袋（一）规范

（5）档案袋（二）设计。

步骤 1 复制“档案袋（一）”图层组，命名为“档案袋（二）”。删除档案袋底边黄色矩形条及页面说明文字，修改标题及页码。

步骤 2 删除所有辅助图形，将档案袋填充为（R202，G138，B82）牛皮纸色，将正面和背面的标志图形去色。

步骤 3 置入“档案袋（二）说明 .eps”，最终效果如图 5-42 所示。

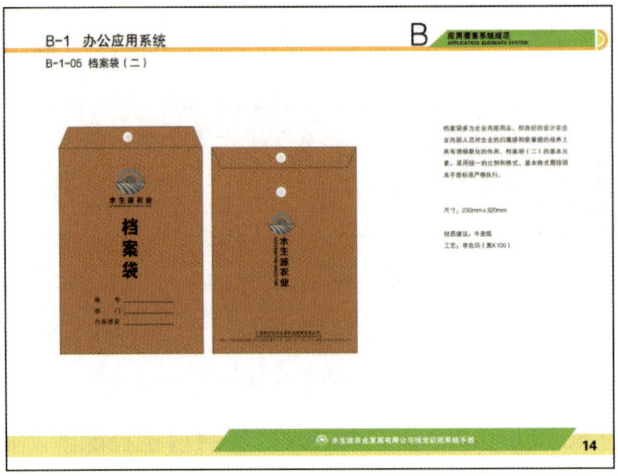

图 5-42 档案袋（二）规范

2. 环境指示系统设计

（1）接待台设计。

步骤 1 复制“档案袋（二）”图层组并重命名为“接待台”，删除说明文字及档案袋相关图层，修改标题及页码。

步骤 2 置入“办公形象 .eps”“标志标准稿 .eps”，调整标志标准稿的大小和位置。

步骤 3 置入“接待台说明 .eps”，最终效果如图 5-43 所示。

图 5-43 接待台规范

（2）门牌设计。

步骤 1 复制“档案袋（二）”图层组并重命名为“门牌”，删除说明文字及接待台相关图层，修改标题及页码。

步骤 2 用“矩形工具”绘制一个矩形（800 像素 ×350 像素；填充：10% 灰；描边：1 像素，50% 灰），在其上层新建“剪贴蒙版”图层，用柔边画笔绘制一条白色粗斜线，制作门牌高光区域，打造金属质感效果，然后复制图层组中的“页脚矩形 1”和“页脚矩形 2”图层，栅格化并合并后也做成门牌矩形的“剪贴蒙版”图层，调整其大小和位置。如图 5-44 所示。

图 5-44　门牌外框效果图

步骤 3 使用“文字工具”输入门牌中英文文字内容。并设置为“右对齐文本”属性，将门牌相关图层编组且复制 5 份，排列对齐为三行两列的方式，修改门牌文字信息。置入“门牌说明 .eps”，最终效果如图 5-45 所示。

图 5-45　门牌规范

3. 服饰系统设计

（1）文化衫设计。

步骤 1 复制“门牌”图层组并重命名为“文化衫”，删除说明文字及门牌相关图层，修改标题及页码。

步骤 2 置入“文化衫 .eps”“标志图形 .eps”“辅助图形 .eps”“标志图形白色 .eps”“企业简称标准字横排白 .eps”“企业简称标准字横排黑 .eps”，调整它们的大小和位置。

步骤 3　置入“文化衫说明 .eps”，最终效果如图 5-46 所示。

图 5-46　文化衫规范

（2）太阳帽设计。

步骤 1　复制“文化衫”图层组并重命名为“太阳帽”，删除说明文字及文化衫相关图层，修改标题及页码。

步骤 2　置入“太阳帽 .eps”“标志标准稿 .eps”“标志与简称竖排组合白色 .eps”，调整它们的大小和位置。

步骤 3　复制“标志标准稿”图层，将标志移动至右侧，栅格化图层后进入“变形”变换，调整变形网格使标志符合透视效果，如图 5-47 所示。

步骤 4　复制“标志与简称竖排组合白色”图层，将标志移动至右侧，栅格化图层后删除右半部分，进入“变形”变换，调整变形网格使左半部分标志符合透视效果，如图 5-48 所示。

图 5-47　标志图形变形效果

图 5-48　白色标志图形变形效果

步骤 5 置入“太阳帽说明 .eps”，最终效果如图 5-49 所示。

图 5-49 太阳帽规范

【任务总结】

本任务展示企业 VI 应用要素系统的设计制作过程。应用要素系统从基础要素设计内容展开，通常包含办公用品系统、环境指示系统、服饰规范系统、公关礼仪系统、交通运输系统等内容。

项目拓展

为新跃文化传播有限公司设计一套 VI 系统。要求：基础系统和应用系统版块分明；整体制作成册，要有整体的版式；规格为大 16K，双面设计；封面、封底、页码等俱全；如有特殊印刷工艺、材质、纸张等须标明。

项目 6

网页美工

项目导读

网页美工主要是指网页界面的美术设计、创意设计和制作，根据相关网站的用户群体，提出构思新颖、有高度吸引力的创意设计；对页面进行优化，使用户操作更趋于人性化。了解网站和网页的基本设计思想，提高和掌握色彩基础知识（色相、明度、纯度、空间混合概念，色彩构成的一般原理、色彩的心理;对色彩的观察能力和对色彩感知能力，对一般色彩的搭配能力，网页的色彩设计能力等），培养网页版式分析能力，掌握网页设计的基本方法。

岗位技能

本项目对接中高职相关设计专业人才培养目标岗位，如数字影像后期、数字艺术制作、数字文化创意等相关行业，此类岗位需要具有良好的职业道德、爱岗敬业精神，有责任意识和创新意识，掌握相应的专业理论知识，具有较强的适应岗位的动手能力，能进行创意、设计、制作多层次的高素质、高技能专门人才，主要面向动漫公司、影视公司、游戏公司、电视台、数字多媒体行业公司、广告设计公司、传媒公司、文化传播公司、出版社等企事业单位。未来网站美工从业人员都应该具备网页设计能力和职业素养。

教学目标

- 掌握钢笔工具、矩形工具、矩形选框工具、渐变工具、横排文字工具等的使用。
- 掌握编辑路径方法。
- 掌握图层样式使用方法。
- 掌握网页保存与输出方法。
- 掌握网页设计的相关知识。

课前学习微课

扫一扫二维码，观看相关视频。

网页美工基础知识

完成以下工作：

（1）上网收集喜欢的网站首页设计并截屏保存，分析其设计理念。

（2）上网收集网站列表页并截屏保存，分析其设计特点。

（3）上网收集网站详情页并截屏保存，分析其版式设计。

任务1 网站首页设计

【任务描述】

本任务帮助读者掌握网站首页设计知识，学会设计的基本方法，利用矩形工具、直线工具、渐变工具、横排文字工具等进行设计，学会使用剪贴蒙版、布局网站首页及制作首页设计效果图。

【任务要求】

完成如图6-1所示的网站首页设计效果图。

图6-1 网站首页设计效果图

【知识链接】

1. 网站首页构成要素

首页通常由头部、主体、底部三部分组成。首页头部通常包含LOGO、网站名称、域名、注册登录框、导航菜单；主体通常包含广告条、栏目版块（文字列表或图片）；底部通常包含快速导航、网站地图、版权信息、联系方式、友情链接、ICP 备案等内容。

2. 导航菜单设计

导航菜单设计应该直观明确，最大限度地为用户使用体验考虑，一般导航菜单不超过 3 级，以便能更快索引所需内容。导航菜单在设计上要符合整个网站的风格，色彩统一，在设计过程中需表现鼠标悬停效果。

3. 网页设计色彩

在设计时，根据网页主题确定色系和主色，然后可以通过调整透明度、饱和度等方法调配出新的色彩，这样页面色彩相对统一，且有层次感。

【任务实施】

任务 1 网站首页设计

1. 新建文档并设置背景图层颜色

步骤 1 启动 Photoshop CC 2018，执行单击“文件”/“新建”命令（或按组合键 Ctrl+N），新建一个文档。

步骤 2 在弹出的新建文档对话框中，设置预设详细信息为“网站首页设计”，设置宽度为 1920，高度为 1080，单位选择“像素”，分辨率设置为“96 像素 / 英寸”，颜色模式设置为“RGB 颜色 8 位”，背景内容设置为“白色”，之后单击“创建”按钮，生成文档，如图 6-2 所示。

步骤 3 单击“图层”面板背景图层右侧的图标，解锁图层，保持图层在选择状态，执行“图层”/“重命名图层”命令，输入“背景”，如图 6-3 所示。

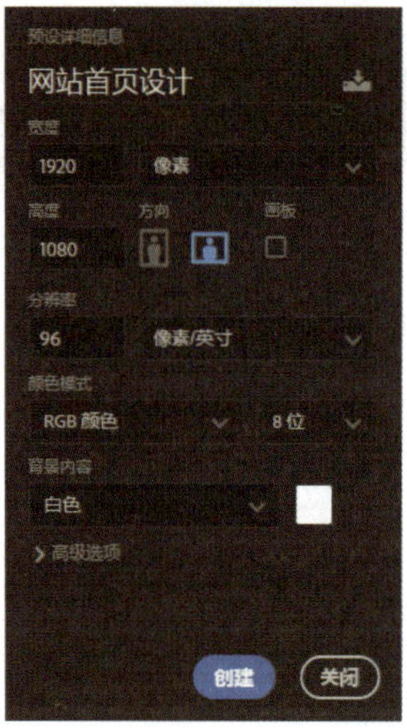

图 6-2 新建文档设置

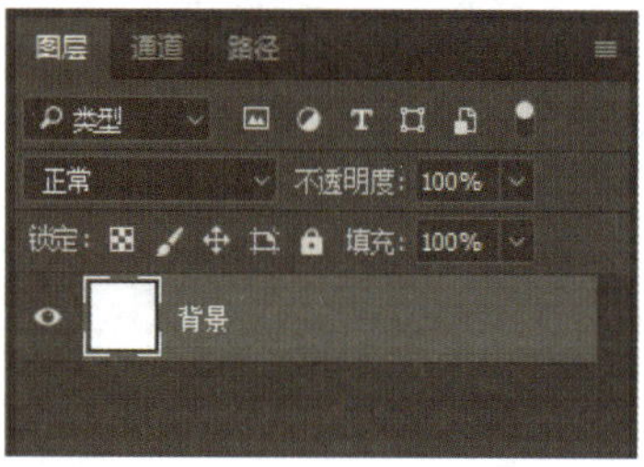

图 6-3 “背景”图层命名

步骤 4 创建渐变背景效果，新建图层并重命名为“渐变背景”，单击工具箱中的“渐变工具”，在顶部属性栏设置渐变颜色：0% 位置为 #0e7fbf，100% 位置为 #01b595，如图 6-4 所示，单击“确定”按钮完成颜色设置。之后在画布中单击并拖动鼠标，绘制渐变背景，效果如图 6-5 所示。

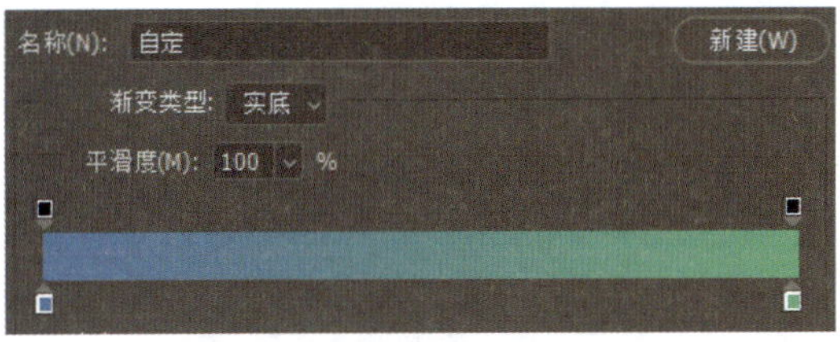

图 6-4 渐变颜色设置

图 6-5 渐变背景色效果

2. 绘制首页导航栏

步骤 1 新建图层并重命名为“导航背景”，为保证制作规范，分别在水平取向“40像素”“100像素”“140像素”位置，垂直取向“100像素”“200像素”“300像素”“400像素”“650像素”“900像素”“1150像素”“1400像素”“1650像素”“1900像素”位置新建参考线，效果如图6-6所示。

步骤 2 在工具箱中设置前景色为#003d75，选择“矩形选框工具”，在画布中单击并拖动，绘制一个矩形选框，确认“导航背景”图层在选择状态，按Alt+Delete组合键填充前景色，之后按Ctrl+D组合键取消选区，效果如图6-7所示。

步骤 3 选择工具箱中的“横排文字工具”T（字体：宋体；字号：12点），在导航栏位置单击，输入名称，并对齐文字，效果如图6-8所示。

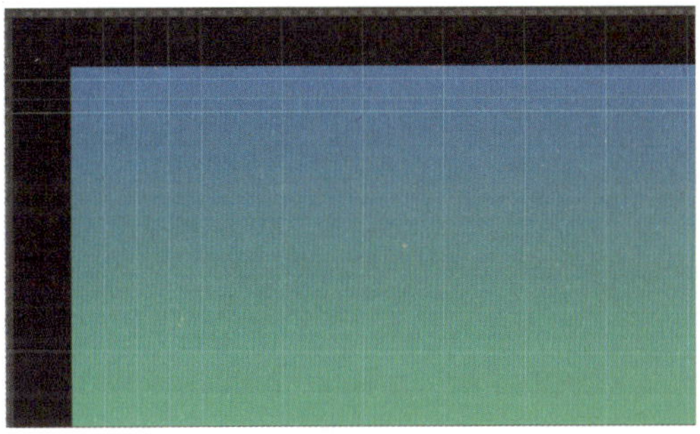

图 6-6 新建参考线

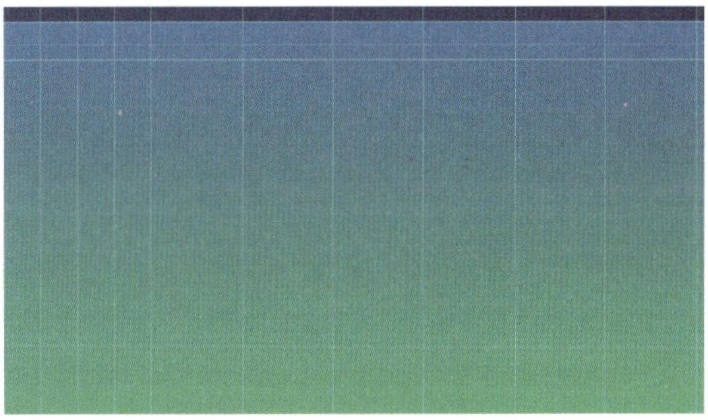

图 6-7 导航背景效果

图 6-8 导航文字效果

步骤 4 选择工具箱中的“横排文字工具”T（字体：宋体；字号：18点），在导航菜单栏位置单击，输入栏目名称，并对齐文字，效果如图6-9所示。

图 6-9 导航菜单栏目

步骤 5 制作一级导航菜单的鼠标悬停状态背景，新建图层并重命名为“一级导航鼠标悬停背景”，使用“钢笔工具”绘制一个梯形路径，按 Ctrl+Enter 组合键将路径转换为选区，按 Alt+Delete 组合键填充前景色 #003d75，效果如图 6-10 所示。

图 6-10　一级导航鼠标悬停背景效果

步骤 6 制作二级导航菜单背景，新建图层并重命名为“二级导航菜单背景”，选择工具箱中的“圆角矩形工具”，设置工具模式为“路径”，半径为“20 像素”，绘制一个圆角矩形路径，同上步操作，将其转化为选区并填充前景色 #003d75，效果如图 6-11 所示。

图 6-11　二级导航菜单背景效果

步骤 7 选择工具箱中的“横排文字工具”（字体：宋体；字号：12 点），输入二级导航菜单栏目名称，如图 6-12 所示。

图 6-12　二级导航菜单栏目效果

步骤 8 整理图层，在“图层”面板中选择所有文字图层和导航背景图层，单击“图层”面板中的“创建新组”，并重命名为“导航”，如图 6-13 所示。

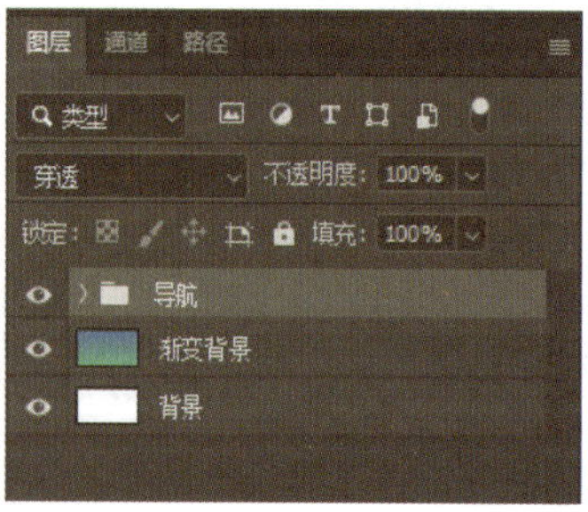

图 6-13　整理图层

3. 制作首页左侧板块

步骤 1 打开素材 LOGO.png，将其拖拽到“网站首页设计 .psd”文档中，并调整好位置和大小，效果如图 6-14 所示。

图 6-14 调整 LOGO 位置和大小

步骤 2 为 LOGO 添加投影效果，在 LOGO 图层上右击，在弹出的菜单中选择“混合选项”，选择“投影”，设置投影参数，如图 6-15 所示，效果如图 6-16 所示。

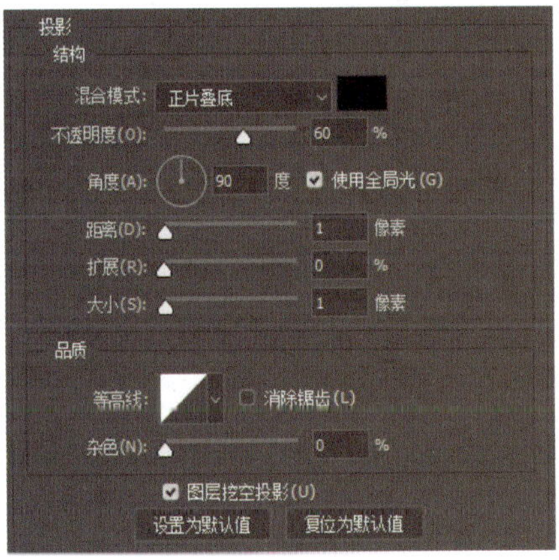

图 6-15 “投影”参数设置

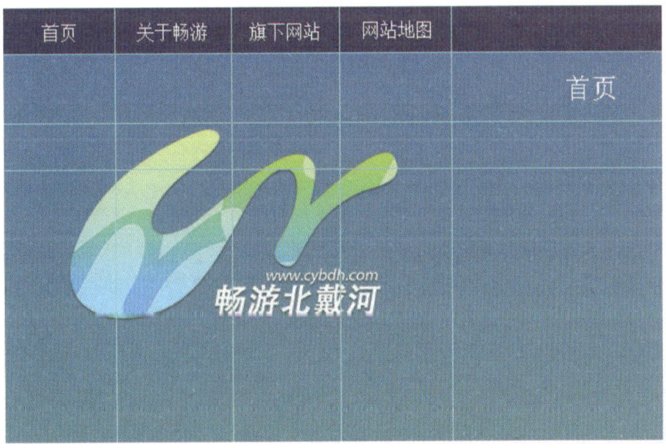

图 6-16 添加投影后的 LOGO 效果

步骤 3 添加登录框，新建图层并重命名为“登录框”，在工具箱中选择“圆角矩形工具”，设置工具模式为“路径”，半径为“20 像素”，在 LOGO 下方绘制一个圆角矩形，按 Ctrl+Enter 组合键将路径转换为选区，为选区填充白色，按 Ctrl+D 组合键取消选区。之后在“图层”面板中将图层的不透明度设置为 50%，如图 6-17 所示，最终效果如图 6-18 所示。

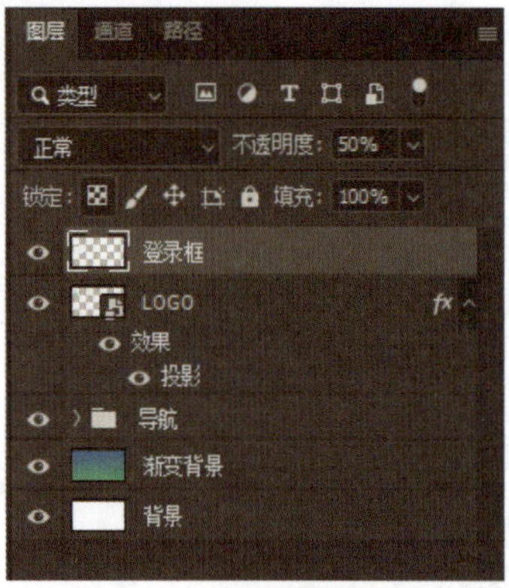

图 6-17　图层透明度设置

图 6-18　更改不透明度后的效果

步骤 4　使用“横排文字工具”（字体：黑体；字号：16 点；颜色：白色），分别输入“用户登录”“注册”“登录”文本。使用“横排文字工具”（字体：黑体；字号：12 点；颜色：白色），分别输入“用户名”和“密码”，效果如图 6-19 所示。

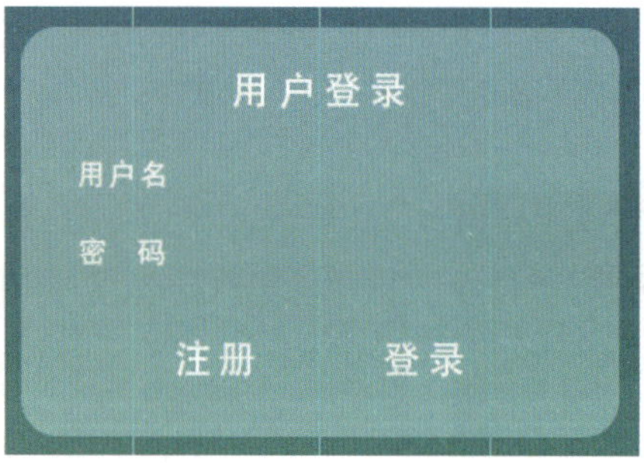

图 6-19　添加文字后效果

步骤 5　制作用户名、密码文本框，新建图层并重命名为“用户名框”，使用“矩形选框工具”，绘制一个矩形选区并填充白色，之后取消选区，在图层上右击并选择“混合选项”，为“用户名框”图层添加“内阴影”效果，参数设置如图 6-20 所示。将“用户名框”图层复制一份，重命名为“密码框”，调整至合适位置，效果如图 6-21 所示。

步骤 6　创建新图层并重命名为“注册按钮背景”，选择工具箱中的“圆角矩形工具”，设置工具模式为“路径”，半径为“20 像素”，在文字下方绘制一个圆角矩形，按 Ctrl+Enter 组合键将路径转换为选区，为选区填充颜色 #fd8d0d，按 Ctrl+D 组合键取消选区。将“注册按钮背景”图层复制一份并重命名为“登录按钮背景”，将其移动至合适位置，最终效果如图 6-22 所示。

步骤 7　打开素材“风车 .png”，将其拖拽至“网站首页设计”文档中，并调整其位置和大小，在“图层”面板中设置其不透明度为 60%，效果如图 6-23 所示。

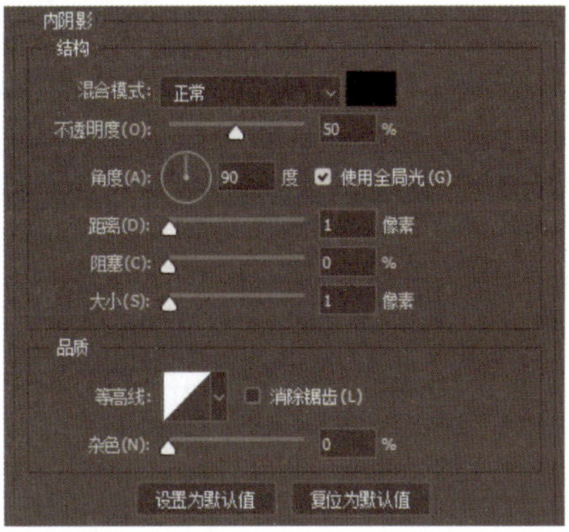

图 6-20 “内阴影”参数设置

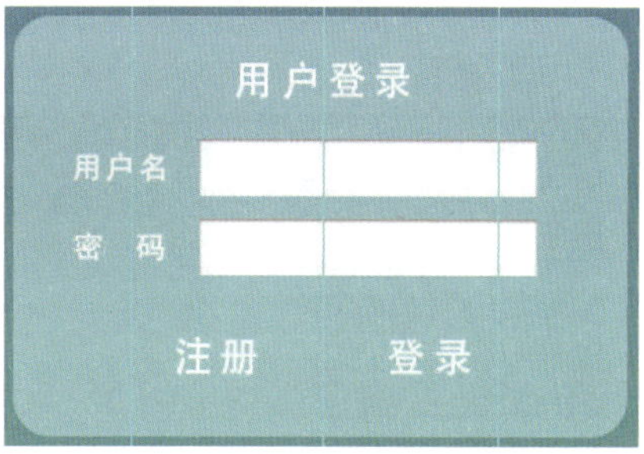

图 6-21 添加用户名框和密码框后的效果

图 6-22 添加按钮背景的效果

图 6-23 添加风车图片后的效果

步骤 8 整理图层，在“图层”面板中选择左侧版块的所有图层，为其创建新组，并重命名为“左侧”，如图 6-24 所示。

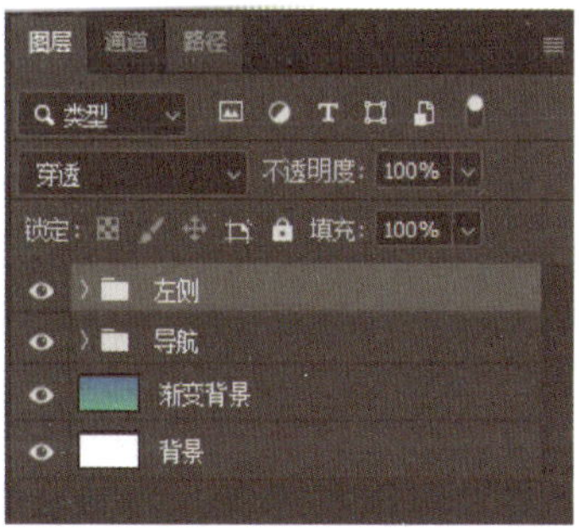

图 6-24 整理图层

4. 制作网页主体

步骤 1 新建图层并重命名为“主体背景”，选择工具箱中的“圆角矩形工具”，在顶部属性栏设置工具模式为“路径”，半径为“20 像素”，在画布中绘制一个圆角矩形路径并将其转换为选区，填充白色，效果如图 6-25 所示。

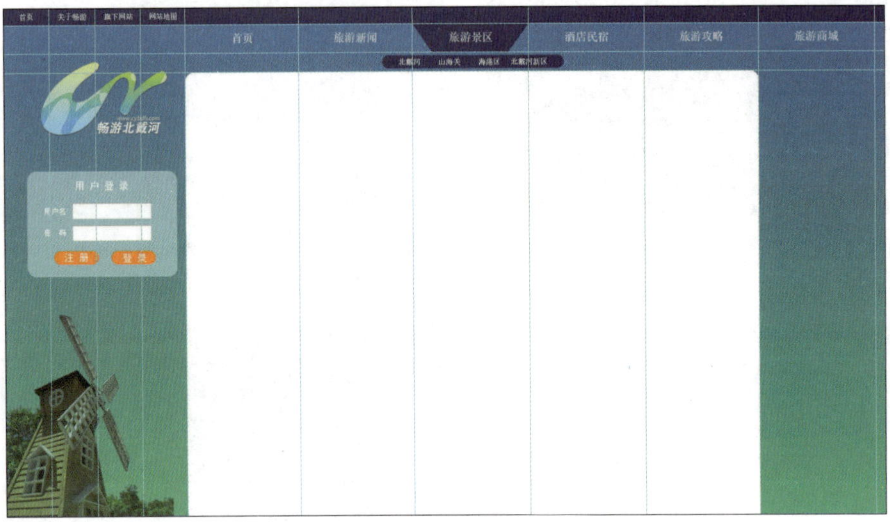

图 6-25 绘制主体背景

步骤 2 在垂直取向新建参考线，位置分别为“440 像素”“1170 像素”“1610 像素”，效果如图 6-26 所示。

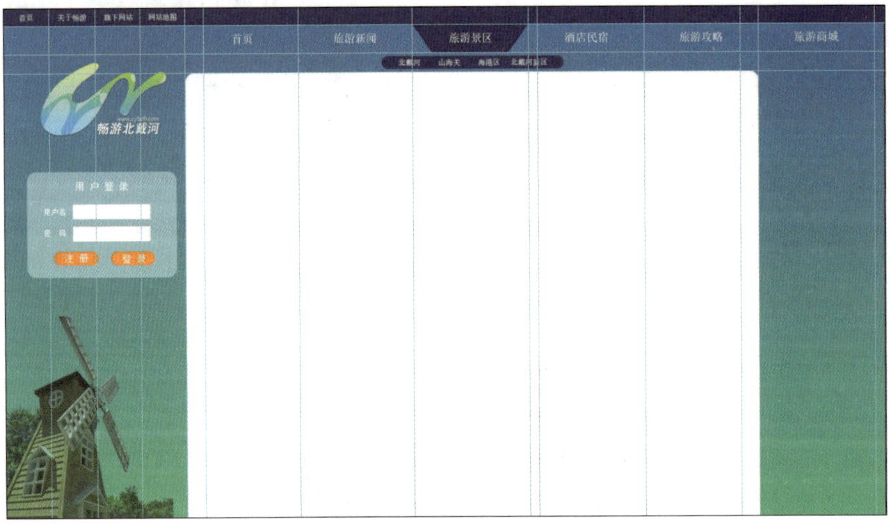

图 6-26 新建垂直取向参考线

步骤 3 制作主体部分的广告条，打开素材 Banner.jpg，将其拖拽至“网站首页设计 .psd”文档中，并调整位置大小，效果如图 6-27 所示。

图 6-27　添加 Banner 效果

步骤 4　在画布水平取向新建参考线，位置分别为“180 像素”“420 像素”“430 像素”“700 像素”“710 像素”“940 像素”“950 像素”“1030 像素”。

步骤 5　新建图层并重命名为“标签背景”，使用工具箱中的“钢笔工具”，设置工具模式为“路径”，绘制路径并转换为选区，选择工具箱中的“渐变工具”，设置渐变颜色：0% 位置为 #00b4ff，100% 位置为 #aadc55，如图 6-28 所示。单击“确定”按钮。之后在选区中单击并向右拖动绘制填充渐变色，最终效果如图 6-29 所示。

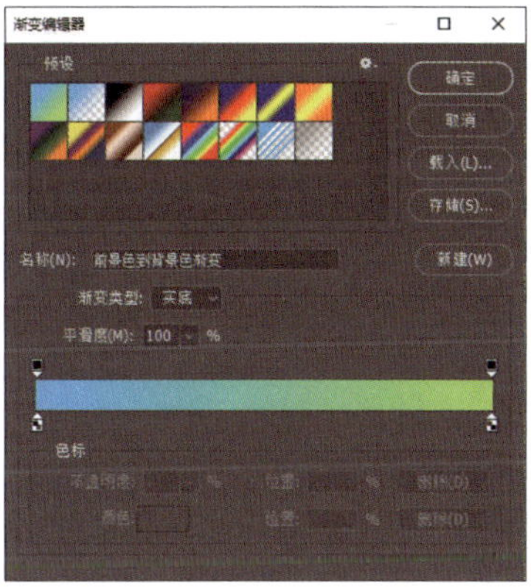

图 6-28　渐变编辑器

图 6-29　填充渐变后效果

步骤 6　使用“横排文字工具”（字体：黑体；字号：14 点；颜色：白色）输入文字“旅游新闻”。使用“横排文字工具”（字体：黑体；字号：14 点；颜色：#00b4ff），输入文字 News，最终效果如图 6-30 所示。

图 6-30 “旅游新闻”栏目标签效果

步骤 7 制作“旅游新闻”栏目首页缩略图，打开素材“新闻缩略图.jpg”，将其拖拽至“网站首页设计”文档中，调整图片位置，并将图片缩放裁剪至合适大小，宽度为“200 像素”，高度为“220 像素”。为图片添加图层样式“描边”，设置描边颜色为 #999999，参数设置如图 6-31 所示，效果如图 6-32 所示。

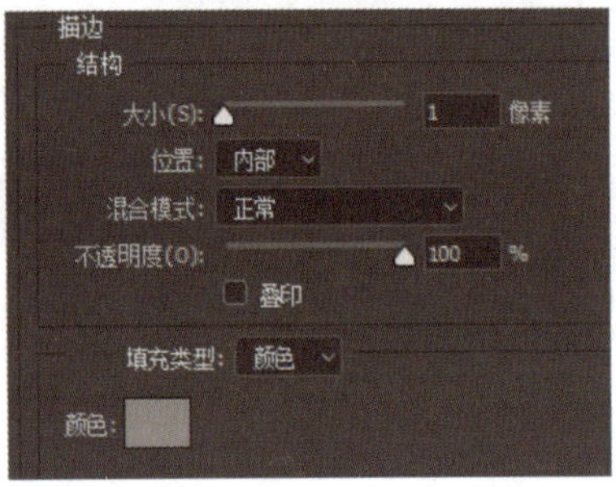

图 6-31 “描边”参数设置

图 6-32 添加描边后效果

步骤 8 使用“横排文字工具”（字体：宋体；字号：12 点；颜色：#333333），输入文字，效果如图 6-33 所示。

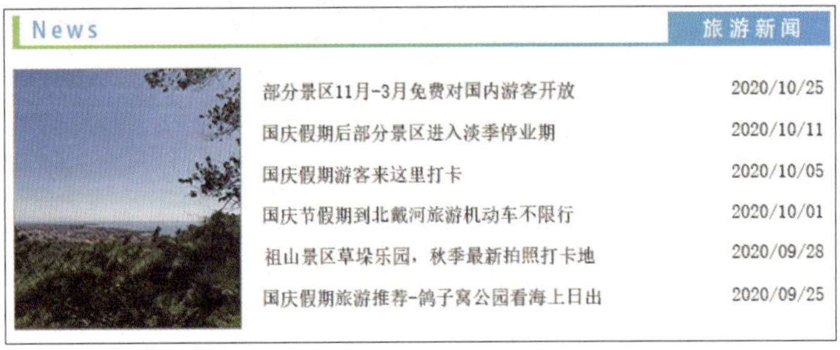

图 6-33 添加文字效果

步骤 9 创建分隔线，在工具箱中选择“直线工具”，在顶部属性栏中设置工具模式为“形状”，填充为“无”，描边颜色为 #666666，描边宽度为“3 像素”，描边类型为“虚线”，如图 6-34 所示，在描边选项中单击“更多选项”，设置间隙为“2 像素”，如图 6-35 所示，在画布中单击绘制虚线并复制多个。最后调整位置对齐虚线和文字，效果如图 6-36 所示。

图 6-34 直线工具属性栏参数

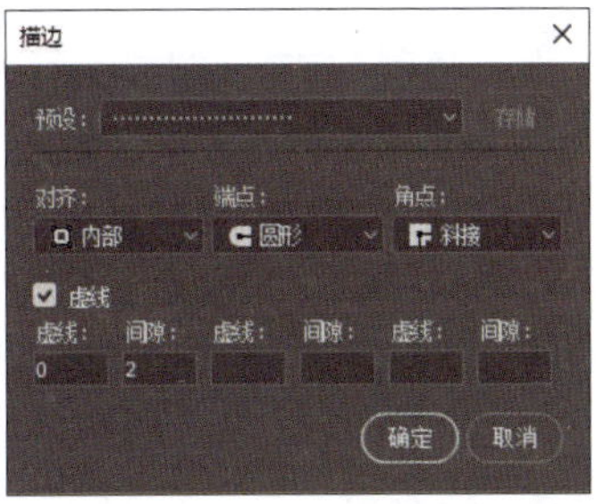

图 6-35 “更多选项”参数设置

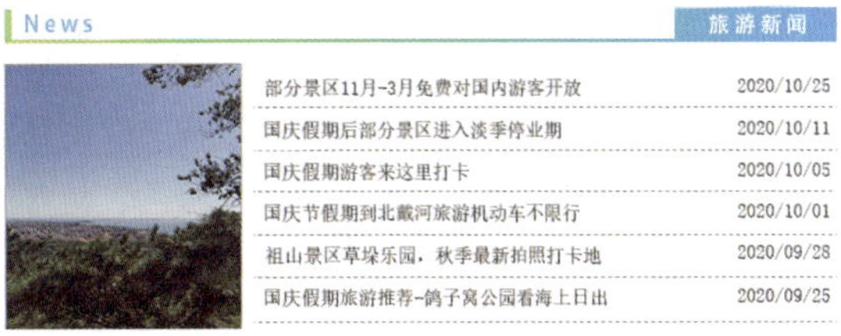

图 6-36 旅游新闻栏目最终效果

步骤 10 整理图层，在“图层”面板中选择旅游新闻栏目中的所有图层，为其创建新组并重命名为“旅游新闻”。

步骤 11 制作“旅游景区”栏目，将“旅游新闻”栏目标签和背景复制一份，更改文字内容，并放到适当位置，效果如图 6-37 所示。

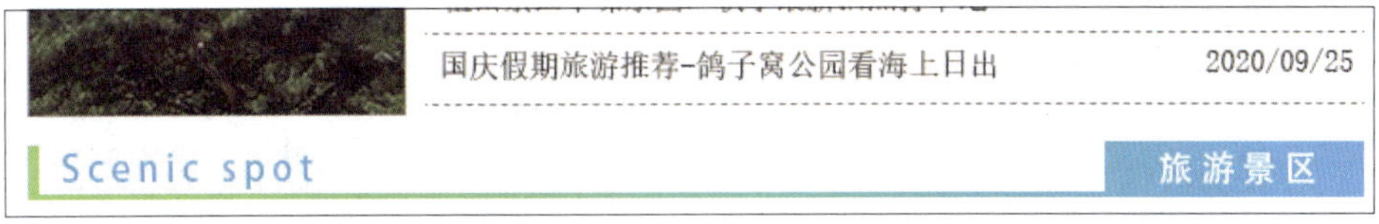

图 6-37 更改文字后效果

步骤 12 新建图层并重命名为“图片背景 1”，在工具箱中选择“矩形选框工具”，在顶部属性栏中设置样式为“固定大小”，宽度为“165 像素”、高度为“180 像素”，如图 6-38 所示。在画布中绘制矩形选框，并填充颜色 #00b4ff，将图层复制三次，分别重命名图层为“图片背景 2”“图片背景 3”“图片背景 4”，如图 6-39 所示，调整每个图层中矩形填充的位置，效果如图 6-40 所示。

图 6-38 矩形选框属性栏参数设置

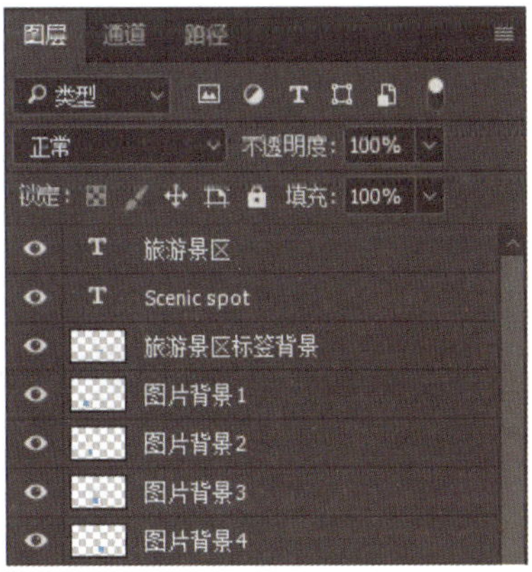

图 6-39 “图层”面板

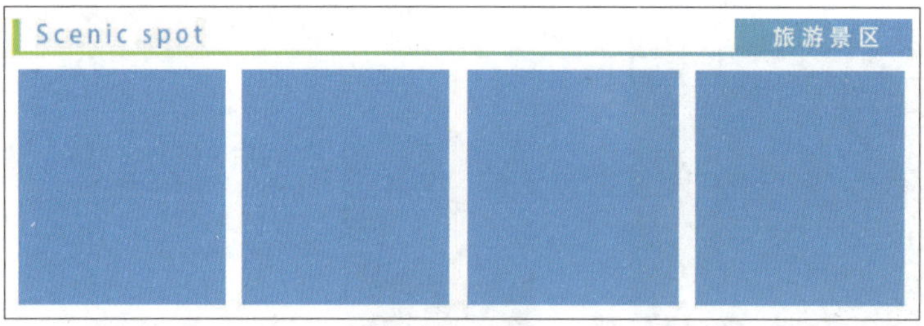

图 6-40　调整矩形填充位置效果图

步骤 13　打开素材“景区图片 1.jpg”，将其拖拽至“网站首页设计 .psd”文档中，调整位置大小，如图 6-41 所示，在“图层”面板中将其放置在“图片背景 1”图层上方，按 Alt 键同时在“景区图片 1”图层和“图片背景 1”图层中间单击，创建图层剪贴蒙版，如图 6-42 所示，效果如图 6-43 所示。

图 6-41　调整图片大小和位置

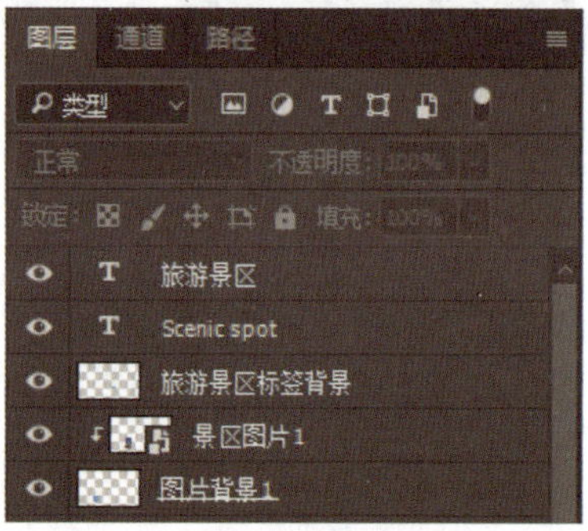

图 6-42　创建图层剪贴蒙版

步骤 14　同上一步方法，分别导入“景区图片 2”“景区图片 3”“景区图片 4”，完成制作，“图层”面板如图 6-44 所示，效果如图 6-45 所示。

图 6-43　效果图

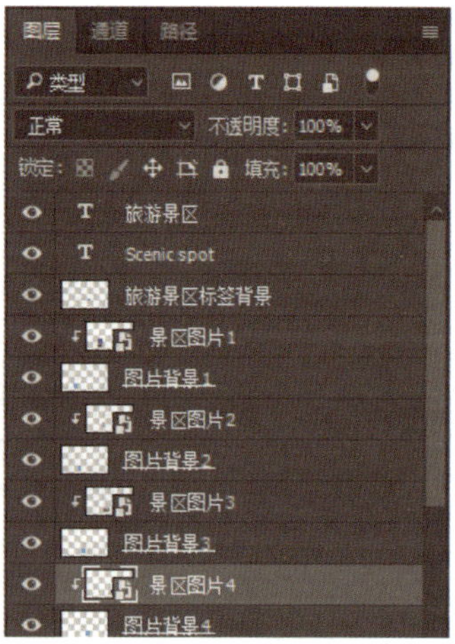

图 6-44　“图层”面板

图 6-45 “旅游景区”栏目效果图

步骤 15 整理图层，在“图层”面板中选择所有旅游景区栏目图层，为其创建新组并重命名为“旅游景区”。

步骤 16 制作“宣传片”栏目，新建图层并重命名为“标签背景”，选择“矩形选框工具”，绘制一个宽度为“440 像素”、高度为“30 像素”的矩形选区，填充颜色 #00b4ff。选择“横排文字工具”（字体：黑体；字号：14 点；颜色：白色）输入文字“宣传片”“Trailer”，效果如图 6-46 所示。

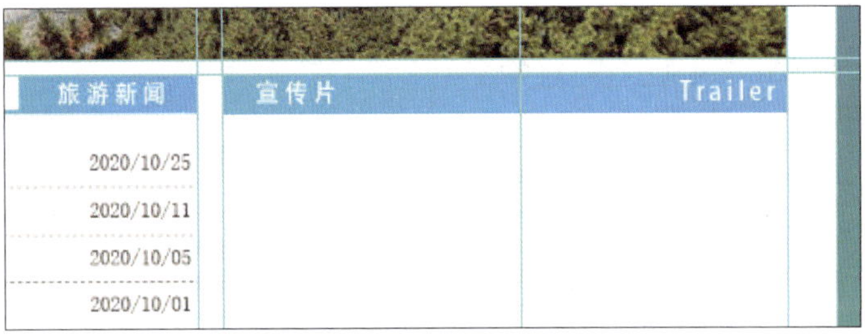

图 6-46 添加文字后效果

步骤 17 打开素材“宣传片 .jpg”，将其拖拽到“网站首页设计”文档中，调整位置大小，效果如图 6-47 所示。

图 6-47 宣传片栏目效果

步骤 18 整理图层，在“图层”面板中选择“宣传片”栏目中的所有图层，为其创建新组并重命名为“宣传片”。

步骤 19 制作“酒店民宿”栏目，复制“宣传片栏目”标签文字和背景，更改文字内容，并将文字和标签移动至合适位置，采用与制作“景区图片”相同办法，制作“酒店民宿”栏目图片，图片宽度为“215 像素”，高度为“180 像素”，效果如图 6-48 所示。

图 6-48　“酒店民宿”栏目效果

步骤 20 整理图层，在“图层”面板中选择“酒店民宿”栏目中的所有图层，为其创建新组并重命名为“酒店民宿”。

5. 制作网站底部栏目

步骤 1 新建图层并重命名为“网站底部背景”，选择“矩形选框工具”绘制一个宽度为“1170 像素”、高度为“130 像素”的矩形选区，选择工具箱中的“渐变工具”，将渐变颜色设置为“0% 位置为 #00b4ff，100% 位置为 #aadc55”，从左上角至右下角拖拽鼠标，填充渐变色，如图 6-49 所示。

图 6-49　网站底部背景

步骤 2 使用工具箱中的“横排文字工具”，输入相关文字并对齐，效果如图 6-50 所示，整理图层，为网站底部所有图层创建新组，并重命名为“底部”。

图 6-50　网站底部文字

步骤 3 将文件存储为 PSD 格式，并导出 PNG 格式。

【任务总结】

通过本任务使读者掌握网站首页设计的基本知识，了解网页基本布局，再次熟悉了矩形工具、直线工具、渐变工具、横排文字工具等的使用方法。

任务2 网站列表页设计

【任务描述】

本任务帮助读者掌握网站列表页设计方法，利用矩形工具、直线工具、渐变工具等绘制图形，使用横排文字工具添加文字，使用剪贴蒙版制作图片效果，最终完成网站列表页设计。

【任务要求】

完成如图 6-51 所示的效果。

图 6-51　最终效果

【知识链接】

1. 剪贴蒙版

剪贴蒙版是通过使用处于下方图层的形状来限制上方图层的显示状态，达到一种剪贴画的效果。使用剪贴蒙版制作网站缩略图，方便后期调整更换图片。

2. 列表页作用

列表页是网站首页与详情页之间的过渡页，方便用户根据分类查找信息，但因列表页显示条数有限，可以在列表页添加 more 按钮，或者页码。

任务 2 网站列表页设计

【任务实施】

1. 打开文档

步骤 启动 Photoshop CC 2018，执行“文件”/“打开”命令（组合键 Ctrl+N），打开“网站列表页设计 .psd”文档，如图 6-52 所示。

图 6-52 打开素材文档

2. 制作旅游新闻栏目列表

步骤 1 单击“图层”面板的“创建新图层”按钮，创建新图层，并重命名为“背景标签”，使用工具箱中的“钢笔工具”，在顶部属性栏中设置工具模式为“路径”，绘制一个路径，之后转换为选区，选择工具箱中的“渐变工具”，在顶部属性栏将渐变颜色设置为“0% 位置 #00b4ff，100% 位置 #aadc55”，单击“确定”完成颜色设置。之后在选区中单击并拖动鼠标，绘制标签渐变背景，并调整标签背景位置，效果如图 6-53 所示。

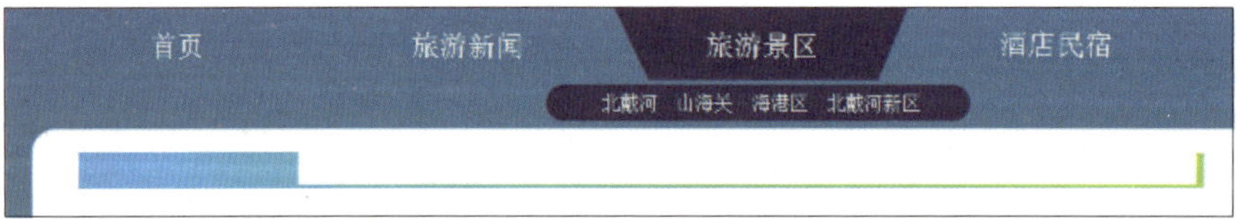

图 6-53 标签渐变背景

步骤 2 使用“横排文字工具”（字体：黑体；字号：14 点；颜色：白色），输入文字“秦皇岛旅游新闻”。使用“横排文字工具”（字体：黑体；字号：12 点；颜色：#00b4ff）输入文字 more，效果如图 6-54 所示。

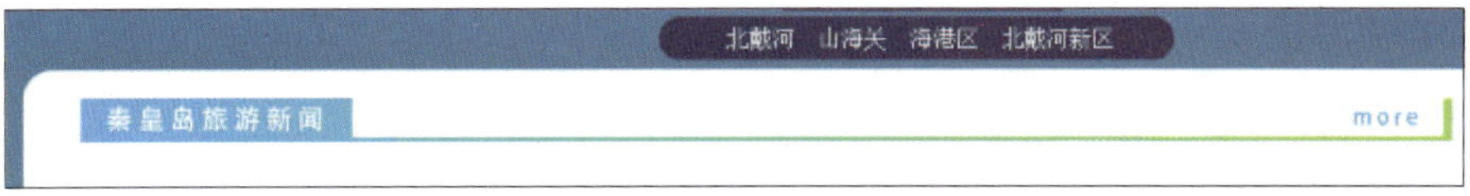

图 6-54　添加文字后效果

步骤 3　打开“秦皇岛旅游新闻缩略图 .jpg”，并将其拖拽至“网站列表页设计 .psd”文档中，设置缩略图宽度为“200 像素”、高度为“210 像素”，调整其位置，并添加图层样式“描边”效果，描边参数设置参照任务 1 中的图 6-31。最终效果如图 6-55 所示。

图 6-55　添加缩略图效果

步骤 4　使用“横排文字工具” T（字体：宋体；字号：12 点；颜色：黑色），输入文字并对齐，效果如图 6-56 所示。

图 6-56　添加文字后的效果

步骤 5　添加分隔线，使用工具箱中的“直线工具”，在顶部属性栏中设置参数，如图 6-57 所示，在画布中拖动鼠标绘制分隔线，复制多份后调整位置并对齐。效果如图 6-58 所示。

图 6-57　“直线工具”属性参数设置

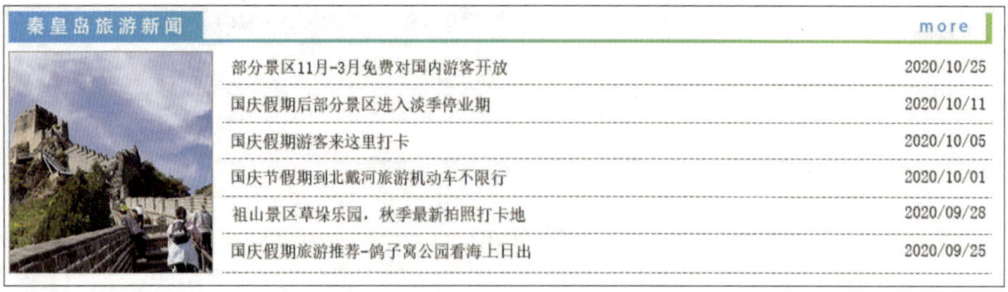

图 6-58　添加分隔线后效果

步骤 6　整理图层，选择秦皇岛旅游新闻栏目列表所有图层，为其创建新组并重命名为“秦皇岛旅游新闻”，如图 6-59 所示。

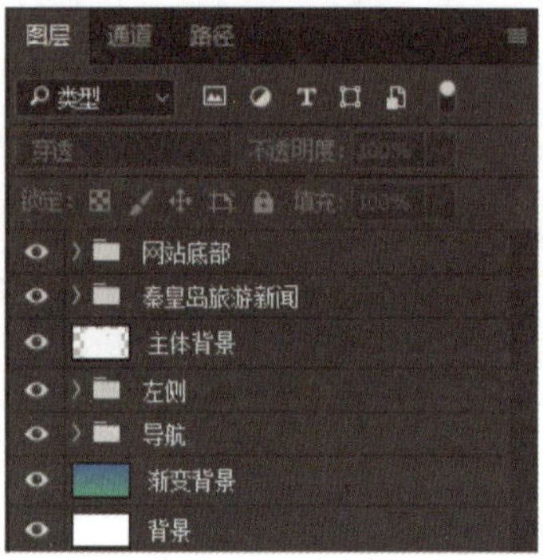

图 6-59　整理图层

步骤 7　使用同样方法，制作“河北旅游新闻”栏目列表和“国内旅游新闻”栏目列表。效果如图 6-60 所示。

图 6-60　完成后的效果

3. 制作“旅游景区”侧边栏

步骤 1 新建图层并重命名为“标签背景”，使用“矩形选框工具”，在顶部属性栏设置样式为“固定大小”，宽度为“165 像素”，高度为“30 像素”，如图 6-61 所示，在画布中单击鼠标绘制一个矩形选区，并填充颜色 #00b4ff。

图 6-61 “矩形选框工具”属性参数设置

步骤 2 使用“横排文字工具” T（字体：黑体；字号：14 点；颜色：白色），输入文字“旅游景区”并调整位置，效果如图 6-62 所示。

图 6-62 输入文字后效果

步骤 3 制作“旅游景区”栏目缩略图，方法和步骤与任务 1 中旅游新闻缩略图制作方法相同，不再赘述。最终“图层”面板如图 6-63 所示，效果如图 6-64 所示。

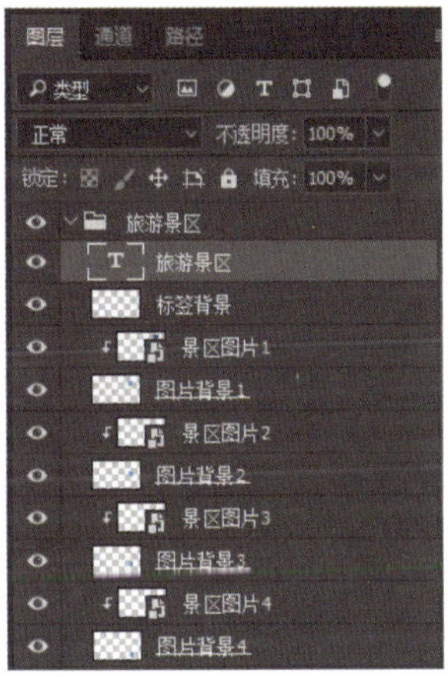

图 6-63 “图层”面板

图 6-64 “旅游景区”栏目效果

4. 整理图层并保存输出

步骤 1 整理图层，如图 6-65 所示。

步骤 2 将文件存储为 PSD 格式，并导出 PNG 格式。

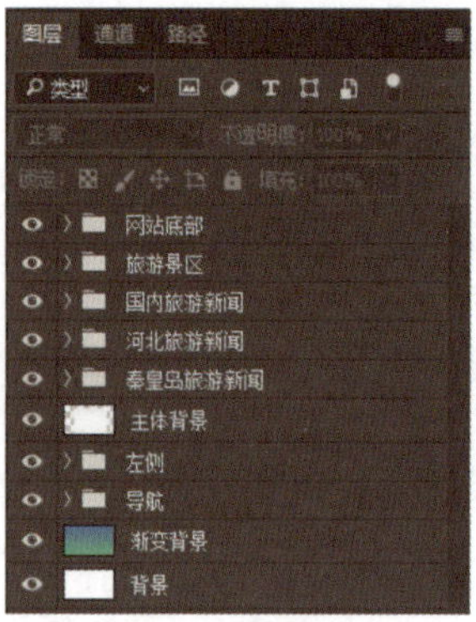

图 6-65　整理图层

【任务总结】

通过本任务使读者掌握网站列表页的设计方法，列表页是首页与详情页中间的过渡页，对网站浏览体验至关重要。

任务3 网站详情页设计

【任务描述】

本任务帮助读者掌握网站详情页设计方法，利用矩形选框工具、渐变工具、直线工具、钢笔工具等绘制图形，利用"横排文字工具"输入文本内容，通过添加参考线规范元素的位置，最终完成网站详情页设计。

【任务要求】

最终效果如图 6-66 所示。

图 6-66　最终效果

【知识链接】

1. 网页文本规范

网页一般正文字体采用宋体 12 号，适合大部分浏览器浏览，关键文字可以使用 14 号或者 16 号黑体字。

2. 详情页设计原则

网站详情页也称为内容页，设计原则是简洁大方、突出标题和主要元素。详情页内容过多时，可能会纵向拉伸页面，在设计效果图时要充分考虑拉伸后效果，或设计上下浏览滑块。

【任务实施】

任务 3 网站详情页设计

1. 打开文档

步骤 启动 Photoshop CC 2018，执行“文件”/“打开”命令，打开“网站详情页设计 .psd”文档，如图 6-67 所示。

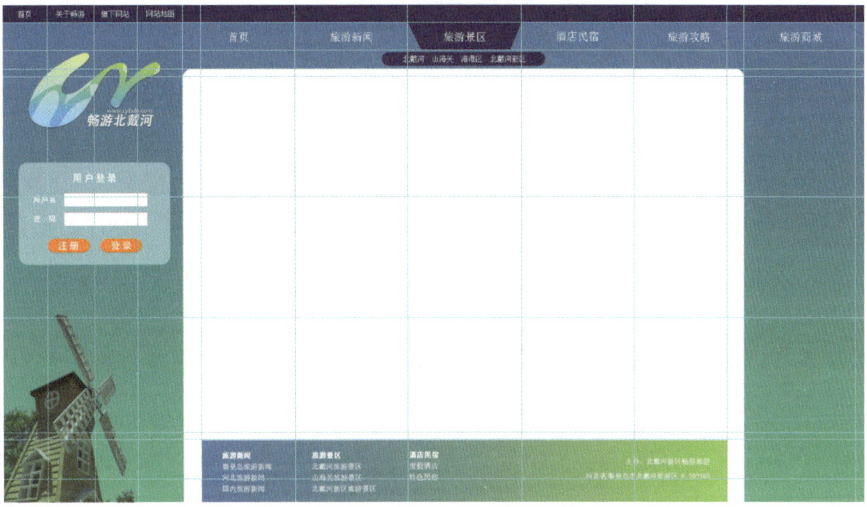

图 6-67 打开文档

2. 制作“新闻栏目”详情页内容

步骤 1 新建图层并重命名为“标签背景”，选择工具箱中的“矩形选框工具”，在顶部属性栏中设置样式为“固定大小”，宽度为“960 像素”，高度为“40 像素”，如图 6-68 所示，之后在画布中单击创建一个选区，选择工具栏中的“渐变工具”，在顶部属性栏编辑渐变颜色，设置为“0% 位置 #00b4ff，100% 位置 #aadc55”，单击“确定”按钮完成颜色设置。然后在选区中单击并拖动鼠标，绘制标签渐变背景，并调整标签背景位置，效果如图 6-69 所示。

图 6-68 “矩形选框工具”属性参数设置

图 6-69 标签背景效果

步骤 2 为“标签背景”图层添加图层样式“描边”，描边颜色为 #cdcdcd，其余参数设置如图 6-70 所示。

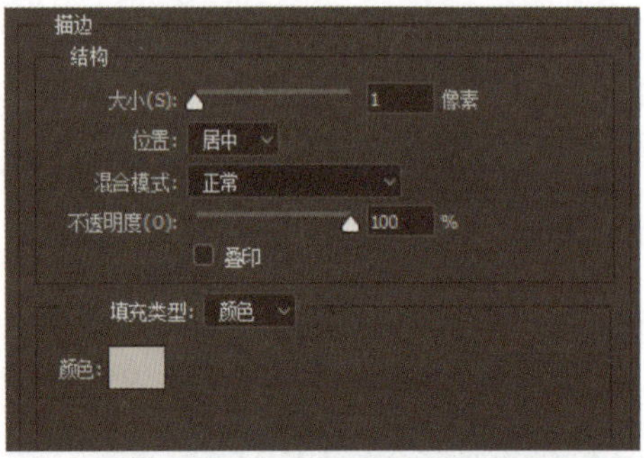

图 6-70 “描边”参数设置

步骤 3 制作边框，使用“矩形选框工具”，在顶部属性栏中设置样式为“固定大小”，宽度为“960 像素”，高度为“734 像素”，如图 6-71 所示，在画布中单击创建一个选区，之后右击在弹出的菜单选择“描边”，设置描边颜色为 #cdcdcd，其余参数设置如图 6-72 所示，单击“确定”按钮，调整边框位置，效果如图 6-73 所示。

图 6-71 “矩形选框工具”属性栏

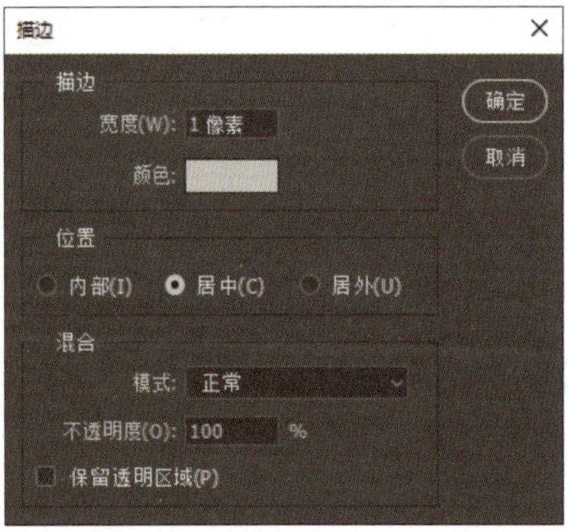

图 6-72 “描边”参数设置

图 6-73 标签背景效果

步骤 4 使用“横排文字工具”（字体：宋体；字号：12 点；颜色：白色）输入文字，效果如图 6-74 所示。

图 6-74 输入文字后效果

步骤 5 输入新闻标题，打开“字符”面板，使用“横排文字工具”（字体：黑体；字号：18 点；颜色：黑色）输入文字，效果如图 6-75 所示。

图 6-75 输入新闻标题后效果

步骤 6 制作分隔线，在工具箱中选择“直线工具”，在顶部属性栏设置工具模式为“形状”，填充为“无”，描边颜色为 #cdcdcd，描边宽度为“2 像素”，形状宽度为“940 像素”，高度为“1 像素”，如图 6-76 所示。在画布中拖动鼠标绘制两条分隔线，效果如图 6-77 所示。

图 6-76 “直线工具”属性参数设置

图 6-77 分隔线效果

步骤 7 使用“横排文字工具”T（字体：宋体；字号：10 点；颜色：#999999）输入文字，效果如图 6-78 所示。

图 6-78　输入文字后的效果

步骤 8 使用“横排文字工具”T（字体：宋体；字号：12 点；颜色：#333333）输入文字，并将素材图片“鸽子窝公园.jpg”和“联峰山公园.jpg”置入文档，调整大小和位置，效果如图 6-79 所示。

图 6-79　输入文字和加入图片后的效果

步骤 9 整理图层，在“图层”面板选择新闻详情页的所有图层，为其创建新组并重命名为“新闻详情页”，如图 6-80 所示。

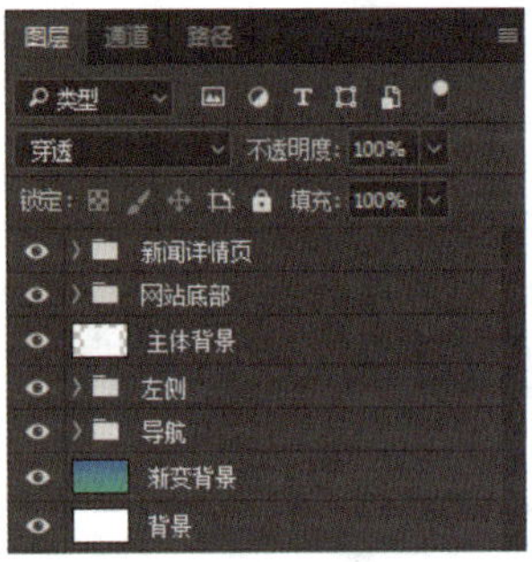

图 6-80　整理图层

步骤 10　右侧旅游景区栏目制作方法与列表页相同，不再赘述。

3. 保存输出

步骤　　执行“文件”/“保存”命令将文件存储为 PSD 格式，并导出 PNG 格式。

【任务总结】

通过本任务使读者掌握了网站详情页制作方法和网页文本设计规范，学会排版设计，使详情页整体美观。

春节版网站首页设计

项目拓展

（1）请完成春节版网站首页设计，如图 6-81 所示。

图 6-81　春节版网站首页设计效果

在“图层”面板选中需要调色的图层，执行“图像”/“调整”/“色相”/“饱和度”命令，调整颜色，最终效果如图 6-81 所示。

旅游网站景区宣传页设计

（2）请完成旅游网站景区宣传页设计，效果如图 6-82 所示。

1）将列表页的中部文字和图片信息删除，得到空白网页效果。

2）将素材图片拖入 PSD 文档中，调整位置大小。

3）输入文字，并调整文字位置大小。

旅游景区详情页设计

（3）请完成旅游景区详情页设计，效果如图 6-83 所示。

1）将网站详情页中文章正文内容删除。

2）更改标签和标题文字内容。

3）导入图片素材并调整位置大小，再输入文字。

图 6-82　旅游网站景区宣传页效果

图 6-83　旅游景区详情页效果

项目 7

电商美工

项目导读

电商美工顾名思义是电商平台的美化工作，需要对网店页面进行优化与美化设计，要求工作者必须熟悉图形创作软件，有较好的设计美学基础以及较强的创意设计能力。电商企业难招到优秀的美工，是因为综合素质高的美工太少。他们需要能满足市场需求，能了解消费者心理，能抓住消费者眼球的接地气的高级美工。通过学习本项目内容，我们将学会网店首页设计、主图设计、详情页设计等内容。

岗位技能

本项目对接中高职相关设计专业人才培养目标岗位，如数字影像后期、数字艺术制作、数字文化创意等相关行业，此类岗位需要具有良好的职业道德、爱岗敬业精神，有责任意识和创新意识，掌握相应的专业理论知识，具有较强的适应岗位的动手能力，能进行创意、设计、制作多层次的高素质、高技能专门人才，主要面向动漫公司、影视公司、游戏公司、电视台、数字多媒体行业公司、广告设计公司、传媒公司、文化传播公司、出版社等企事业单位。电商美工从业人员都应该掌握电商美学知识，拥有产品图片处理能力及设计制作经验技巧等方面的应用能力和职业素养。

教学目标

- 了解首页、主图、详情页设计规范和制作流程。
- 掌握首页、主图、详情页设计制作的常用技法。

课前学习微课

（1）扫一扫二维码，观看相关视频。

电商美工职业素养

（2）完成以下工作：

在淘宝网上搜索一个最喜欢的店铺，分析它的首页、主图、详情页的设计规范及设计特点。

任务1 首页设计

【任务描述】

本任务为“小农民特产店”设计并制作店铺首页，从首页规范尺寸入手，依次设计制作店招、导航、首屏海报、优惠券、爆款、热卖以及页底区块部分。制作中掌握区块划分方法，内容展示区域大小界定方式，利用智能对象制作复杂海报的优势，巧用图层样式制作各种特效的技巧等。最终完成常规首页设计全部内容。

【任务要求】

完成“小农民特产店”店铺首页的设计与制作，效果如图 7-1 所示。

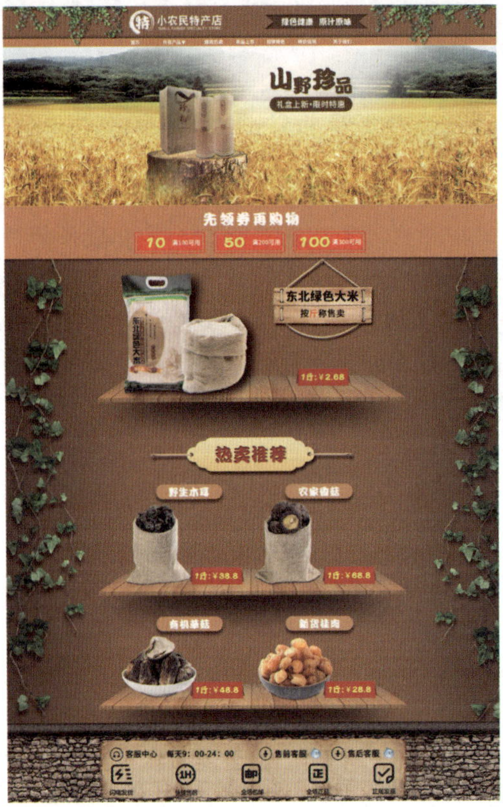

图 7-1　最终效果

【知识链接】

1. 店铺首页构成元素

店铺首页构成元素

（1）店铺页头区包括店招和导航。

（2）活动促销区包括全屏海报（全屏轮播）和优惠券。

（3）店铺产品区包括新品上市、爆款展示、热卖推荐、产品分类等。

（4）店铺页尾区包括客服中心、购物保障、发货须知等。

2. 店铺首页尺寸

（1）页头尺寸：全屏 1920 像素 ×150 像素，其中店招内容区，淘宝店是 950 像素 ×120 像素，天猫店是 990 像素 ×120 像素；导航内容区，淘宝店是 950 像素 ×30 像素，天猫店是 990 像素 ×30 像素。

店铺首页尺寸

（2）全屏海报尺寸：1920 像素 ×600 像素。

（3）优惠券尺寸：高度 200 像素。

（4）产品内容显示区域尺寸：宽度一般定为 1200 像素，高度随意。

3. 图层样式

图层样式是为当前图层图像区域内外添加的特殊效果，不仅可以丰富图层图像效果，也可以突出图层图像的主体。可以利用图层样式做出厚度感、层次感、品质感、凹凸感及添加各种纹理效果。

任务 1 首页设计

【任务实施】

1. 首页尺寸规范

步骤 1 启动 Photoshop CC 2018，执行“文件”/“新建”命令，设置宽度为 1920 像素，高度为 3000 像素，分辨率为 72 像素 / 英寸，背景为白色，单击“创建”按钮完成操作。保存文件，命名为“首页设计 .psd”。

步骤 2 执行“编辑”/“首选项”/“单位与标尺”命令，将单位更改为“像素”，然后使用“视图”/“新建参考线”命令，分别在 120 像素、150 像素、750 像素位置创建三条水平参考线，以及在 485 像素、1435 像素位置创建两条垂直参考线，确定店招、导航栏、海报的高度及店招内容宽度。

2. 店招及导航设计

步骤 1 使用“矩形工具”绘制一个宽度为 1920 像素、高度为 150 像素的矩形，移动对齐到“店招导航”区域，复制一层，变换大小，将其大小调整到导航栏区域，并分别填充（R62，G101，B57）和（R215，G132，B73）亮度不一的土黄色，如图 7-2 所示。

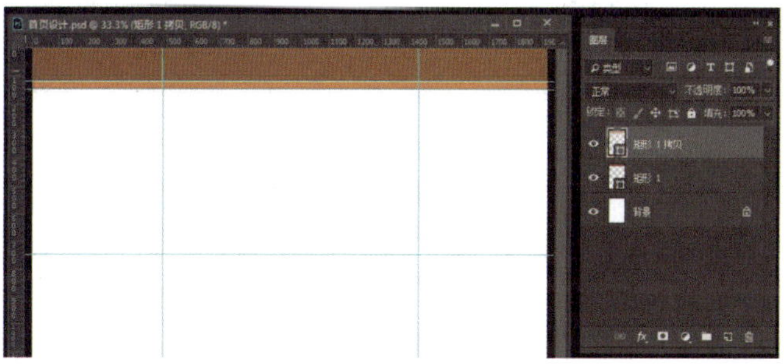

图 7-2　店招导航区域创建形状图层

步骤 2 打开“木板 .jpg”素材文件，执行“滤镜”/“其他”/“高反差保留”命令，半径参数设置为 2 像素，然后将其定义成图案。在店招形状图层的上层新建一个图层，填充定义的图案，将其设置为“剪贴蒙版”图层，再设置为“线性光”的混合模式。用同样的方式给“导航形状”图层添加木纹纹理效果，最后将两个纹理图层统一调整至合适的透明度，如图 7-3 所示。

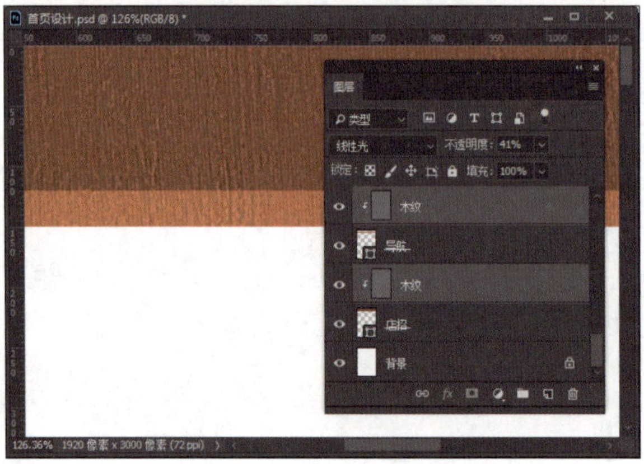

图 7-3　添加木纹纹理效果

步骤 3 隐藏参考线，在“导航形状”图层的下面新建一个图层，用黑色画笔按住 Shift 键从左至右绘制一条水平直线，用“高斯模糊”滤镜适当模糊，并降低透明度，得到两块木板之间的投影效果。用“内阴影”和“投影”两种图层样式做出导航栏木板的厚度效果，图层样式参数设置如图 7-4 和图 7-5 所示，制作完成后导航栏局部效果如图 7-6 所示。

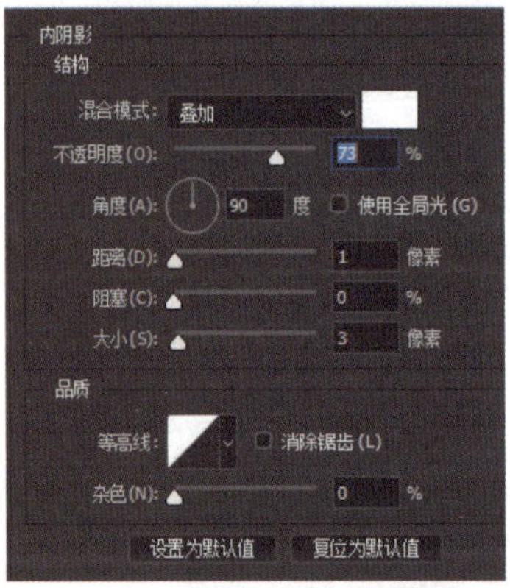

图 7-4　“内阴影”参数设置

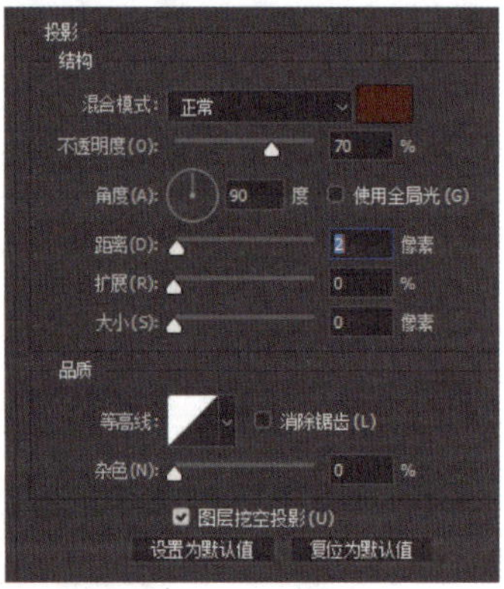

图 7-5　“投影”参数设置

图 7-6　导航栏局部效果

步骤 4 置入“标志 .png”素材文件，调整大小后放置在店招内容区左侧，执行“图像”/“调整”/“反相”，将其反相为白色，用“文字工具”输入中英文店铺名称，效果如图 7-7 所示。

图 7-7 店铺名称

步骤 5 用“矩形工具”绘制一个与中英文店铺名称等高的长矩形，用“路径工具”在左右两边线的中点各加一个角点，并往内推进相同的距离，将图层内部填充的不透明度设为 0%，图层样式使用“颜色叠加”，设置黑色正片叠底方式的半透明颜色叠加效果，得到如图 7-8 所示的口号背景框。

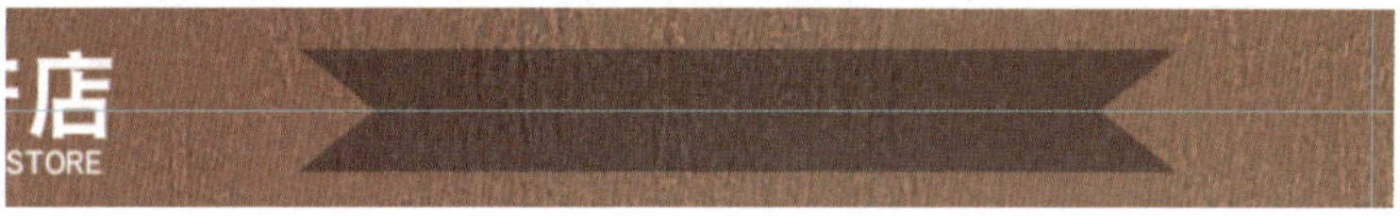

图 7-8 口号背景框

步骤 6 继续给当前形状图层添加图层样式。“内阴影”样式的参数设置如图 7-9 所示，产生一个内凹效果；“内发光”样式的参数设置如图 7-10 所示，产生一个厚度效果，口号背景最终效果如图 7-11 所示。

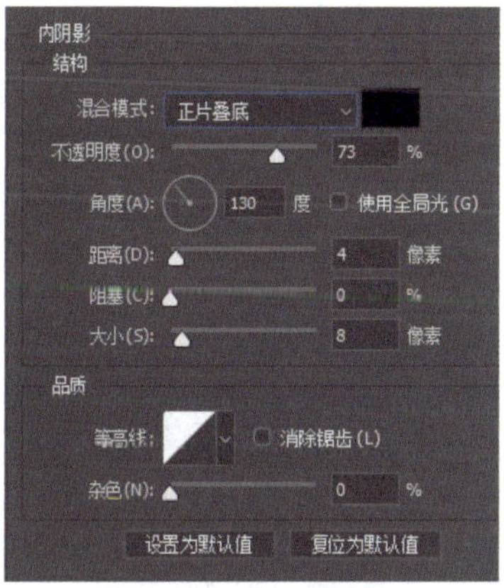

图 7-9 “内阴影”样式

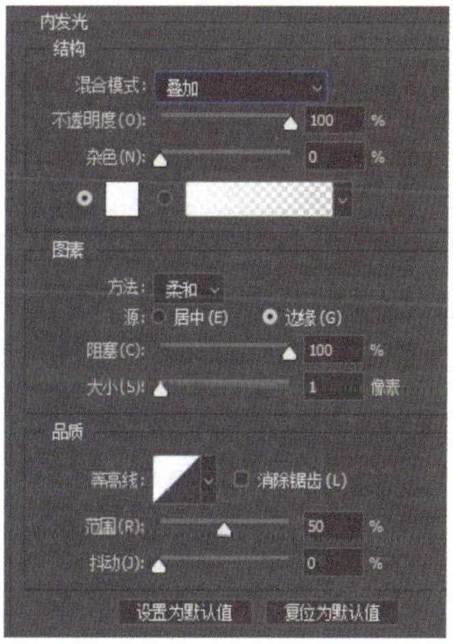

图 7-10 “内发光”样式

图 7-11 口号背景完成效果

步骤 7 用“文字工具”输入“绿色健康 原汁原味”，设置为“华康勘亭流”字体，调整大小和位置，如图 7-12 所示。

图 7-12　口号区最终效果

步骤 8 继续用“文字工具”输入导航栏文字内容，设置为“思源黑体”，大小为 18 点，样式为 Bold，调整好它们的间距，最后用“多边形工具”绘制一个倒三角形，放置在文字“所有产品”右侧，最终的店招导航区域效果如图 7-13 所示。

图 7-13　店招导航区域效果

步骤 9 置入素材“绿藤 .png”，调整大小及位置，放置于店招左右两侧用于装饰，加入图层蒙版做相应部分的隐藏，最后添加投影，效果如图 7-14 所示。

图 7-14　绿藤装饰效果

步骤 10 将除背景以外的所有图层编组，并命名为“店招导航”。

3. 海报设计

步骤 1 使用“矩形工具”绘制宽度 1920 像素、高度 600 像素的矩形（填充任意颜色，无描边），移动到正确位置，并转为智能对象，如图 7-15 所示。

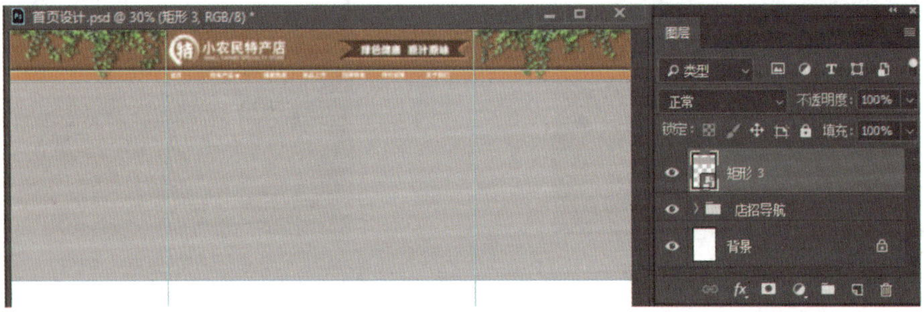

图 7-15　海报大小位置界定

步骤 2 在“图层”面板中双击“智能对象”的小标志，进入内部制作首页海报。隐藏参考线，分别置入“稻谷飘香 .jpg”“金色稻田 .jpg”素材文件。两份素材都各复制一份，水平翻转，用图层蒙版处理结合处，效果如图 7-16 所示。

图 7-16　稻田背景处理

步骤 3　将两幅稻田合并成普通图层，移动及缩放调整两个图层，在上层的“金色稻田”图层上添加图层蒙版，用黑色柔边画笔涂抹上部，露出下层的山脉图像，上方新建一个图层，用画笔在山顶处涂抹一点靛蓝色，并设置为“颜色”的图层混合模式，适当降低图层不透明度。合成效果如图 7-17 所示。

图 7-17　背景合成效果

步骤 4　显示参考线，置入素材“树桩 .png”，调整大小和位置，复制“金色稻田”图层，删除其图层蒙版并放置于“树桩”图层的上层，载入“树桩”图层选区，为复制的“金色稻田”图层添加图层蒙版，然后使用黑色柔边画笔在树桩区域上方不停单击，让树桩从稻田中逐渐显示出来。最后用“色相/饱和度”调整层对树桩进行调色，完成后效果如图 7-18 所示。

图 7-18　树桩效果

步骤 5 置入素材“山野珍品.png”，调整大小和位置，在下方新建一个图层，用黑色画笔绘制落地阴影，用“内阴影”图层样式制作包装盒上的高光区域，参数如图 7-19 所示。产品摆上树桩后的效果如图 7-20 所示。

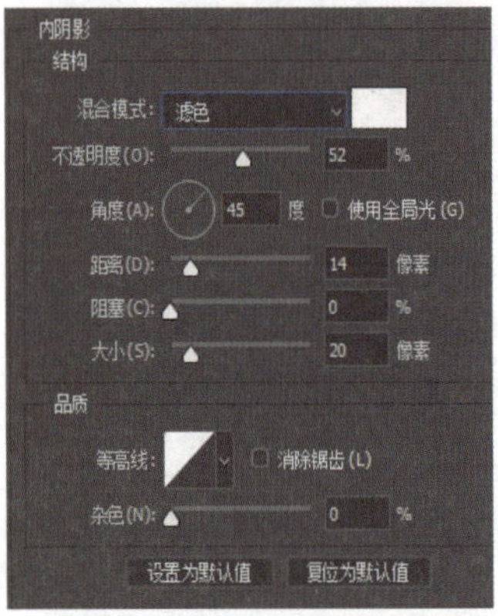

图 7-19 “内阴影”参数

图 7-20 效果图

步骤 6 在产品下方新建图层，用白色柔边画笔，调整画笔的不透明度，在山顶处多次单击，由光源中心往左右两边做由强至弱的打光效果，最后设置为“柔光”混合模式。上边继续创建新图层，设置混合模式为“正常”，继续用白色画笔在光源处加强光亮，效果如图 7-21 所示。

图 7-21 光亮效果

步骤 7 用“文字工具”输入“山野珍品”，使用“华康勘亭流”字体，调整四个字的大小与位置，再输入“礼盒上新·限时特惠”，使用“思源黑体”字体样式，在后方绘制一个圆角矩形，主标题和圆角矩形使用产品中提取的深棕色，效果如图 7-22 所示。

图 7-22 标题文字

步骤 8 置入素材“光效一.jpg”，调整大小及位置角度，与背景光源中心一致，设置为“滤色”混合模式，用同样的方法添加素材“光效二.jpg”，对过渡不自然或过于强烈的地方可添加图层蒙版适度隐藏，效果如图 7-23 所示。

图 7-23 光效制作

步骤 9 存储文件，关闭智能对象窗口，复制“导航栏木板”图层，排列到智能对象上层并移动到海报区域下方，将智能对象图层命名为“海报”，效果如图 7-24 所示。

图 7-24 海报完成效果

4. “优惠券”区块设计

步骤 1 新建一条 950 像素位置的水平参考线，将海报底部木板下边沿调整到新增参考线位置，将海报底部木板高度调整为 200 像素，如图 7-25 所示。

步骤 2 用“圆角矩形工具”绘制一个半径为 10 像素、无填充、描边为 5 像素粗细的红色实线的圆角矩形，复制一份，向内缩小，在属性面板上修改为无圆角且填充同样红色的矩形，注意与外边框等距。用“文字工具”输入“10”及“满 100 元可用”，分别设置为“华康勘亭流”和“思源黑体”字体，调整大小与位置，将这四个图层编组，水平移动复制两份到右侧并修改相应的文字信息，将三个组分布均等。最后用“文字工具”在三张优惠券上方输入“先领券再购物”，调整大小与字间距，最终效果如图 7-26 所示。

图 7-25 优惠券区域

图 7-26 “优惠券”区块

步骤 3 将图层编组，并命名为“优惠券”。

5. “爆款展示”区块设计

步骤 1 复制“店招”及其上方的“木板”图层，排列至“优惠券”图层组的下方，并移动和调整“店招”图层大小与余下区域大小一致。

步骤 2 上方新建一个图层，按住 Shift 键用黑色柔边画笔从左至右在木板下边沿绘制一条水平直线，用“高斯模糊”滤镜模糊边缘，设置为“正片叠底”的混合模式，适当降低不透明度，制作两层木板的层次效果。

步骤 3 用“矩形工具”绘制一个宽度为 1200 像素的矩形，按 Ctrl+A 组合键，用“移动工具”的“水平居中对齐”属性按钮进行居中对齐，然后在矩形左右两侧各添加一条参考线，界定余下设计内容区域大小。最后删除全选选区及矩形形状图层。未删除矩形前效果如图 7-27 所示。

图 7-27 未删除矩形前效果

步骤 4 置入素材“托板 .png”，调整托板宽度与 1200 像素左右参考线一致，载入选区，拉一条水平参考线到托板厚度上边沿处，用“矩形选框工具”减去载入的选区中厚度区域，删格化“托板”图层使用透视变换调整托板透视大小，效果如图 7-28 所示。

图 7-28 托板大小与透视角度

步骤 5 不要取消选区，在上方新建一个图层，用“渐变工具”填充上黑下白的线性渐变，更改为“正片叠底”的混合模式，适当调整不透明度，模拟从前向后的打光效果。用“椭圆工具”绘制一个略小于托板宽度的黑色椭圆，栅格化图层，用“高斯模糊”滤镜做较大程度的模糊效果，将图层排列到托板下层，用“橡皮擦工具”擦除多余部分，制作托板底部阴影效果。最后将三个图层编组，并命名为“托板”。如图 7-29 所示。

图 7-29 托板光影效果

步骤 6 置入素材“绿色大米 .png”和“大米 .png”，调整它们的大小和位置。用制作海报时的方法，制作大米的光影效果。

步骤 7 置入素材“挂板 .png”，调整大小和位置，用“文字工具”输入“东北绿色大米”“按斤称售卖”，使用“思源黑体”字体，调整合适大小，颜色为暗褐色，将“斤”字修改为红色。最后添加投影效果。

步骤 8 用“矩形工具”绘制一个红色矩形，复制一份，将下层矩形调整为暗红色，对称拉大其宽度，并用“直接选择工具”调整左右上角节点与上层重叠，也用相同方法调整上层左右下角的节点，制作桌面名牌效果，最后用“文字工具”输入“1 斤：¥2.68”，用“华康勘亭流”字体，调整至合适大小，颜色为黄色。如图 7-30 所示。

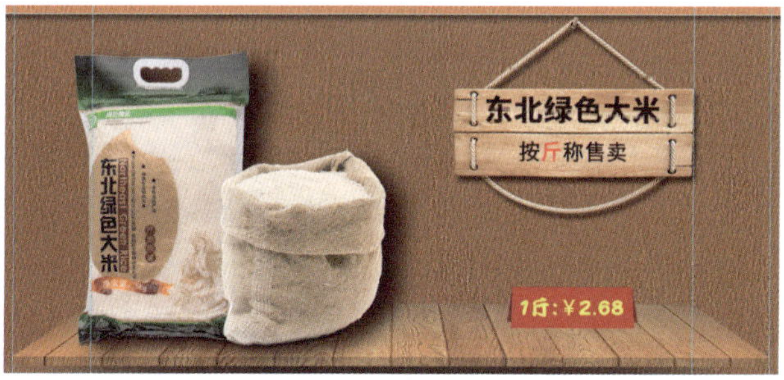

图 7-30 “爆款展示”区块效果

步骤 9 将最下方的背景木板图层编组命名为“背景木板”，余下的图层编组，并命名为“爆款展示”。

6. “热卖推荐”区块设计

步骤 1 用“圆角矩形工具”绘制三个大小不一的圆角量为 30 像素的圆角矩形，将它们对齐且合并形状为一个形状图层，设置填充为淡黄色，应用“渐变叠加”的图层样式，参数如图 7-31 所示。

步骤 2 用“文字工具”输入“热卖推荐”，用红色“华康勘亭流”字体，放置在上一步制作的挂板上，并居中对齐，给文字设置“内阴影”的图层样式，使其产生凹陷的效果，如图 7-32 所示。

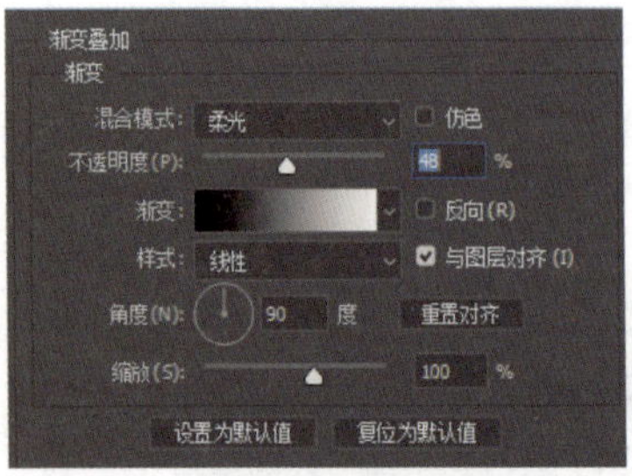

图 7-31 “渐变叠加”图层样式

图 7-32 自制挂板

步骤 3 用“多边形套索工具”选取上个区块的挂板左侧挂绳，复制排列到“热卖推荐”文字图层的上层，调整绳子的角度到水平，删除多余部分。在绳子左端与挂板交接处绘制一个暗褐色正圆，排列到绳子下层，添加内阴影，制作小圆孔。将两个图层一起选择，用“移动工具”移动复制一份，水平翻转。将图层编组，命名为“挂牌”，并为图层组添加投影。最终效果如图 7-33 所示。

图 7-33 挂牌效果

步骤 4 复制“爆款展示”中的“托板”图层组，排列到当前区块图层的最上层，置入素材“木耳 .png”和“香菇 .png”，调整大小与位置，放置于托板之上，用“仿制图章工具”及“橡皮擦工具”修复麻袋周围的白边及不平滑问题。下方新建图层分别制作两种商品的接触投影。用“圆角矩形工具”及“文字工具”制作产品名称标牌。复制“爆款展示”图层组的“桌牌”图层，修改价格，做好两种产品的价格牌。最后将所有图层编组，命名为“热卖一”。最终效果如图 7-34 所示。

步骤 5 复制“热卖一”图层组，垂直向下移动到合适位置，删除产品图层。置入素材“草菇 .png”和“桂肉 .png”，调整大小与位置，放置于托板之上。用“文字工具”修改产品名称及价格。将标牌向下移动到合适位置。将所有相关图层编组，命名为“热卖二”。最终效果如图 7-35 所示。

图 7-34 热卖推荐产品一

图 7-35 热卖推荐产品二

7. 页底区块设计

步骤 1 置入素材“岩石 .jpg”，将其缩小后栅格化图层，再转为智能对象，双击“智能对象”图标进入新窗口中定义图案。最后删除岩石图层。

步骤 2 用“矩形工具”绘制一个与文件等宽的狭长的矩形，载入选区，新建图层，填充上一步定义的岩石图案，取消选区，将两个图层合并，上方继续新建图层，用“画笔工具”在岩石上下方各绘制一条黑色水平线条，创建剪贴蒙版，用“高斯模糊”滤镜处理并降低图层透明度，做出厚度感。效果如图 7-36 所示。

图 7-36 石块装饰条

步骤 3 置入素材“石墙 .jpg”，调整大小并放置于页面左下角，使用“移动工具”将其移动复制，并用图层蒙版处理使拼接效果自然，并用“色阶”和“色相 / 饱和度”调整图层，将石墙亮度和饱和度调低。将“岩石”图层放置到最顶层，在其下方新建一个图层，用“画笔工具”绘制一条黑色直线，用“高斯模糊”滤镜和图层不透明度结合做出石条与石墙交接处的投影效果。效果如图 7-37 所示。

图 7-37 石墙效果

步骤 4 新建图层，用“矩形选框工具”框选石条及石墙区域，用“吸管工具”吸取背景木板的颜色填充，修改为“颜色”混合模式，适当调整不透明度，让色调协调一致。效果如图 7-38 所示。

图 7-38 调色效果

步骤 5 置入素材“纸张.jpg”，调整大小及角度，放置于石墙中的 1200 像素内部区域，用“移动工具”将其移动复制，并用图层蒙版处理使拼接效果自然，如图 7-39 所示。

图 7-39 旧纸张效果

步骤 6 打开素材“图标一.png”，用“矩形选框工具”依次框选两个图标并复制到首页设计文件中，将其创建为智能对象，调整大小及位置。用“文字工具”输入文字内容。用同样的方法处理“图标二”素材。置入素材“旺旺.png”，放置到正确位置。将本区块的所有图层编组，命名为“页底”。最终效果如图 7-40 所示。

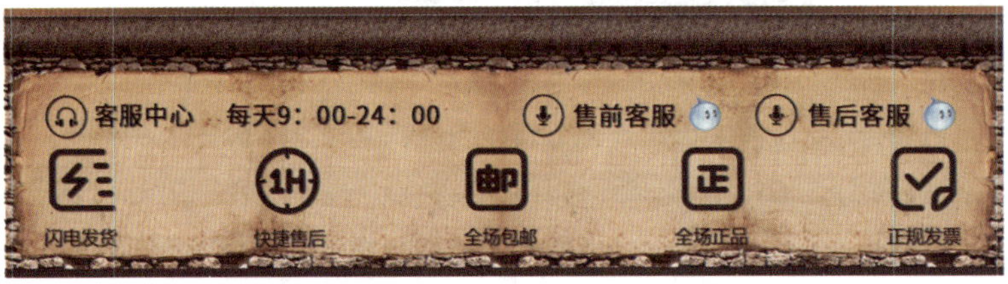

图 7-40 页底内容区域

8. 装饰调整

步骤 1 进入“背景木板”图层组，在木板上方添加“剪贴蒙版”图层，用黑色画笔分别在页面左右两侧由上至下绘制一条粗线，修改为“正片叠底”混合模式，调整图层不透明度，做暗角处理。

步骤 2 置入素材“藤蔓.png”，调整大小及角度，左右两侧各放一份藤蔓。分别为它们添加“投影”图层样式。在两个“藤蔓”图层上层各添加一个“剪贴蒙版”

图层，用黑白线性渐变从左至右填充，设置为“正片叠底”混合模式，适当调整图层不透明度，做出藤蔓明暗过渡效果。装饰效果如图 7-41 所示。

图 7-41 装饰效果

【任务总结】

本任务完整展示了网店首页设计的制作流程。设计制作中使用到添加参考线、形状图层、剪贴蒙板、混合模式、图层样式、图层蒙版及色彩调整等主要的图像处理技术。首页设计制作的目的是吸引买家以提高转化率，首先要确定各区块内容的区域范围，重点设计首屏部分，包括店招导航、轮播海报及优惠券等区块内容。

任务2 主图设计

【任务描述】

本任务是为青花瓷碗套装产品设计制作主图。通过本任务的学习，了解主图的定义和作用，以及产品主图的制作规范；掌握产品照片的修图技巧，根据产品搭建合适场景的方法，以及文案的提炼排版的技巧与方法。最终完成既能提高点击率又能展示产品卖点的主图设计。

【任务要求】

完成电商主图设计，效果如图 7-42 所示。

图 7-42　电商主图设计效果

【知识链接】

主图的定义和作用

1. 主图的定义和作用

在购物网站搜索产品时出现的第一张图片，或者进入产品详情页左上角的第一张图片就是主图。主图是顾客的第一印象，因此非常重要。主图一要做得醒目、美观、能抓住眼球；二要突出卖点，展示促销信息，以激发买家的兴趣；三要促成点击，增加流量，提升转化率。

2. 主图的制作规范

主图的制作规范

（1）主图尺寸是正方形，最小尺寸 310 像素 ×310 像素，标准尺寸 800 像素 ×800 像素，标准尺寸用于放大镜功能。

（2）主图中的产品必须是实物拍摄图。

（3）主体突出，不“牛皮癣”。

（4）必须遵守行业标准。

（5）展示产品卖点与细节。

【任务实施】

任务 2 主图设计

1. 产品修图

步骤 1　启动 Photoshop CC 2018，新建一个 800 像素 ×800 像素，分辨率为 72 像素 / 英寸的文件，保存文件，命名为“主图设计 .psd”。

步骤 2　置入素材“青花瓷碗套装 .jpg”，栅格化图层，用“魔术橡皮擦工具”去除白色背景。在上方新建一个图层，设置为“柔光”混合模式，用白色柔边画笔在碗底及碗周较暗处小心涂抹提亮，可以配合“橡皮擦工具”去除无需提亮的地方。效果如图 7-43 所示。

图 7-43　提亮效果

步骤 3　新建一个图层，设置为“颜色”混合模式，用“吸管工具”吸取左边青花瓷碟中间的青色，用柔边画笔在右侧碗底涂抹上色。用同样的方法吸取左侧碟边的颜色给右侧碗边上色。使整体亮度及色调一致。将“上色”和“提亮”两图层都创建为“剪贴蒙版”图层，上色效果如图 7-44 所示。

图 7-44　上色效果

2. 场景搭建

步骤 1　置入素材“木地板.jpg”，用缩放和透视变换调整木地板大小、位置及透视角度。

步骤 2　用“矩形工具”绘制一个竖向的木条，填充为原木色，排列到木地板后层。复制一份，变换向右移动一定距离。按 Ctrl+Shift+Alt+T 组合键，再复制多根木条。将所有的木条图层选中，合并形状，木地板及装饰木条效果如图 7-45 所示。

图 7-45　木地板及装饰木条效果

步骤 3 置入素材“风景.jpg”“花枝.jpg”及“叶片.jpg”，调整它们的大小和位置，得到背景效果如图 7-46 所示。

图 7-46 背景效果

步骤 4 为“木条”图层添加“内阴影”及“投影”两种图层样式，制作木条厚度感。具体参数如图 7-47 和图 7-48 所示。

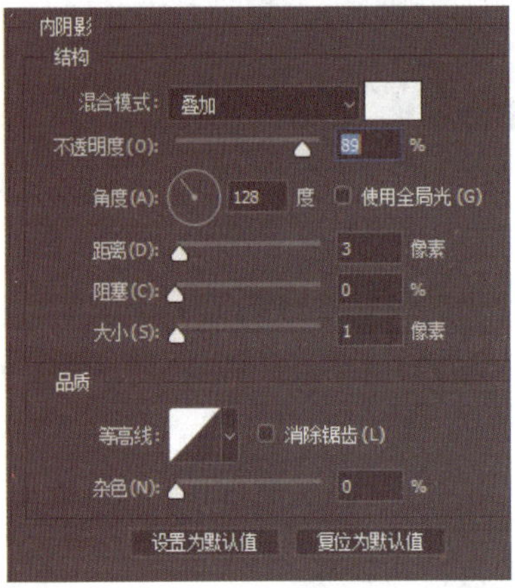

图 7-47 “内阴影”参数

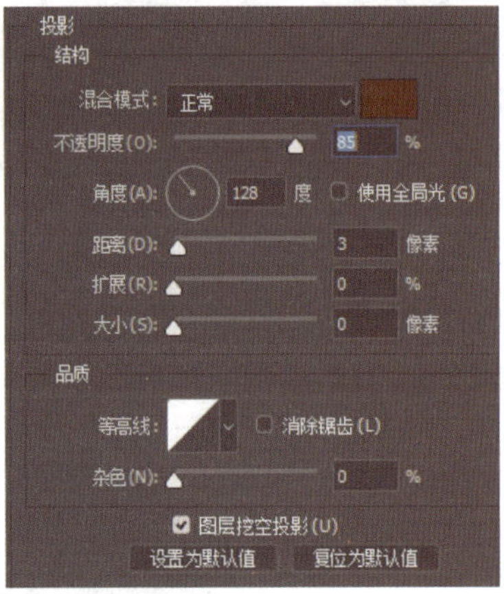

图 7-48 “投影”参数

步骤 5 在“木地板”图层上方新建图层，创建为剪贴蒙版，用“渐变工具”在木地板高度方向填充下黑上白的线性渐变，设置为柔光的混合模式，制作地板亮度变化效果。

步骤 6 在“木地板”图层上方再创建“剪贴蒙版”图层，用白色画笔在木地板下边沿处从左至右绘制一条细线，设置为“柔光”的混合模式，适当调整图层不透明度，木条地板光影效果及木地板反光边如图 7-49 所示。

图 7-49　木条地板光影效果及木地板反光边

3. 文案编辑

步骤 1　使用“矩形工具”在画布下方创建一个“形状”图层，再次置入素材“木地板.jpg”，排列到矩形上层，创建剪贴蒙版，继续在上方新建“剪贴蒙版”图层，用上黑下白的线性渐变填充，设置为“正片叠底”混合模式，再复制一层继续压暗下方木地板，可适当调整上层的不透明度。

步骤 2　用“文字工具”输入“安全无毒 隔热防烫”，使用“思源黑体”，青绿色文字。调整字体大小与粗细，如图 7-50 所示。

图 7-50　卖点文案

【任务总结】

本任务主要介绍青花瓷碗套产品的主图设计制作过程。设计制作中首先对产品的照片进行修图处理，然后依据产品摆放及透视角度搭建场景，最后是文案设计。主图决定了产品的点击率，点击率是产品是否具有潜力的重要指标。主图要按照平台规定的尺寸进行设计，主图页面要做到干净整洁、主体突出、风格统一、文案设计要精简明了。

任务3 详情页设计

【任务描述】

本任务为一款大容量双肩包产品设计制作详情页。详情页是对产品的描述，是激发顾客的消费欲望，帮助商家提高转化率的关键环节。本任务设计制作了首图、适用场景、效果海报、卖点图标、产品信息、颜色展示以及细节展示等常见的区块部分。详情页设计项目相对内容较多，要根据消费者分析、产品卖点及风格定位提炼准备设计素材及文案信息，确立产品用色、字体、排版及注意烘托产品特性的氛围。

【任务要求】

因详情页尺寸特殊，高度太高，特将完成效果分三段展示，如图 7-51 至图 7-53 所示。

图 7-51　详情效果一

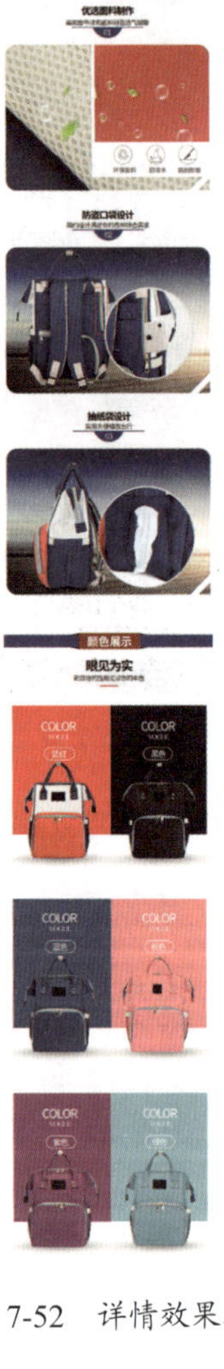

图 7-52　详情效果二

图 7-53　详情效果三

【知识链接】

详情页构成框架

1. 详情页的构成框架

（1）创意海报区：前三屏3秒原则，首图是视觉首焦，吸引买家继续往下浏览。

（2）产品卖点区：FAB法则排序，即Feature（特性）→Advantage（作用）→Benefit（好处）。

（3）产品信息区：产品尺寸、材质、重量、型号等信息。

（4）全方位展示区：产品主推颜色展示，服装类产品还要提供模特三围、身高等信息。

（5）细节展示区：细节图片要求清晰、有质感，还要附带文案介绍。

2. 详情页尺寸

（1）PC端淘宝店尺寸：750像素×任意像素。

（2）PC端天猫店尺寸：790像素×任意像素。

详情页尺寸　　任务3 详情页设计

【任务实施】

1. 首图区设计

步骤1　启动Photoshop CC 2018，执行“文件”/“新建”命令，设置宽度为790像素，高度先指定为15000像素，分辨率为72像素/英寸，单击“创建”按钮完成操作。存储为“详情页设计.psd文件”。

步骤2　用“矩形工具”在文件顶部绘制一个矩形形状图层，将其转换为智能对象，双击图层缩略图进入智能对象，用“路径调整工具”修改下方为弧状箭头造型，在其上层置入素材文件“雪山.jpg”，并设置为剪贴蒙版，调整大小和位置，如图7-54所示。保存并关闭智能对象窗口，将智能对象图层命名为“背景”。

步骤3　用“文字工具”在背景图上方输入主标题文字“包揽天下”，字体为“华康新综艺体”，设置为白色描边的图层样式。再输入“背上的不仅是背包还是品味”的副标题文字，字体为“思源黑体”。文字颜色均为暗蓝色（R15，G31，B65）。用“矩形工具”在副标题下方绘制一条红色（R210，G20，B48）的短实线，如图7-55所示。

图7-54　背景图效果

图7-55　首图文案

步骤4　置入素材“蓝红.png”，调整大小和位置，下方用黑色圆形柔边画笔变换制作阴影，得到首图区效果如图7-56所示。

2. 适用场景区设计

步骤 1 用“矩形工具”绘制一个填充为淡蓝色（R200，G222，B252）的与文件等宽的矩形，用于界定适用场景区块，用“文字工具”输入字体为思源黑体，颜色为暗蓝色（R15，G31，B65），大小及粗细不一的标题文案，如图 7-57 所示。

图 7-56 首图区效果

图 7-57 适用场景标题文案

步骤 2 用“多边形工具”绘制一个正六边形，将其转换为智能对象，双击进入，置入素材“上下学中 .jpg”，设置为“剪贴蒙版”图层，上方新建一个填充为深蓝色（R0，G15，B108），不透明度为 70% 的“剪贴蒙版”图层，用于调色和模糊化制作。绘制一条白色实线，下方输入思源黑体的白色文字“上下学中”，智能对象内部效果如图 7-58 所示。

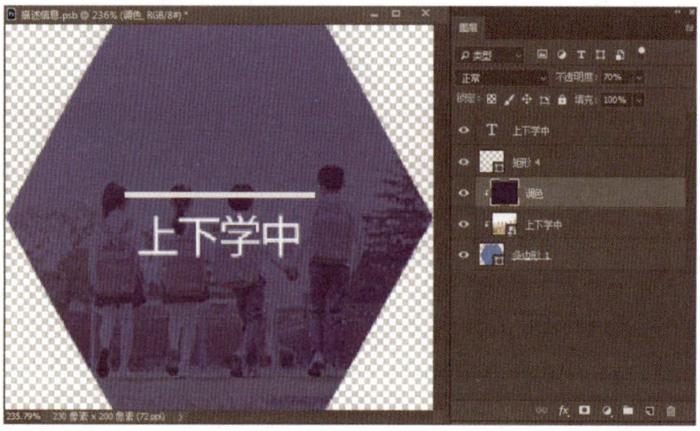

图 7-58 适用场景一

步骤 3 选择适用场景一的智能对象图层，执行“图层”/“智能对象”/“通过拷贝新建智能对象”命令，得到场景二的智能对象图层，双击进入修改文字及替换适用场景图片，用同样的方法制作适用场景三，最后将它们分布排列整齐，如图 7-59 所示。

3. 海报区设计

步骤 1 用“矩形工具”绘制与文件等宽的海报背景区域，转换为智能对象，双击进入，置入素材“地面 .jpg”，调整大小和位置，用“高斯模糊”滤镜将地面上方的夜景区域模糊处理。新建一个图层，填充青蓝色，使用“添加杂色”滤镜添加杂色，设置为“柔光”混合模式且 5% 不透明度的方式为背景添加噪点。海报背景效果如图 7-60 所示。

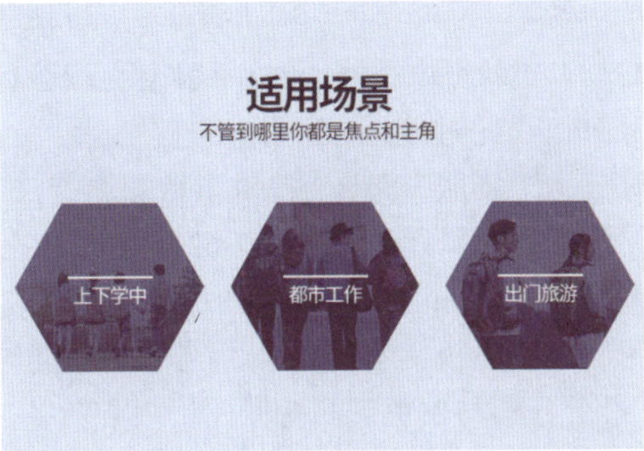

图 7-59　适用场景完整效果

图 7-60　海报背景效果

步骤 2　置入素材“蓝红 .png”，调整大小和位置。下方新建图层，用黑色柔边画笔绘制双肩包与地面的接触投影，适当用“模糊”滤镜模糊，亦可复制多层调整大小以扩充投影范围。用“文字工具”输入海报文案，最终效果如图 7-61 所示。

步骤 3　用同样的方式制作海报二，效果如图 7-62 所示。

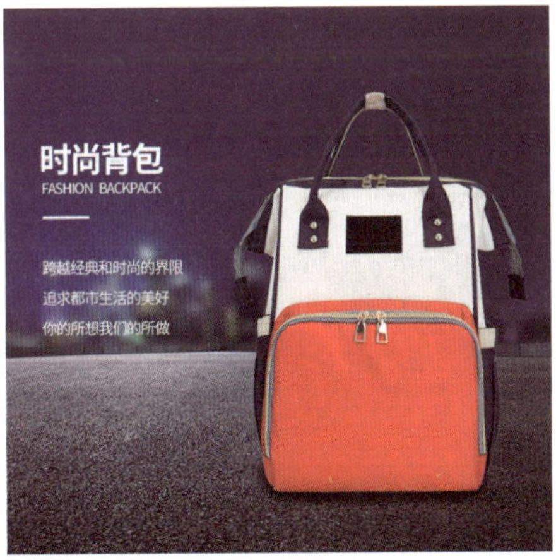

图 7-61　海报一效果

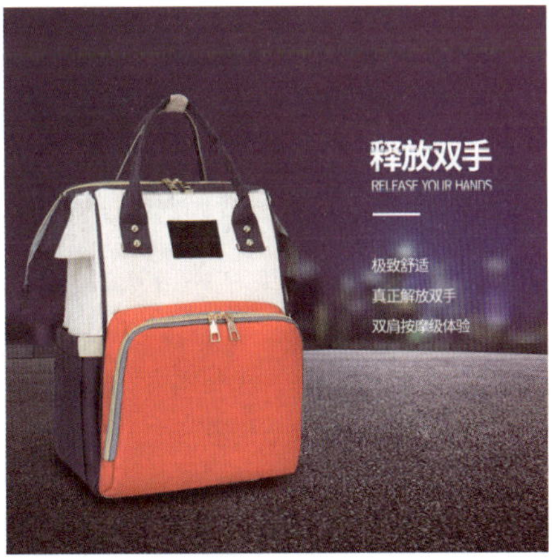

图 7-62　海报二效果

4. 卖点图标区设计

步骤 1 用“矩形工具”继续添加图标区域，填充为暗蓝色，用图层蒙版做出与上边海报二地面相同的过渡效果。用“椭圆工具”绘制一个只有白色填充无描边的正圆形，用“膨胀”变形变换做出特殊造型，旋转 45° 后作为图标背景，复制两份，做好对齐和分布，如图 7-63 所示。

步骤 2 打开素材“常用图标 .png”，将三个图标依次框选复制到详情页设计文件中，将这三个图层分别转换为智能对象，三个图层同时选择缩放变换到统一的合适大小，最后分别与白色形状背景图层中心对齐，下方输入卖点文字信息，最终效果如图 7-64 所示。

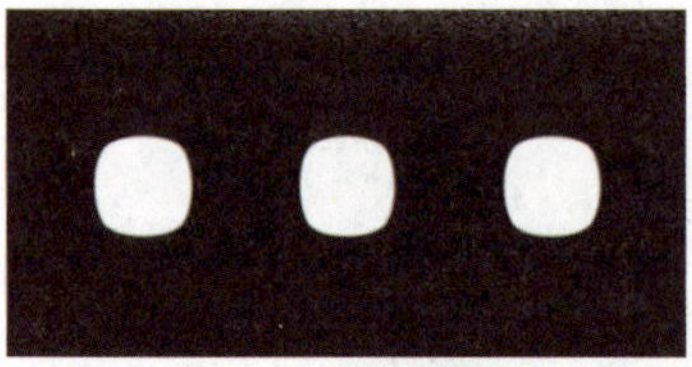

图 7-63 卖点图标背景

图 7-64 卖点图标效果

5. 产品信息区设计

步骤 1 使用“矩形工具”绘制填充为淡蓝色（R200，G222，B252）的背景矩形，复制适用场景区的标题并移动到本区块的正确位置，修改文字信息。如图 7-65 所示。

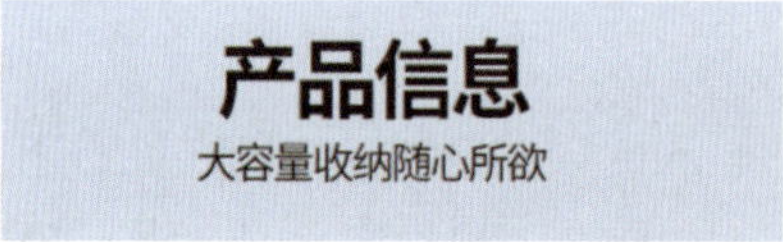

图 7-65 产品信息区标题

步骤 2 置入素材“蓝红 .png”“蓝红正侧 .png”，调整它们的大小和位置。用直线工具绘制线段，标注双肩包的宽度、高度和厚度。效果如图 7-66 所示。

图 7-66 产品尺寸标注

步骤 3 置入素材“全家福 .png”，调整大小和位置，完成同一款式不同颜色的全家福展示效果。如图 7-67 所示。

步骤 4 使用“文字工具”输入标题并设置为“居中对齐文本”属性，使用“矩形工具”绘制线条，使用“椭圆工具”加上图层蒙版绘制半圆图形，线条及半圆均填充为暗蓝色（R21，G39，B111）在半圆区域输入序号 01，完成后的效果如图 7-68 所示。

图 7-67 不同颜色同款全家福

图 7-68 标题文字

步骤 5 用“圆角矩形工具”制作有填充无描边的圆角矩形的形状图层，再选择矩形工具，修改“路径操作”属性为“新建图层”，在新的形状图层上绘制一个小的矩形，旋转角度，放置在圆角矩形的右下角处，合并两个形状图层，用“路径选择工具”选择小矩形的路径，将其路径操作属性修改为“减去顶层形状”，如图 7-69 所示。

步骤 6 在上一步制作的图层的上层置入素材“优选面料 .jpg”，调整大小，并设置为“剪贴蒙版”图层，效果如图 7-70 所示。

图 7-69 展示区域造型设计

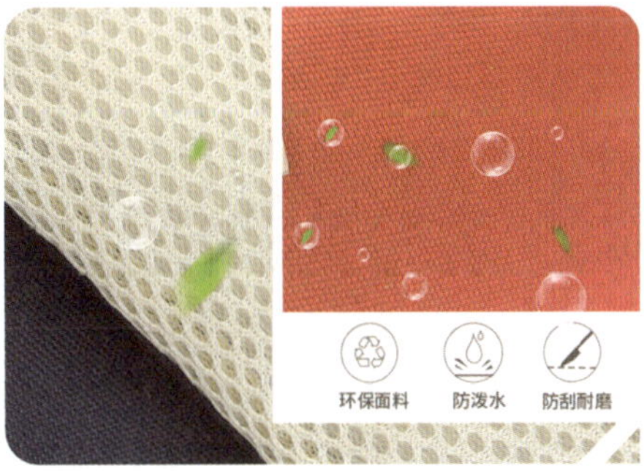

图 7-70 优选面料介绍

步骤 7 复制以上三步制作的所有图层，移动到下方，修改标题内容及置入素材“细节背景 .jpg”和“防盗口袋设计 .jpg”，用“色相 / 饱和度”调整图层，将细节背景的天空调成蓝色，效果如图 7-71 所示。

步骤 8　用同样的方法制作“抽纸袋设计”，效果如图 7-72 所示。

图 7-71　防盗口袋设计

图 7-72　抽纸袋设计

6. 颜色展示区设计

步骤 1　用“矩形工具”绘制一个与文件等宽，填充为暗蓝色（R21，G39，B111）的细长矩形形状图层，并转换为智能对象，双击进入智能对象内部，用裁切工具把画布对称拉高一条小边，用“矩形工具”绘制一个与画布等高的暗红色（R157，G32，B36）矩形，如图 7-73 所示。

图 7-73　装饰条制作

步骤 2　用“矩形工具”在两个矩形交接位置绘制小矩形，用“钢笔工具”删除一个锚点，做成直角三角形，填充为更暗的蓝色（R0，G10，B50），形成立体效果，如图 7-74 所示。

步骤 3　存储并关闭智能对象文件后，用“文字工具”在红色矩形中间输入“颜色展示”，下方输入描述文案，如图 7-75 所示。

图 7-74　立体效果

图 7-75　标题内容

步骤 4　用“矩形工具”绘制一个填充为“蓝红”背包上的红色、无描边的背景矩形，用“文字工具”输入“COLOR”“VOGUE”“蓝红”及为“蓝红”两字加圆角矩形白色框线，置入素材“蓝红 .png”，调整大小和位置，将它们与背景矩形进行居中对齐。效果如图 7-76 所示。

步骤 5　将上一步的所有图层编组，复制移动到右侧，修改相应信息，置入不同颜色背包素材。继续复制移动操作，最终六个颜色的展示完成效果如图 7-77 所示。

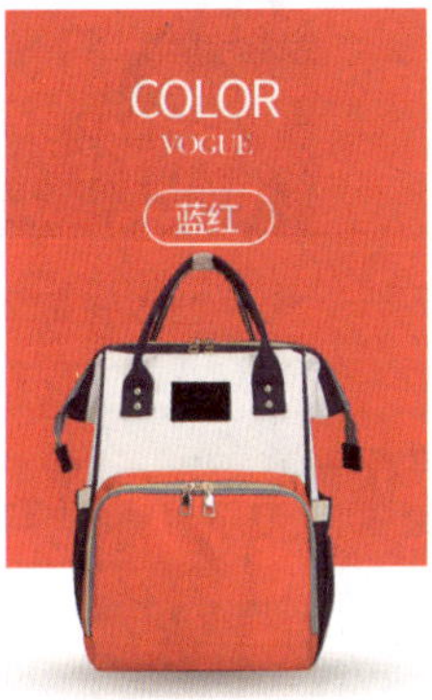

图 7-76　蓝红包颜色展示

图 7-77　完整颜色展示

7. 细节展示区设计

步骤 1　复制颜色展示区标题装饰条，移动到细节展示区的上方，将标题文字更改为“细节展示”。

步骤 2　用“自定义形状工具”的“禁止标志”绘制一个序号图标，用“文字工具”在其下层输入数字“1”，序号下方再输入标题及描述性文字，用“直线工具”绘制一条斜线，添加图层蒙版，隐藏文字区域的斜线部分，如图 7-78 所示。

步骤 3　文案放置于右侧，左侧置入素材“包侧口袋 .jpg”，调整大小，做好与文案区的对齐，如图 7-79 所示。

图 7-78　细节展示文案

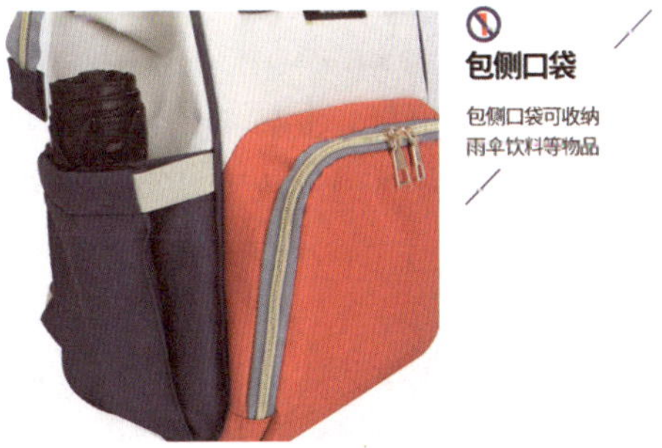

图 7-79　包侧口袋细节

步骤 4　复制以上内容，调整文案信息及置入对应素材，并将文案和图片位置左右对调，效果如图 7-80 所示。

步骤 5　用同样的方法继续制作其余细节展示图。最终效果如图 7-81 至图 7-83 所示。

图 7-80　手提细节

图 7-81　收缩扣及肩带细节

图 7-82　肩带加固及拉链细节

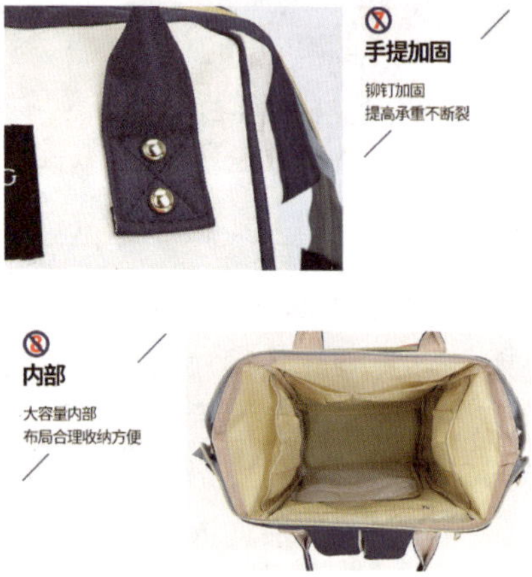

图 7-83　手提加固及内部细节

【任务总结】

本任务展示了某款双肩包详情页的制作流程。双肩包详情页包括首屏海报、场景图、卖点信息、产品信息、颜色展示及细节展示几部分。产品详情页是帮助商家提升转化率的关键，买家会通过浏览详情页信息介绍、卖点展示及产品对比来决定是否购买产品。

项目拓展

（1）请为美颜护肤店铺进行首页设计。

（2）请帮钢化保温杯设计并制作主图。

（3）请为智能电饭煲设计制作详情页。

注意：所需产品图均存放在项目拓展素材文件夹中。

项目 8

UI 设计

项目导读

UI 设计（或称界面设计）是指对软件的人机交互、操作逻辑、界面美观的整体设计。UI 包含 UI 交互、UI 界面、UI 图标三个部分。图标是 UI 设计中除了文字之外最不可或缺的视觉元素，在设计中看似只占一个很小的区域，但它却是考验设计师基本功的重要标准。了解图标相关的知识，掌握正确绘制的方法，是入门 UI 设计的必备条件。

岗位技能

本项目对接中高职相关设计专业人才培养目标岗位，如数字影像后期、数字艺术制作、数字文化创意等相关行业，具有良好的职业道德、爱岗敬业精神，有责任意识和创新意识，具有优秀的艺术设计能力，掌握构图设计、色彩设计、空间设计等设计方法，能进行创意、设计、制作多层次的高素质、高技能专门人才，能设计并制作出具有良好用户体验的作品，具有创新创意能力，具备良好的跨文化交流与沟通能力，具有国际化前端设计思维，是未来 UI 设计从业人员都应该具备的能力和职业素养。

教学目标

- 掌握钢笔工具、椭圆工具、路径选择工具等的使用。
- 掌握编辑路径方法。
- 掌握图层样式使用方法。
- 掌握图层混合模式的使用方法。
- 掌握图标保存与输出方法。
- 掌握图标设计和 App 界面设计的相关知识。

课前学习微课

（1）扫一扫二维码，观看相关视频。

UI 设计基础知识

（2）完成以下工作：

1）上网收集扁平风格 UI 图标，分析其设计理念。
2）上网收集写实风格 UI 图标，分析其材质表现方法。
3）分析自己手机中不同 App 界面设计特点。

任务1 扁平风格 UI 图标设计

【任务描述】

本任务帮助读者掌握扁平 UI 图标设计方法，利用椭圆工具、圆角矩形工具、油漆桶工具、横排文字工具等绘制图标，学会使用“路径操作”，掌握 UI 图标的制作及保存方法。

【任务要求】

完成如图 8-1 所示的效果图。

图 8-1 直角效果图和圆角效果图

【知识链接】

1. 油漆桶工具

油漆桶工具是用来填充前景色或图案的，默认状态下此工具组显示的是渐变工具，而油漆桶工具是隐藏在渐变工具下面的。可使用鼠标单击渐变工具不放，在弹出的工具列表里选择“油漆桶工具”，或者按 Shift+G 组合键在油漆桶工具和渐变工具之间相互切换。

2. 椭圆工具

椭圆工具用来绘制椭圆形状（路径）和正圆形状（路径），在工具箱中选择“椭圆工具”，之后在属性栏中选择工具模式为“路径”或者“形状”，然后在画布中选择一个点，拖动绘制任意大小的椭圆路径或者形状，如按 Shift 键可绘制正圆。

3. 圆角矩形工具

圆角矩形工具用来绘制圆角矩形形状（路径），可以设置圆角半径，绘制不同的圆角角度。

任务1 扁平化风格UI图标设计

【任务实施】

1. 新建文档并设置背景图层颜色

步骤1 启动Photoshop CC 2018，执行“文件”/“新建”命令，新建一个文档（预设详细信息：扁平风格UI图标设计；宽度：1024像素，高度：1024像素；分辨率：72像素/英寸；颜色模式：RGB；背景颜色：白色）。

步骤2 双击背景图层，将“背景”图层转换为普通图层，并重命名为“背景”。

步骤3 单击工具箱中的“设置前景色”图标的上层黑色方块，设置前景色为#ff9933，使用工具箱的“油漆桶工具”在画布上单击，填充前景色。

2. 绘制表盘

步骤1 单击工具箱中的“椭圆工具”，在属性栏中，设置参数如图8-2所示。

图8-2 “椭圆工具”属性栏设置

步骤2 在画布中心位置单击，在弹出的对话框中设置宽度和高度为“720像素”，勾选“从中心”复选框，并单击“确定”按钮完成创建。

提示：勾选“从中心”复选框是为了创建椭圆时尽量位于画布中间，此处“中心”指鼠标单击的落点，并非绝对位于画布中心。使用椭圆工具绘制时也可按住Shift键不放，拖拽鼠标绘制正圆，绘制完成时先释放鼠标，再放开Shift键。

步骤3 使椭圆居中。在“图层”面板中选择“背景”图层后，按Shift键或者Ctrl键加选刚才绘制的“椭圆1”图层，确认两个图层同时选中后，在工具栏选择“移动工具”，在属性栏中，如图8-3所示，分别单击“垂直居中对齐”和“水平居中对齐”，使绘制的椭圆位于画布正中心。

图8-3 “移动工具”属性栏

步骤4 将大圆变为圆环。首先确认“椭圆1”图层在选中状态，之后在工具箱中选择“路径选择工具”，此时椭圆路径形状是被选中状态，执行“编辑”/“拷贝”命令，再执行“编辑”/“粘贴”命令，复制后的路径形状与原路径形状重合并处于选中状态，执行“编辑”/“变换路径”/“缩放”命令，在工具属性栏中，设置水平缩放值为90%，设置垂直缩放值为90%，如图8-4所示。按Enter键确认完成操作。

图 8-4　“路径选择工具”属性栏设置

步骤 5　此时缩放后的椭圆处于选择状态，在属性栏中找到“路径操作”按钮，执行“减去顶层形状”命令，如图 8-5 所示。执行命令后效果如图 8-6 所示。重命名该图层为“圆环”。

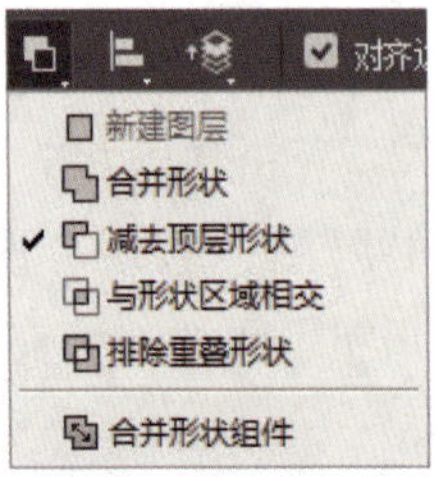

图 8-5　路径操作

图 8-6　圆环效果图

步骤 6　绘制中心小圆。在工具箱中找到并选择“路径选择工具”，选择“圆环”图层中的外环部分，执行“图层”/“新建”/“通过拷贝的形状图层”命令，将其复制到新图层中。执行“编辑”/“变换路径”/“缩放”命令，在工具属性栏中，设置水平缩放值为 8%，设置垂直缩放值为 8%，按 Enter 键确认操作，效果如图 8-7 所示。并将图层重命名为“小圆”。

步骤 7　绘制小圆心。在工具箱中找到并选择“路径选择工具”，选择“小圆”图层中的路径形状，执行“图层”/“新建”/“通过拷贝的形状图层”命令，将其复制到新图层中。执行“编辑”/“变换路径”/“缩放”命令，在工具属性栏中，设置水平缩放值为 60%，设置垂直缩放值为 60%，按 Enter 键确认完成操作，并将图层重命名为“小圆心”。双击“小圆心”图层的缩略图，在弹出的“拾色器（纯色）”对话框中，使用吸管吸取画布背景色，或者输入数值 #ff9933，单击“确定”按钮，效果如图 8-8 所示。

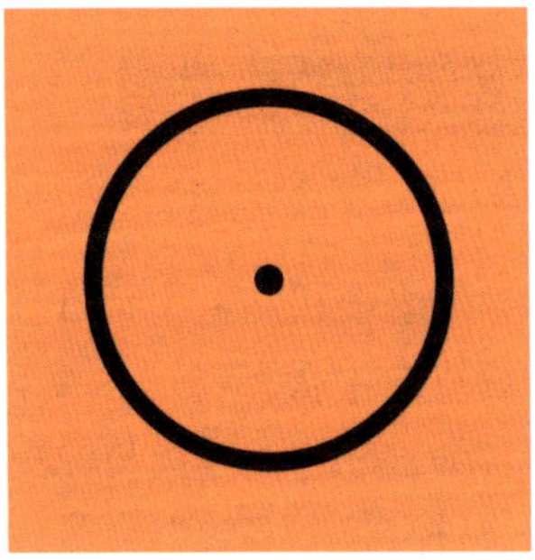

图 8-7　小圆效果图

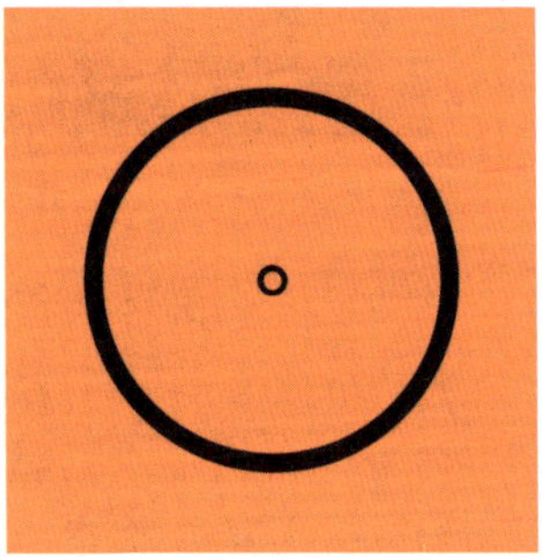

图 8-8　小圆心效果

提示：因为小圆心需要遮挡指针，所以不能进行挖空处理。

3. 绘制指针

步骤 1 绘制时针。在工具箱中按住“矩形工具”不放，在弹出的工具列表选择“圆角矩形工具”，之后在工具栏中设置工具模式为“形状”，填充色设置为“黑色”，描边设置为“无”，其余保持默认值，如图 8-9 所示。

图 8-9 圆角矩形工具属性栏

步骤 2 在画布上单击，在弹出的“创建圆角矩形”对话框中设置宽度为“180 像素”，高度为“36 像素”，半径分别为“0 像素”“90 像素”“0 像素”“90 像素”，单击“确定”按钮完成创建，将图层重命名为“时针”，并将“时针”图层移动到“小圆”图层下方。

步骤 3 使用工具箱中的“路径选择工具”，将时针末端移动至中心点，时针指向 3 点位置。

步骤 4 绘制分针。选择“圆角矩形工具”，在画布上单击，在弹出的“创建圆角矩形”对话框中设置宽度为“30 像素”，高度为“220 像素”，半径分别为“90 像素”“90 像素”“0 像素”“0 像素”，单击“确定”按钮完成创建。将图层重命名为“分针”，并将“分针”图层移动到“小圆”图层下方。

步骤 5 使用工具箱中的“路径选择工具”，将分针末端移动至中心点，分针指向 12 点位置。

步骤 6 绘制秒针。选择“圆角矩形工具”，在画布上单击，在弹出的“创建圆角矩形”对话框中设置宽度为“10 像素”，高度为“240 像素”，半径分别为“90 像素”“90 像素”“0 像素”“0 像素”，单击“确定”按钮完成创建，将图层重命名为“秒针”，并将“秒针”图层移动到“小圆”图层下方。

步骤 7 使用工具箱的“路径选择工具”，选中秒针路径图形，执行“编辑”/“变换路径”/“旋转”命令，在工具属性栏设置旋转为“-120 度”，按 Enter 键确认操作，在弹出的“转变常规路径”对话框中单击“是”按钮。之后将秒针末端移动至中心点，效果如图 8-10 所示。

4. 添加时钟文字

步骤 1 在工具箱中选择“横排文字工具”，在属性栏选择一种字体，设置文字大小为“72 点”，其他参数使用默认值。

步骤 2 在时钟表盘相应位置单击，输入文字 12、3、6、9，并放置到所在时刻位置，效果如图 8-11 所示。

5. 保存输出

步骤 1 执行“文件”/“存储”命令，文件命名为“扁平风格 UI 图标设计”，保存类型选择 PSD，单击“保存”按钮，保存源文件。

步骤 2 执行“文件”/“导出”/“存储为 Web 所用格式”，参数设置保持默认值，单击“存储”按钮保存，保存 PNG 文件。

图 8-10　绘制指针

图 8-11　添加时钟文字

提示：通常在 iOS 系统中，设计师在制作时采用直角矩形设计并导出 PNG 格式即可，开发人员会自动适配为圆角效果。

6. 制作圆角效果图

步骤 1　选择工具栏中的“圆角矩形工具”，在属性栏将“工具模式”设置为“路径”，其余保持默认值。

步骤 2　在画布中心单击，在弹出的对话框中设置宽度和高度为“1024 像素”，半径全部设置为“180 像素”，勾选“从中心”复选框，单击“确定”按钮完成绘制，为了让圆角矩形路径绝对位于画布中心，在右侧属性面板中设置“X 水平位置”和“Y 垂直位置”值为“0 像素”。

步骤 3　复制“背景”图层，并重命名为“圆角”。

步骤 4　按 Ctrl+Enter 组合键，将路径转化为选区，执行“选择”/“反选”命令，确认当前选择的图层为“圆角”图层，按 Delete 键删除，按 Ctrl+D 组合键取消选区，完成圆角效果图制作。将文件存储为 PSD 格式，并导出 PNG 格式。

【任务总结】

通过本任务使读者学习了扁平图标的制作方法，了解到扁平图标可以简捷、直观、友好地传递产品的设计理念和内涵，让“信息”本身作为核心被凸显出来，设计元素极简符号化可以提高系统效率，降级设计成本，提升人机交互的效率。

任务 2　写实风格 UI 图标设计

【任务描述】

本任务帮助读者掌握写实风格 UI 图标设计方法，利用矩形工具、椭圆工具等绘制图标，利用图层的混合模式和图层样式，增加图标的高光、阴影等细节，提高质感，最终完成写实风格 UI 图标设计。

【任务要求】

完成如图 8-12 所示的效果图。

图 8-12 最终效果

【知识链接】

1. 图层混合模式

“正常”模式：在“正常”模式下，“混合色”的显示与不透明度的设置有关。

“正片叠底”模式：在“正片叠底”模式中，查看每个通道中的颜色信息，并将“基色”与“混合色”复合。

“柔光”模式：“柔光”模式会产生一种柔光照射的效果。如果“混合色”颜色比“基色”颜色的像素更亮一些，那么“结果色”将更亮；如果“混合色”颜色比“基色”颜色的像素更暗一些，那么“结果色”颜色将更暗，使图像的亮度反差增大。

“差值”模式：在“差值”模式中，查看每个通道中的颜色信息，“差值”模式是将从图像中“基色”颜色的亮度值减去“混合色”颜色的亮度值，如果结果为负，则取正值，产生反相效果。

2. 图层样式

图层样式在设计写实风格 UI 图标时使用频率较高，应用好图层样式可以使图标中的元素富有真实感，如斜面和浮雕、内阴影、内发光、渐变叠加、投影等样式。

【任务实施】

任务 2 写实风格 UI 图标设计

1. 新建文档，设置画布背景

步骤 1 执行“文件”/“新建”命令，创建文档，在弹出的“新建文档”对话框中，设置预设详细信息为“写实风格 UI 图标设计”，设置宽度为“1200 像素”，高度为“800 像素”，分辨率为“72 像素 / 英寸”，颜色模式为“RGB 颜色 8 位”，背景内容设置为自定义颜色 #de8227，之后单击“创建”按钮，生成文档。

步骤 2 双击“背景”层，将背景层转换为普通图层，并重命名图层为“背景”。

步骤 3 保持“背景”图层在选中状态，执行“滤镜”/“杂色”/“添加杂色”命令，在弹出的对话框中设置数量值为 8%，分布为“平均分布”，勾选“单色”复选框，单击“确定”按钮，完成操作。

2. 制作图标的木纹效果

步骤 1 使用工具箱中的“圆角矩形工具”，在属性栏中设置工具模式为“形状”，填充色为“黑色”（填充色也可是任意颜色），描边为“无”“0 像素”，W 为“430 像素”，H 为“430 像素”，半径为“70 像素”，使用鼠标在画布中间位置绘制一个圆角矩形，使圆角矩形位于画布中央，并将图层重命名为“圆角矩形”，如图 8-13 所示。

图 8-13 绘制圆角矩形

步骤 2 在“圆角矩形”图层上右击，在弹出的菜单中选择“混合选项”，勾选“斜面和浮雕”“内阴影”“渐变叠加”“投影”样式，制作立体效果，参数设置如图 8-14 至图 8-17 所示，其中“渐变叠加”样式的渐变颜色设置如下：0% 位置为 #d39e59，100% 位置为 #f9c66d。所有样式参数设置完毕后单击“确定”按钮，效果如图 8-18 所示。

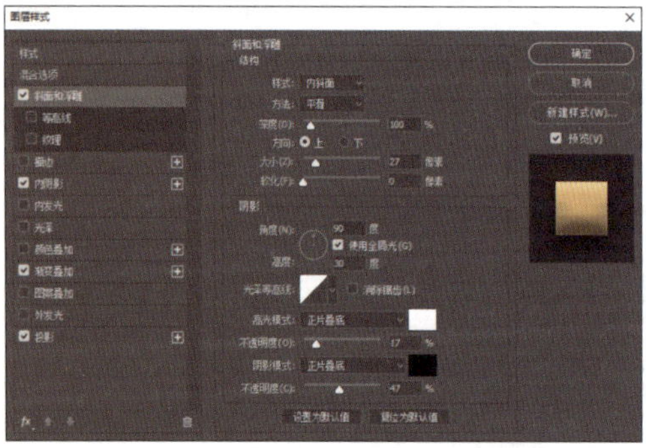

图 8-14 “斜面和浮雕”参数设置

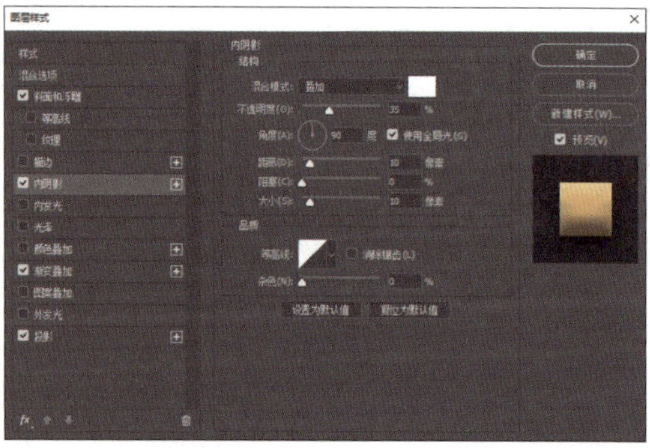

图 8-15 “内阴影”参数设置

步骤 3 找到配套素材“木纹 .jpg”，将其拖拽置入画布中，使其覆盖画布中间圆角矩形。将“木纹”图层由智能对象转换为普通图层，右击“木纹”图层，在弹出的菜单中选择“栅格化图层”。

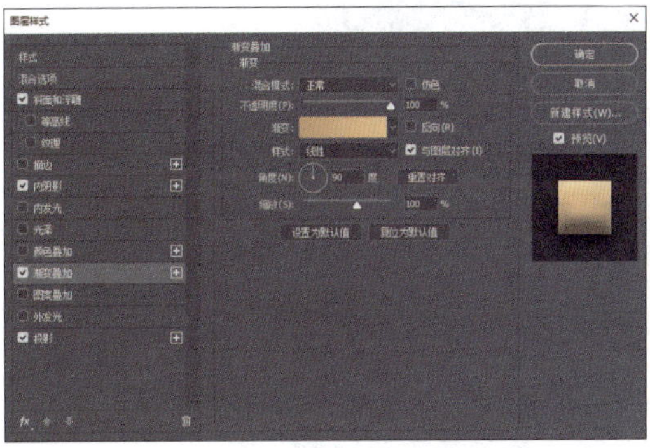

图 8-16　“渐变叠加”参数设置

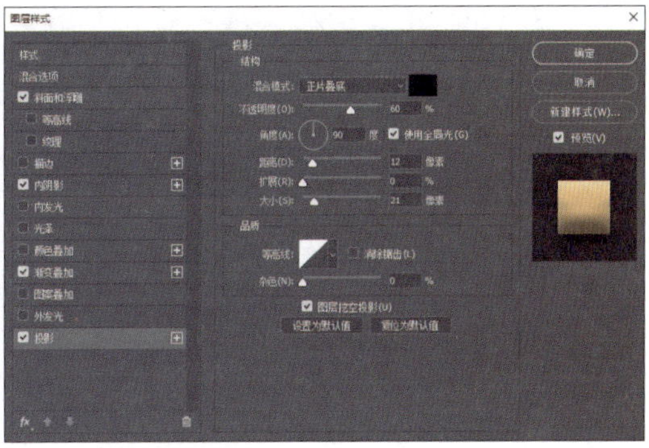

图 8-17　“投影”参数设置

图 8-18　添加图层样式后的效果

步骤 4　按 Ctrl 键不放并单击“圆角矩形”图层缩略图，加载选区，如图 8-19 所示，执行“选择”/“反选”命令，选择“木纹”图层，按 Delete 键删除选区内的图像，按 Ctrl+D 组合键取消选区，效果如图 8-20 所示。

图 8-19　建立选区后的效果

图 8-20　反选选区并删除图像后的效果

步骤 5　选择“木纹”图层，在“图层”面板中将图层混合模式设置为“柔光”，如图 8-21 所示。

图 8-21　图层混合模式设置为“柔光”

步骤 6　调整木纹效果，选择“木纹”图层，单击“图层”面板下方的“创建新的填充或调整图层”按钮，选择“色相 / 饱和度”，设置色相值为“-20”、饱和度值为“+30”、明度值为“+7”。

步骤 7　制作圆形凹槽。单击“圆角矩形”图层，设置前景色为 #feb848，选择“椭圆工具”，在工具属性栏中将工具模式设为“形状”。单击画布，在弹出的对话框中设置宽度为“358 像素”，高度为“358 像素”，勾选“从中心”复选框，单击“确定”按钮完成创建，在“图层”面板中，将绘制的“椭圆 1”图层重命名为“圆形凹槽”。

步骤 8　选择“路径选择工具”，将“圆形凹槽”图形居于画布中心。

步骤 9　制作“圆形凹槽”图形的凹陷效果。在“圆形凹槽”图层上右击，在弹出的菜单中选择“混合选项”，选择“内阴影”，如图 8-22 所示。

图 8-22　添加“内阴影”效果

3. 制作碟片部分

步骤 1　执行“文件” / “新建”命令，创建一个新文档，在弹出的“新建文档”对话框中，设置预设详细信息为“碟片”，设置宽度和高度为 500，单位选择“像素”，分辨率设置为“72 像素 / 英寸”，颜色模式设置为“RGB 颜色 8 位”，背景内容设置为“黑色”，之后单击“创建”按钮，生成文档。

步骤 2 选择“背景”图层，执行“滤镜”/“杂色”/“添加杂色”命令，在弹出的对话框中设置数量为 75%，分布为“平均分布”，勾选“单色”复选框，之后单击“确定”按钮添加杂色。

步骤 3 执行“滤镜”/“模糊”/“径向模糊”命令，在弹出的对话框中，设置数量为“100”，模糊方法为“旋转”，品质为“好”，单击“确定”按钮完成操作，效果如图 8-23 所示。

步骤 4 在工具箱中选择“椭圆选框工具”，在画布中心按住鼠标左键不放，同时按 Alt+Shift 组合键，拖动鼠标绘制一个正圆选区。

步骤 5 使用工具箱中的“移动工具”，拖动选区中的图像至“写实风格 UI 图标设计 .psd”文档中，并将图层命名为“碟片”。

步骤 6 选择“碟片”图层，缩放至合适大小，并将“碟片”图形调整至画布中心，效果如图 8-24 所示。

图 8-23　径向模糊后效果

图 8-24　缩放至合适大小

步骤 7 在“碟片”图层上右击，在弹出的菜单中选择“混合选项”，选择“渐变叠加”，渐变颜色设置：0% 位置为“黑色”，25% 位置为“白色”，50% 位置为“黑色”，75% 位置为“白色”，100% 位置为“黑色”。其他参数设置如图 8-25 所示，再选择“投影”选项，参数设置如图 8-26 所示，最后单击“确定”按钮，完成样式添加。

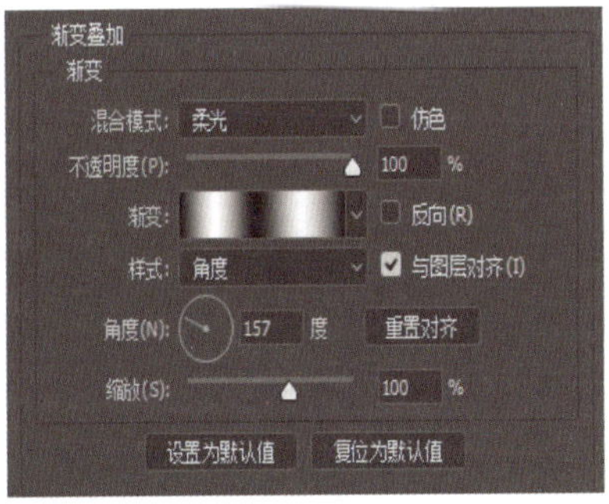

图 8-25　“渐变叠加”图层样式

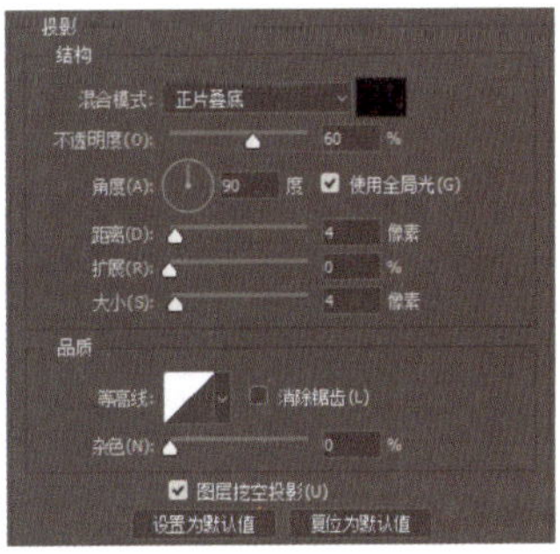

图 8-26　“投影”图层样式

步骤 8 在“碟片”图层上右击，在弹出的菜单中选择“复制图层”，之后在弹出的对话框中设置图层名称为“碟片内圆”，单击“确定”完成复制。

步骤 9 选中“碟片内圆”图层，执行“编辑”/“自由变换”命令，在属性栏中设置宽度 W 值为 45%，高度 H 值为 45%，按 Enter 键确认变换。

步骤 10 双击“碟片内圆”图层缩略图，在弹出的“图层样式”对话框中取消选中“投影”，在“渐变叠加”样式中，将混合模式改为“正片叠底”，不透明度设置为 10%，效果如图 8-27 所示。

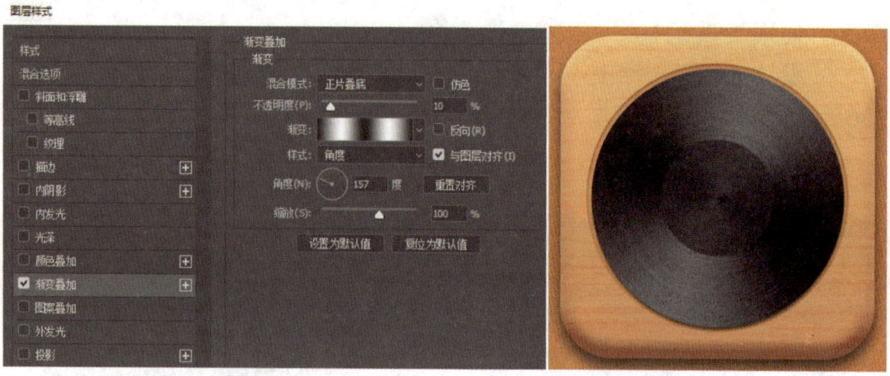

图 8-27 “碟片内圆”效果

提示：复制图层时会同时复制图层样式，所以“渐变叠加”样式的其他参数保持复制的默认数值即可。

步骤 11 选择工具箱中的“椭圆工具”，在属性栏中设置工具模式为“形状”，填充为 #ce0010，如图 8-28 所示。

图 8-28 “椭圆工具”属性设置

步骤 12 在画布中心单击，在弹出的“创建椭圆”对话框中，设置宽度为“90 像素”，高度为“90 像素”，勾选“从中心”复选框，单击“确定”按钮完成创建，将创建的“椭圆 1”图层重命名为“碟片红圆”。

步骤 13 选择工具箱中的“移动工具”，将“碟片红圆”图形调整至画布中心。

步骤 14 在“碟片红圆”图层上添加“斜面和浮雕”样式，并设置其参数，如图 8-29 所示。

步骤 15 绘制碟片中心点。选择工具箱中的“椭圆工具”，在属性栏中设置工具模式为“形状”，填充为“白色”，如图 8-30 所示。

步骤 16 在画布中心单击，在弹出的“创建椭圆”对话框中，设置宽度为“20 像素”，高度为“20 像素”，勾选“从中心”复选框，单击“确定”按钮完成创建。并将图层重命名为“碟片中心点”。

步骤 17 选择工具箱中的“移动工具”，将“碟片中心点”图形调整至画布中心。

图 8-29 “斜面和浮雕”图层样式

图 8-30 “椭圆工具”属性栏设置

步骤 18 选择“碟片中心点”图层，执行“滤镜”/“杂色”/“添加杂色”命令，在弹出的对话框中选择“转换为智能对象”，之后在“添加杂色”对话框中设置数量为 80%，分布为“平均分布”，勾选“单色”复选框。

步骤 19 执行“滤镜”/“模糊”/“径向模糊”命令，在弹出的对话框中设置数量为 100，其他参数保持默认值。

步骤 20 在“碟片中心点”图层上右击，在弹出的菜单中选择“混合选项”，之后选择“渐变叠加”，渐变颜色设置：0% 位置为“黑色”，25% 位置为“白色”，50% 位置为“黑色”，75% 位置为“白色”，100% 位置为“黑色”。其他参数设置如图 8-31 所示。选择“投影”，参数设置如图 8-32 所示，单击“确定”按钮完成样式添加。

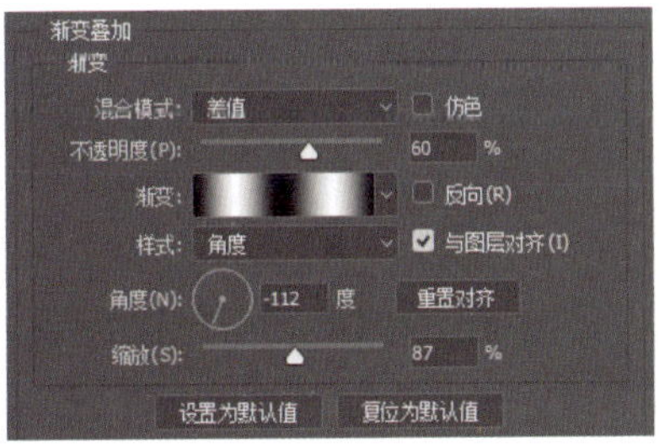

图 8-31 “渐变叠加”样式

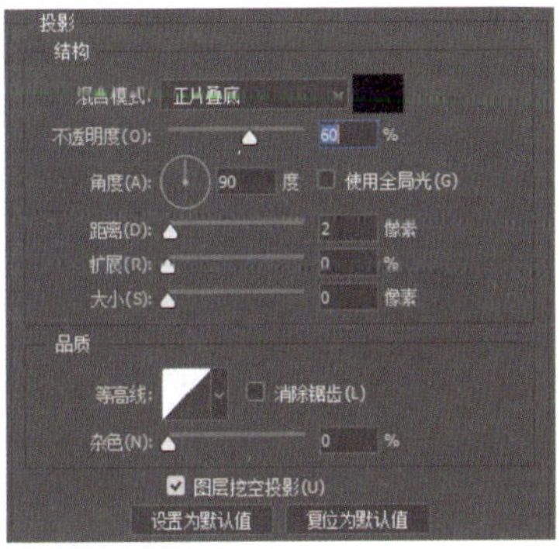

图 8-32 “投影”样式

4. 保存输出

按 Ctrl+S 组合键将文件存储为 PSD 格式，并导出 PNG 格式。

【任务总结】

通过本任务使读者学习到写实风格图标与扁平化风格图标不同，在图标制作过程中增加了很多细节，其中包括贴图材质、光照投影、浮雕等效果，图标设计是一个反复思考、反复设计、反复修改的过程，只要注重细节，多观察实践，就能设计出理想的写实图标。

任务3 App 界面设计

【任务描述】

本任务帮助读者掌握 App 界面设计方法，利用矩形工具、圆角矩形工具、椭圆工具、钢笔工具等绘制图形，利用文字工具输入文本内容，通过添加参考线和规范元素的位置，最终完成 App 界面设计。

【任务要求】

最终效果如图 8-33 所示。

图 8-33　最终效果

【知识链接】

1. 常见手机屏幕尺寸

手机屏幕一般有以下尺寸规格：3.7 英寸、3.8 英寸、4 英寸、4.2 英寸、4.3 英寸、4.4 英寸、4.5 英寸、4.7 英寸、4.8 英寸、5.0 英寸、5.1 英寸、5.2 英寸、5.3 英寸、5.5 英寸、5.7 英寸、5.8 英寸、6.0 英寸、6.1 英寸、6.5 英寸、7.0 英寸。

2. 主流机型屏幕分辨率

iPhone 12 屏幕分辨率为 2532 像素 ×1170 像素，小米 10 屏幕分辨率为 2340 像素 ×1080 像素，华为 P40 屏幕分辨率为 2340 像素 ×1080 像素。

任务 3 App 界面设计

【任务实施】

1. 新建文档并制作背景

步骤 1 启动 Photoshop CC 2018，执行“文件”/“新建”命令（组合键 Ctrl+N），创建文档，在弹出的“新建文档”对话框中，设置预设详细信息为“App 界面设计”，设置宽度为 750，高度为 1334，单位选择“像素”，分辨率设置为“72 像素 / 英寸”，颜色模式设置为“RGB 颜色 8 位”，背景内容设置为“白色”，之后单击“创建”按钮，生成文档。

步骤 2 双击背景图层，将背景图层转换为普通图层，并重命名为“背景”。

步骤 3 将素材文件“秋季 .jpg”文件拖入文档，并调整至合适大小，使其覆盖整个画布，在“图层”面板中会自动生成“秋季”图层。右击“秋季”图层，在弹出的菜单中选择“栅格化图层”。执行“滤镜”/“模糊”/“高斯模糊”命令，在弹出的对话框中设置半径值为 4.2，单击“确定”完成操作。

步骤 4 选择工具箱中的“矩形工具”，在属性栏中设置工具模式为“形状”，填充为“白色”，描边为“无”，其余参数保持默认值。使用“矩形工具”在画布中绘制一个矩形，效果如图 8-34 所示。将绘制的“矩形 1”图层重命名为“白色矩形背景”。

步骤 5 再次使用“矩形工具”，在属性栏中设置工具模式为“形状”，填充为“黑色”，其余参数保持默认值。在画布中拖拽鼠标，绘制一个矩形。在“图层”面板中将“矩形 1”图层重命名为“黑色矩形背景”，并将图层不透明度设置为 60%，效果如图 8-35 所示。

图 8-34 绘制矩形后的效果

图 8-35 设置不透明度后的效果

步骤 6 整理图层，在“图层”面板中选择所有图层，单击“创建新组”，并将新组重命名为“背景”，如图 8-36 所示。

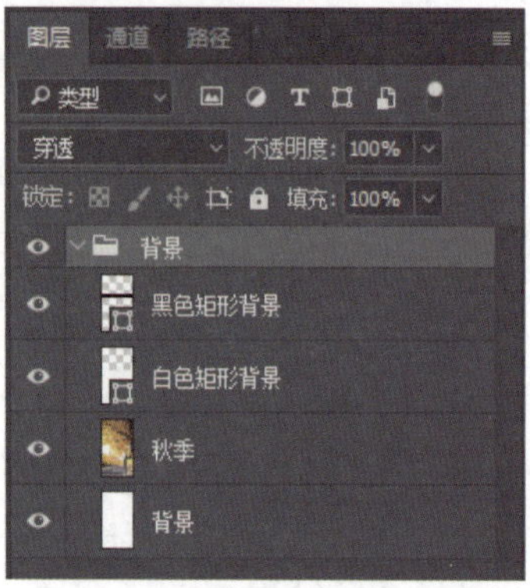

图 8-36　整理图层

2. 制作状态栏

步骤 1 选择工具箱中的“椭圆工具”，在属性栏中设置工具模式为“形状”，填充为“白色”，描边为“无”，其他参数保持默认。在画布上部单击，在弹出的“创建椭圆”对话框中设置宽度和高度为“12 像素”，勾选“从中心”复选框，之后单击“确定”按钮。使用同样方法，再绘制两个同等大小椭圆形状。

步骤 2 再次使用“椭圆工具”，在属性栏中设置工具模式为“形状”，填充为“无”，描边为“白色”，描边宽度为“2 像素”，其余参数保持默认值，使用与步骤 1 相同的方法绘制两个椭圆形状。

步骤 3 调整 5 个椭圆位置，效果如图 8-37 所示。

图 8-37　绘制 5 个椭圆的效果图

步骤 4 打开“字符”面板，设置各项参数值，如图 8-38 所示。使用工具箱中的“横排文字工具”，在画布状态栏位置上单击，输入“中国移动”，如图 8-39 所示。

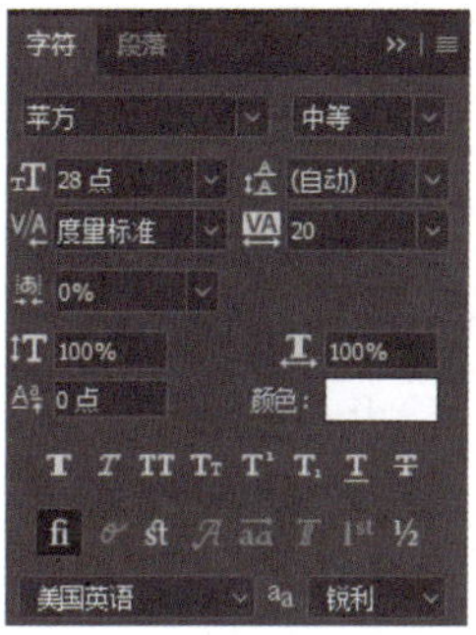

图 8-38 “字符”面板参数设置

图 8-39 输入“中国移动”

步骤 5 绘制 Wi-Fi 信号图标。选择工具箱中的“钢笔工具”，在属性栏设置工具模式为“形状”，填充为“白色”，描边为“无”，其他参数保持默认值。绘制一个扇形，效果如图 8-40 所示。

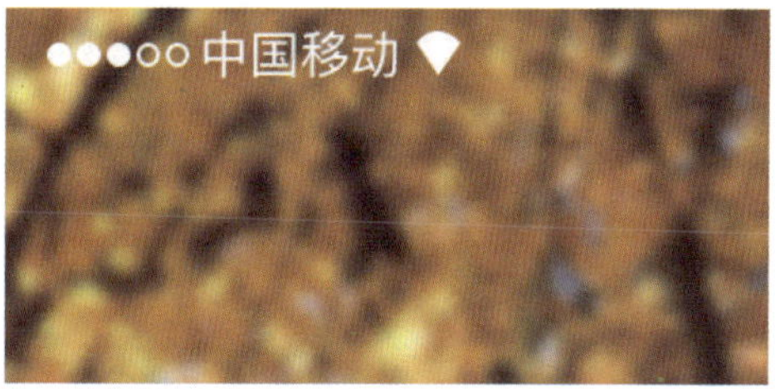

图 8-40 绘制 WiFi 信号图标

步骤 6 保持扇形形状路径处于选中状态，再次使用“钢笔工具”，在属性栏设置工具模式为“形状”，填充为“白色”，描边为“无”，路径操作选择“减去顶层形状”，如图 8-41 所示，在画布中绘制形状，效果如图 8-42 所示。

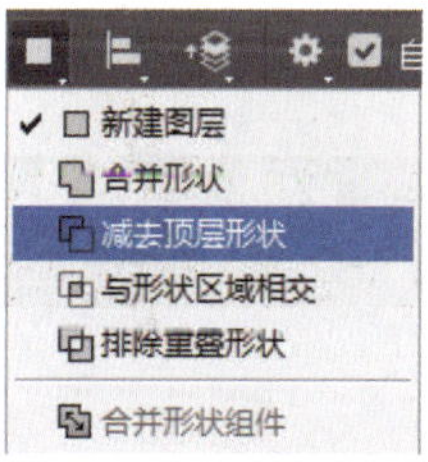

图 8-41 选择“减去顶层形状”

图 8-42 Wi-Fi 信号图标

步骤 7 打开“字符”面板，参数设置与上次一致，选择工具箱中的“横排文字工具”，在状态栏单击，输入文字“8:00AM”和“90%”，效果如图 8-43 所示。

图 8-43 添加文字后的效果

步骤 8 绘制电量图标外边框。选择工具箱中的“圆角矩形工具”，在属性栏中设置工具模式为“形状”，填充为“无”，描边为“白色”，描边宽度为“2像素”，半径为“2 像素”，其余参数保持默认值。单击画布，在弹出的对话框中设置宽度为“64 像素”，高度为“24 像素”，选择“从中心”复选框，单击“确定”按钮。

步骤 9 绘制电量图标内部细节。选择“圆角矩形工具”，在属性栏中设置工具模式为“形状”，填充为“白色”，描边为“无”，半径为“2 像素”，其余参数保持默认值，单击画布，在弹出的对话框中设置宽度为“54 像素”，高度为“18 像素”，选择“从中心”复选框，单击“确定”按钮。绘制效果如图 8-44 所示。

图 8-44 绘制电量图标

步骤 10 绘制电量图标正极凸起形状。创建一个新图层，之后选择工具箱中的“椭圆工具”，在属性栏中设置工具模式为“形状”，描边为“无”，其余参数保持默认值。在画布上拖拽绘制出一个椭圆形状，位置大小如图 8-45 所示。选择工具箱中的“直接选择工具”，拖拽椭圆左侧的锚点至合适位置，在弹出的“转换为实时路径”对话框中，单击“确定”按钮，效果如图 8-46 所示。

图 8-45 电量图标正极凸起

图 8-46 绘制电量图标最终效果

步骤 11 调整对齐，选择状态栏所有图层，单击工具箱中的“移动工具”，在属性栏中单击“垂直居中对齐”，状态栏最终效果如图 8-47 所示。

图 8-47 状态栏最终效果

步骤 12 整理图层，选择状态栏所有图层，单击“图层”面板中的“创建新组”，并将新组重命名为“状态栏”，如图 8-48 所示。

3. 制作 App 内容区域

步骤 1 打开“字符”面板，设置各项参数值，如图 8-49 所示。在工具箱选择“横排文字工具”，输入文字 12。

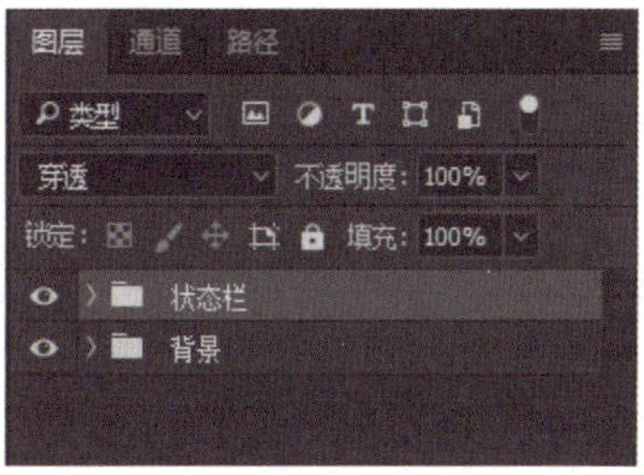

图 8-48　整理图层

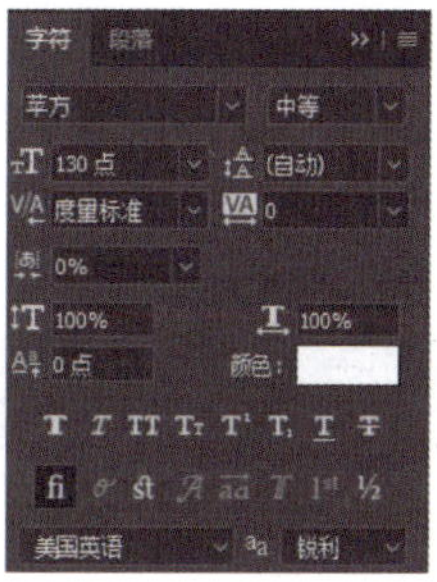

图 8-49　“字符”面板

步骤 2　再次设置“字符”面板中的参数，如图 8-50 所示。使用“横排文字工具”T，在画布中单击，输入文字“星期五”。之后为图层“12”和“星期五”添加“投影”图层样式效果，设置混合模式为“正片叠底”，不透明度为60%，角度为“90 度”，距离为“2 像素”，扩展为 0%，大小为“2 像素”，其余参数保持默认值，效果如图 8-51 所示，之后对齐文字。

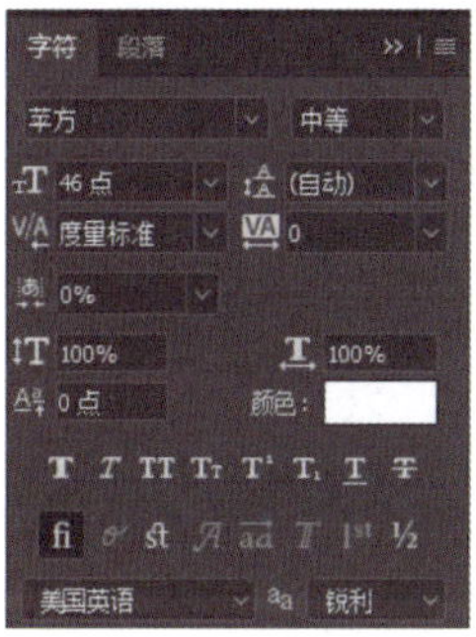

图 8-50　“字符”面板

图 8-51　输入文字

步骤 3　继续使用“横排文字工具”T，“字符”面板参数与上一步相同，在画布上单击，输入“2021 年 11 月”，效果如图 8-52 所示。

图 8-52　输入文字

步骤 4　选择工具箱中的“圆角矩形工具”，在属性栏中设置工具模式为“形状”，填充为“白色”，描边为“无”，半径为“2 像素”，其余参数保持默认值。单击画布，在弹出的对话框中设置宽度为“30 像素”，高度为“4 像素”，选择“从中心”复选框，单击“确定”创建，效果如图 8-53 所示。

步骤 5 执行“编辑”/“自由变换路径”命令，按 Shift 键拖动鼠标，将圆角矩形旋转 -45°，效果如图 8-54 所示。

图 8-53 圆角矩形效果

图 8-54 旋转后的效果

步骤 6 分别按 Ctrl+C 和 Ctrl+V 组合键，复制旋转后的圆角矩形，并执行“编辑”/“变换路径”/“垂直翻转”命令，之后调整其位置。将圆角矩形图层重命名为“左键”，并复制该图层，重命名图层为“右键”，执行“编辑”/“变换”/“水平翻转”命令，并调整其位置，效果如图 8-55 所示。

图 8-55 调整后的效果

步骤 7 在“图层”面板中选择“左键”“2021 年 11 月”“右键”三个图层，将其垂直居中对齐，并水平平均分布。

步骤 8 选择“左键”“2021 年 11 月”“右键”“星期五”“12”这 5 个图层，为其创建新组并重命名为“内容上部”，如图 8-56 所示。

图 8-56 整理图层

步骤 9 打开“字符”面板，设置文本颜色为 #666666，其他参数如图 8-57 所示，使用“横排文字工具”在画布中分别输入“星期日”“星期一”“星期二”“星期三”“星期四”“星期五”“星期六”，并将其垂直居中对齐和水平平均分布，效果如图 8-58 所示。

步骤 10 在“图层”面板选择刚刚创建的 7 个文字图层，为其创建新组，并将组重命名为“星期”，如图 8-59 所示。

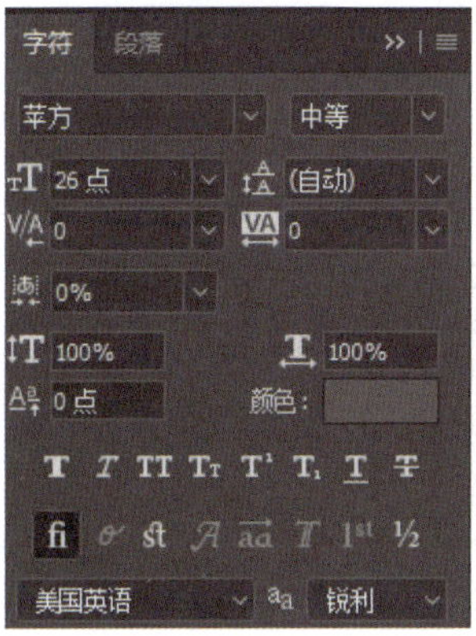

图 8-57 “字符”面板

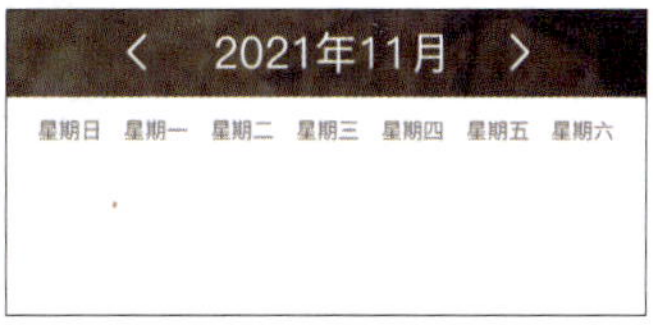

图 8-58 将文字对齐

步骤 11 新建参考线，效果如图 8-60 所示。

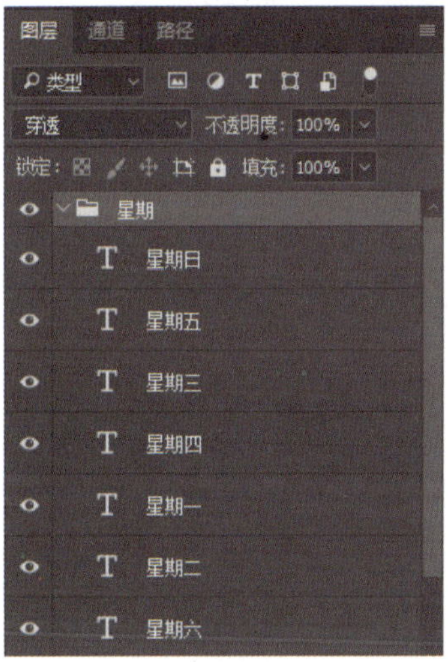

图 8-59 整理图层

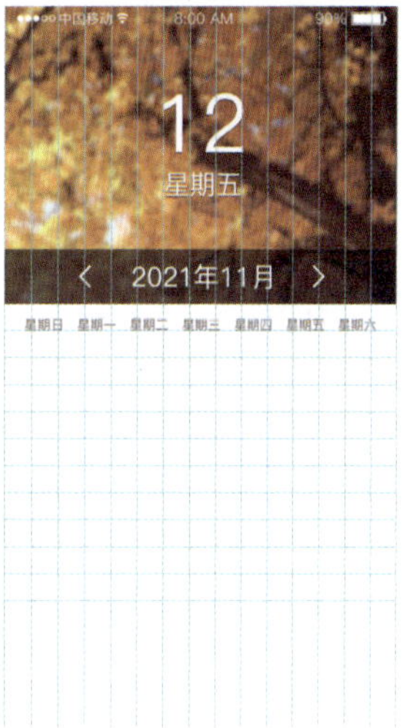

图 8-60 添加参考线

步骤 12 添加日期文字。“字符”面板设置如图 8-61 所示，选择“横排文字工具”分别输入文本 1、2、……、30（颜色：#666666）。

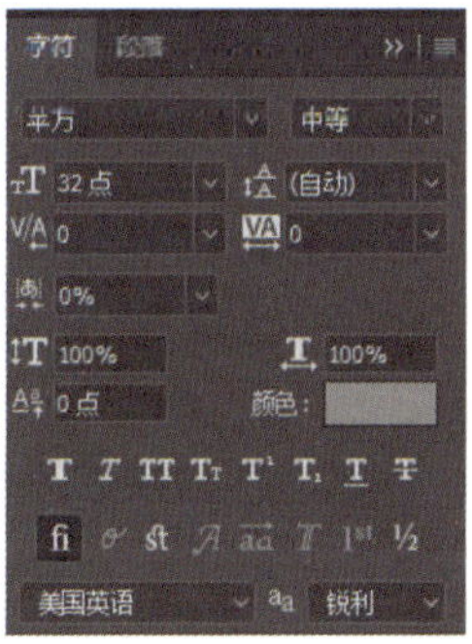

图 8-61 “字符”面板参数设置

步骤 13 再使用“横排文字工具”输入 31、1、2、3、4（颜色：#999999），其余参数设置相同，如图 8-61 所示。再将横向文字垂直居中对齐，竖向文字水平居中对齐，效果如图 8-62 所示。

图 8-62　日期文字对齐后效果

步骤 14 为文本 12 添加圆形背景。选择工具箱中的“椭圆工具”，在属性栏中设置工具模式为“形状”，填充颜色为 #CC6600，描边为“无”，其余参数保持默认值。单击画布，在弹出的对话框中设置宽度和高度为“70 像素”，选择“从中心”复选框，单击“确定”按钮完成绘制，如图 8-63 所示。

步骤 15 为了突出文字效果，选择文本 12，将文本颜色改为“白色”，效果如图 8-64 所示。

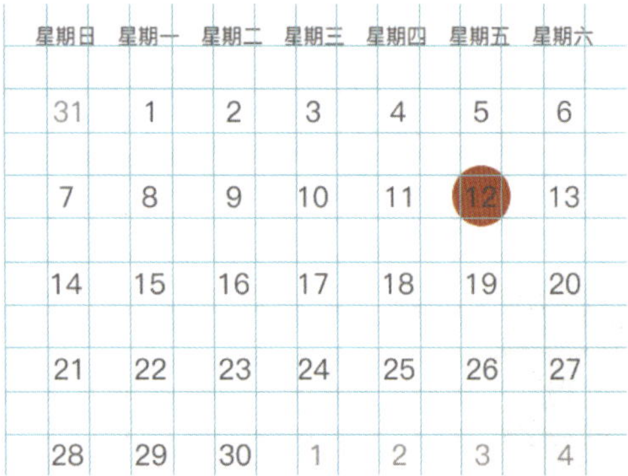

图 8-63　绘制椭圆背景后的效果

图 8-64　更改文本颜色后的效果

步骤 16 整理图层，在“图层”面板中选择所有日期图层并加选圆形背景图层，为其创建新组，并重命名为“日期”。

步骤 17 选择工具箱中的“椭圆工具”，在属性栏中设置工具模式为“形状”，填充颜色为 #CC6600，描边为“无”，其余参数保持默认值。单击画布，在弹出的对话框中设置宽度和高度为“100 像素”，选择“从中心”复选框，单击“确定”按钮完成绘制，将图层重命名为“新建日程按钮背景”，效果如图 8-65 所示。

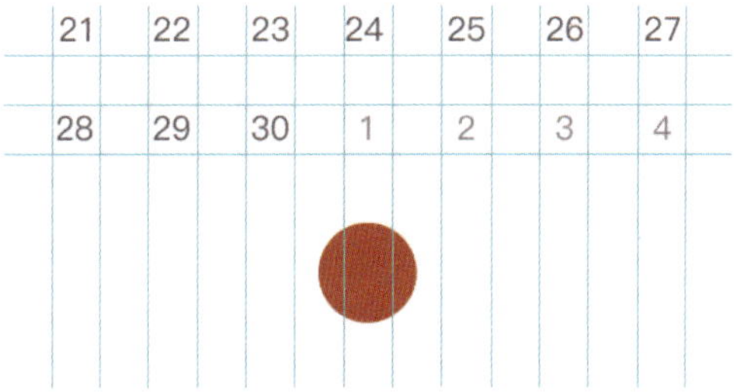

图 8-65 “新建日程按钮背景”效果

步骤 18 选择工具箱中的“圆角矩形工具”，在属性栏中设置工具模式为“形状”，填充为“白色”，描边为“无”，半径为“4 像素”，其余参数保持默认。单击画布，在弹出的对话框中设置宽度为“60 像素”，高度为“12 像素”，选择“从中心”复选框，单击“确定”按钮完成绘制，将图层重命名为“新建日程按钮横”。

步骤 19 复制绘制的圆角矩形形状，并将其旋转 90°，调整位置，将图层重命名为“新建日程按钮竖”，效果如图 8-66 所示。

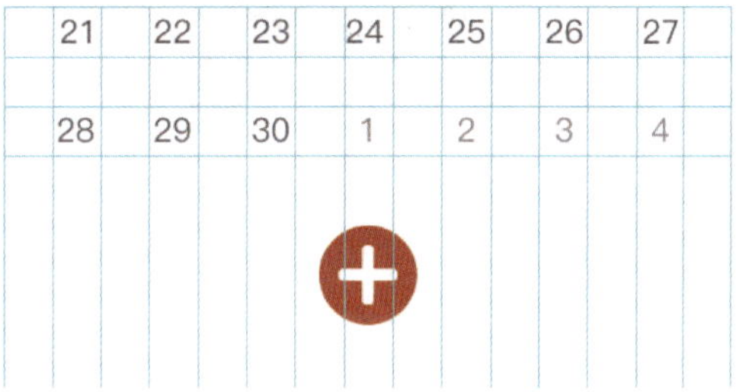

图 8-66 “新建日程”按钮完成效果

步骤 20 选择“新建日程按钮背景”“新建日程按钮横”和“新建日程按钮竖”三个图层，按 Ctrl+G 组合键建组并重命名为“新建日程按钮”，如图 8-67 所示。

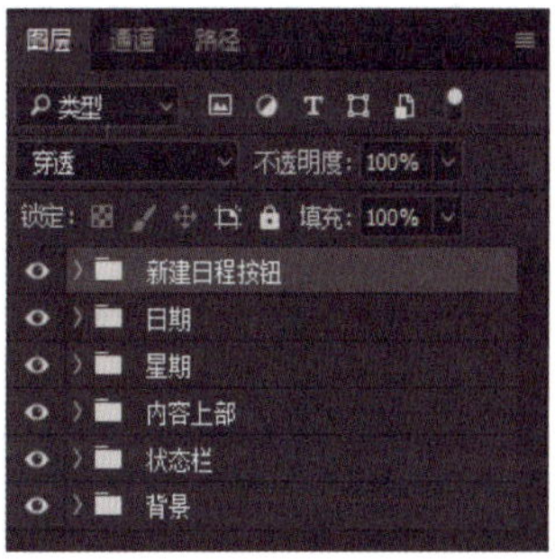

图 8-67 整理图层

4. 保存输出

按 Ctrl+S 组合键将文件存储为 PSD 格式，并导出 PNG 格式。

【任务总结】

在界面设计过程中，要了解不同设备的设计尺寸及界面图标尺寸，了解状态栏、导航栏、标签栏等界面元素的设计规范，只要完全掌握并多练习实践，就能设计出优秀的 App 界面设计作品。

项目拓展

（1）请完成扁平 UI 图标设计展示效果图，如图 8-68 所示。

扁平化 UI 图标设计展示效果

图 8-68　扁平 UI 图标设计展示效果

1）新建一个宽度为“1280 像素”、高度为“800 像素”、分辨率为“72 像素 / 英寸”的文档。

2）将任务一的圆角图标效果图置入画布，并调整位置和大小。

3）设置字符样式后，输入文字，并调整文字位置，效果如图 8-68 所示，保存输出。

App 启动页设计

（2）请完成 App 启动页设计，画布尺寸为 750 像素 ×1334 像素，效果如图 8-69 所示。

1）新建一个宽度为“750 像素”、高度为“1334 像素”、分辨率为“72 像素 / 英寸”的文档。

2）使用“渐变工具”的径向渐变模式填充背景。

3）将任务 2 的写实图标效果置入文档中，并调整位置和大小。

4）输入文字，并调整文字位置和大小，效果如图 8-69 所示，最后保存输出。

（3）请完成 App 日程页界面设计，效果如图 8-70 所示。

App 日程页
界面设计

图 8-69　App 启动页

图 8-70　App 日程页界面设计

1）将任务 3 的“7”～“13”文字保留，并调整其位置，其余日期文字删除。

2）设置字符样式，输入文字，并调整位置。

3）使用“椭圆工具”绘制不同颜色圆点标记，效果如图 8-70 所示，最后保存输出。

项目 9

证件照后期修图及排版

项目导读

传统照相馆拍摄证件照一般不会去做后期修图，这种形式的拍摄现已满足不了人们对高品质证件形象照的需求。目前以天真蓝、海马体为代表的照相馆蓬勃发展，从选衣服到拍摄,化妆师全程跟进,让客户感觉服务贴心、体验感十足。这类照相馆相比婚纱影楼，技术和资金门槛低，时长差异化竞争与投资风险小，是个人创业者不错的选择。当然，学会本项目课程，掌握证件形象照后期修图，我们不仅可以自己动手打造最美的证件形象照，也无形中给我们增加了更多的就业机会。

岗位技能

本项目对接中高职相关设计专业人才培养目标岗位，如数字影像后期、数字艺术制作、数字文化创意等相关行业，此类网位需要具有良好的职业道德、爱岗敬业精神，有责任意识和创新意识，掌握相应的专业理论知识，具有较强的适应岗位的动手能力，能进行创意、设计、制作多层次的高素质、高技能专门人才。主要面向动漫公司、影视公司、游戏公司、电视台、数字多媒体行业公司、广告设计公司、传媒公司、文化传播公司、出版社等企事业单位，未来影像后期从业人员都应该具备证件形象照分析、修图能力和职业素养。

教学目标

- 掌握污点修复画笔工具、修复画笔工具、修补工具等的使用。
- 掌握中性灰修图方法。
- 掌握高低频磨皮技法。
- 掌握液化滤镜的使用。
- 掌握证件照换背景方法。
- 了解证件照尺寸。

课前学习微课

（1）扫一扫二维码，观看相关视频。

证件照修图步骤　　形象照修图要点

（2）完成以下工作：

1）上网了解各类证件照的尺寸。

2）寻找身边需要用到证件照的地方。

任务1 灰色背景男证件照修图

【任务描述】

本任务帮助读者掌握男士证件照的修图方法，学会调整照片影调关系，利用修复工具、污点修复画笔工具和修补工具等深入处理人物面部瑕疵，掌握中性灰修图方法和高低频磨皮方法，能够分析原图的不足之处，并对原图进行相应调整，最终完成男士证件照的修图、换背景、尺寸设置。

【任务要求】

根据原图（图 9-1）完成效果图（图 9-2）。

图 9-1　原图

图 9-2　最终效果

【知识链接】

1. Adobe Camera Raw

Adobe Camera Raw（ACR）是 Adobe 公司旗下的照片 RAW 文件处理器。

Photoshop CC 2018 软件中附带 ACR，也就是说安装 Photoshop 后就自动安装了 ACR。RAW 文件又叫数字底片，是数码相机所生成的原始格式文件，能比 JPEG 格式储存更多的信息。几乎每个相机厂商都有自己的 RAW 文件格式，常见的 RAW 文件后缀包括 .nef、.dng、.cr2 等。

正因为各家厂商的 RAW 格式各不相同，所以 Photoshop 本身是无法直接识别这些千奇百怪的 RAW 格式的，需要通过 ACR 处理器先解析转换一遍。同时 ACR 还提供了很多调整选项，这些在 RAW 文件之上的调整都是完全无损的，也就是底片信息并没有被覆盖，随时可以一键复原。

修补工具组

2. 修补工具组

（1）污点修复画笔工具。污点修复画笔工具是 Photoshop 中处理照片常用的工具之一。污点修复画笔工具可直接涂抹，与橡皮擦类似。它会自动识别周围颜色进行修复，利用污点修复画笔工具可以快速移去照片中的污点和其他不理想部分。

在使用污点修复画笔工具时，不需要定义原点，只需要确定需要修复的图像位置，调整好画笔大小，移动鼠标就会在确定需要修复的位置自动匹配，所以比较实用，而且操作简单，颜色融合效果好。

（2）修复画笔工具。修复画笔工具需要按 Alt 键的同时，点按鼠标以定义用来修复图像的源，以此作为样本进行绘制来修复画面中的瑕疵。修复画笔工具还可以随时变换源进行绘制，可以使用同一源进行多处修补，但是修补后周围颜色、明暗变化较复杂，需要融合。

（3）修补工具。修补工具可修改有明显裂痕或污点等有缺陷或者需要更改的图像。圈出需要修复的部分，拉取需要修复的选区拖动到附近可替换区域实现修补。一般可以用来修复一些大面积的皱纹等，颜色融合效果好。

（4）内容感知移动工具。内容感知移动工具在背景不是很复杂的情况下使用，有两种模式：扩展和移动。

扩展：使用内容感知移动工具移动选区中的对象时，被移动的对象会自动将图像与四周的景物融合在一起，原始的区域并不受影响。

移动：使用内容感知移动工具移动选区中的对象时，被移动的对象会自动将图像与四周的景物融合在一起，而原始的区域则会进行智能填充。

（5）红眼工具。在光线较暗的房间里拍照时，由于闪光灯使用不当等原因，人物照片上容易产生红眼（即闪光灯导致的红光反应）。使用红眼工具框住红眼中心，该红点可快速消除。

中性灰修图

3. 中性灰修图

中性灰修图即通过对局部明亮度的调整从而让图片光影变得干净顺

畅，中性灰图层需要配合“柔光”图层模式进行图片的光影与质感修饰。

4. 高低频磨皮

高低频磨皮是商业磨皮常用的一种磨皮方法，它除了能改善皮肤外还能保留皮肤的质感，效果很棒，是商业修图必学的技巧之一。

所谓的高低频图层也就是将光影、颜色和质感分开处理，高频层记录人物皮肤的细节特征，低频层记录人物皮肤的颜色及光影。对高低频图层分开调整，调整细节不会影响光影和颜色，调整颜色光影不会影响细节。

高低频磨皮

5. 混合器画笔工具

混合器画笔工具可以轻松模拟绘画的笔触感效果，并且可以混合画布颜色和使用不同的绘画湿度。

液化

6. 液化

“液化”滤镜可用于推、拉、旋转、反射、折叠和膨胀图像的任意区域。“液化”成为修饰图像和创建艺术效果的强大工具。

【任务实施】

任务1 灰色背景男证件照修图

1. 修复人物皮肤污点

步骤1 启动 Photoshop CC 2018，将素材文件“灰色背景男证件照 .NEF”拖到 Photoshop 中，在弹出的 Camera Raw 对话框中可以发现原图有点偏暗，对图片适当增加对比度、高光、白色，降低黑色等操作（色温：4900；色调：+10；对比度：+7；高光：+2；阴影：+23；白色：+5；黑色：-20），增加图片的光影层次感，如图 9-3 所示。单击“打开图像”按钮，进入 Photoshop 中。

图 9-3　Camera Raw 中增加图片的光影层次感

提示：在 Camera Raw 对话框中，通过单击按钮可在原图和效果图之间进行切换。

步骤2 按 Ctrl+S 组合键将文件保存为“灰底证件照男 .psd”。

步骤 3 复制背景层，选择“污点修复画笔工具”或“修复画笔工具”单击人物面部皮肤处起皮和明显瑕疵的地方，选择“修补工具”处理人物脖子处有明显颈纹的地方，去除皮肤上的瑕疵，让皮肤的肤质得到改善，如图 9-4 所示。

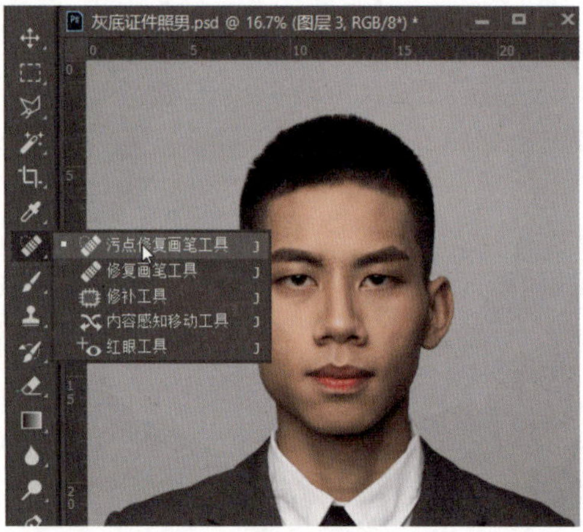

图 9-4 使用“污点修复画笔工具”去瑕疵

提示：使用污点修复画笔工具去瑕疵的过程中，可以根据痘印的大小调节相对应的污点修复画笔大小。污点修复画笔工具对小的瑕疵的修复效果还是很好的，对于比较大块的瑕疵，可以考虑使用修补工具。

技巧：污点修复画笔工具和其他画笔工具类似，在英文输入状态下，可以通过“[”或“]”来缩小或变大画笔大小。

步骤 4 选择“修补工具”对人物眼部的血丝进行处理，如图 9-5 所示。让人物显得更精神。

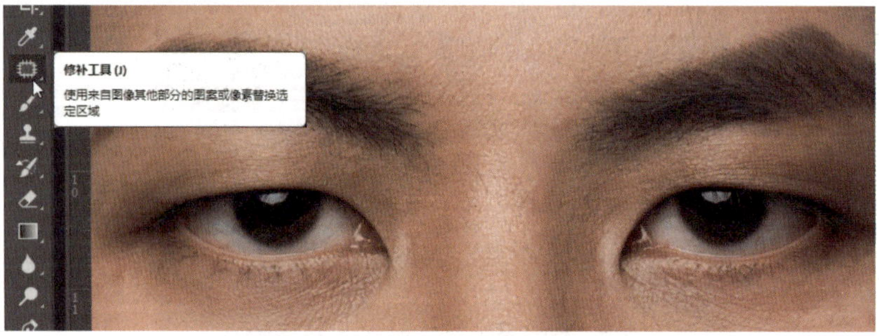

图 9-5 使用“修补工具”处理眼部血丝效果

2. 让人物面部明暗关系过渡均匀

步骤 1 建立黑白观察图层组。首先单击“图层”面板下部的“创建新的填充或调整图层”按钮，在弹出的菜单中选择“黑白”，给图像添加黑白调整层，让图片变为黑白效果。

步骤 2 再添加曲线调整图层。在属性面板将曲线进行调整，如图 9-6 所示。通过调整曲线的形状，可以看到黑白皮肤的明暗关系过渡不均匀。

步骤 3 为了便于后期的操作观察，选中黑白调整层和曲线调整层，按 Ctrl+G 组合键，将黑白调整层和曲线调整层建组，并将其命名为“观察图层”，如图 9-6 所示。

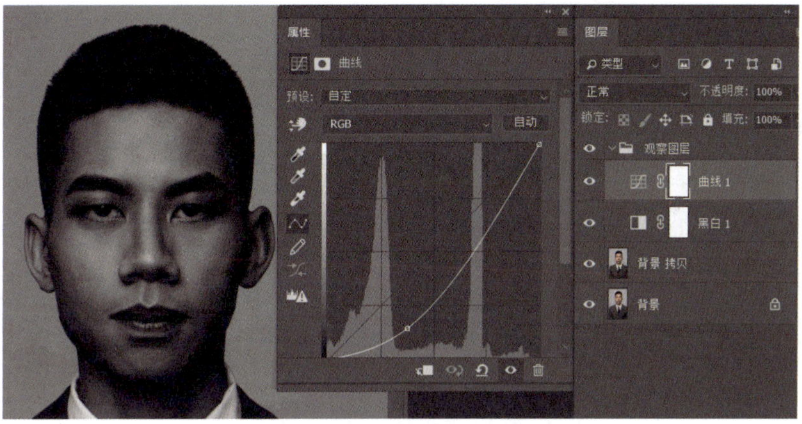

图 9-6 调整曲线并建黑白观察图层组

步骤 4 新建一个图层，将其混合模式调整为“柔光”。按 D 键，将前景色和背景色设置为默认的黑白两色。选择白色或黑色画笔工具（硬度为 0%，不透明度约为 10%，流量约为 10%，打开“压力”效果），观察人物面部、脖子的明暗关系，在“柔光”图层上相应地轻轻擦拭，让人物面部的明暗关系过渡均匀。

提示：使用画笔修人物图时，数位板的使用会让我们更加得心应手。

步骤 5 多次调整曲线调整图层的曲线（提亮高光、压暗阴影、增加明暗对比），观察人物面部、脖子的明暗关系，选择白色或黑色画笔工具（硬度为 0%，不透明度约为 10%，流量约为 10%，打开“压杆”效果），在“柔光”图层上进行轻轻地擦拭，让人物面部的明暗关系过渡均匀，效果如图 9-7 所示。

图 9-7 完善面部及脖子的明暗关系

提示：单击“观察图层”组前面的眼睛图标，隐藏“观察图层”组，切换到正常的颜色模式下，交替隐藏和显示“图层 1”，可以发现通过处理，人物面部的明暗关系有了很好的改善，对比如图 9-8 所示（左侧为隐藏状态，右侧为显示状态）。

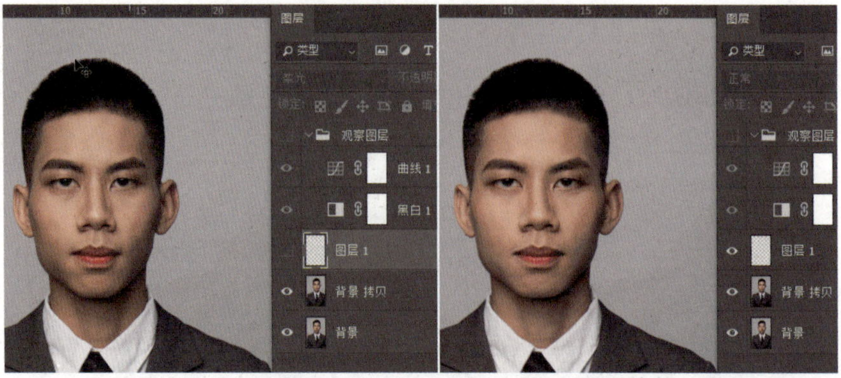

图 9-8　隐藏 / 显示柔光层的效果

步骤 6　皮肤偏色处理。通过之前的柔光图层的处理，将图片放大，可以发现皮肤上某些地方出现灰色，有些许偏色。新建图层，并将其命名为“处理肤色”，混合模式设置为“颜色”，使用“吸管工具”吸取旁边正常的肤色，使用“画笔工具”（硬度为 0%，不透明度约为 10%，流量约为 10%，打开“压杆”效果）对偏色的区域进行涂抹，改善肤色。处理前和处理后的图片如图 9-9 所示（左侧为处理前效果，右侧为处理后效果）。

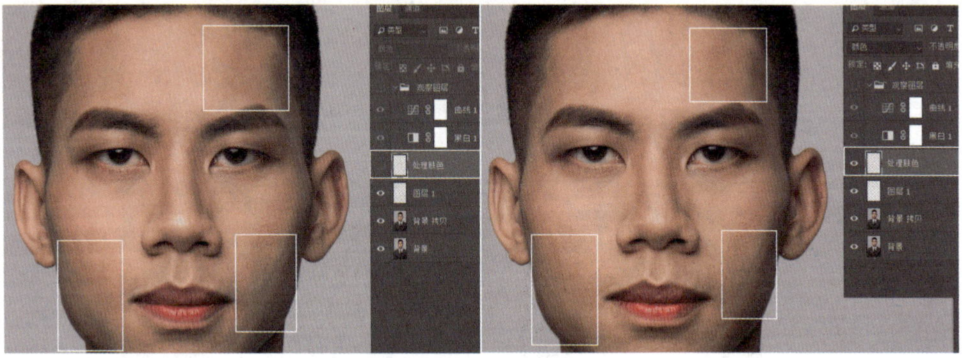

图 9-9　肤色处理前后

提示：图中框选的区域仅仅是偏色比较明显的地方，还有很多细微的偏色，需要大家放大图片细心观察。

步骤 7　整个图片看起来皮肤偏红，饱和度偏高。新建“色相 / 饱和度”调整层，在“属性”面板中降低图片的饱和度，如图 9-10 所示。

3. 高低频对人物进行磨皮

步骤 1　低频图层处理。按 Ctrl+Shift+Alt+E 组合键，盖印图层，重命名为“低频图层”，将“低频图层”拖到“新建”按钮上复制图层，重命名得到“高频图层”。

隐藏“高频图层”，选择“低频图层”，选择“滤镜”/“模糊”/“高斯模糊”，对“低频图层”做高斯模糊（半径：4），如图 9-11 所示。

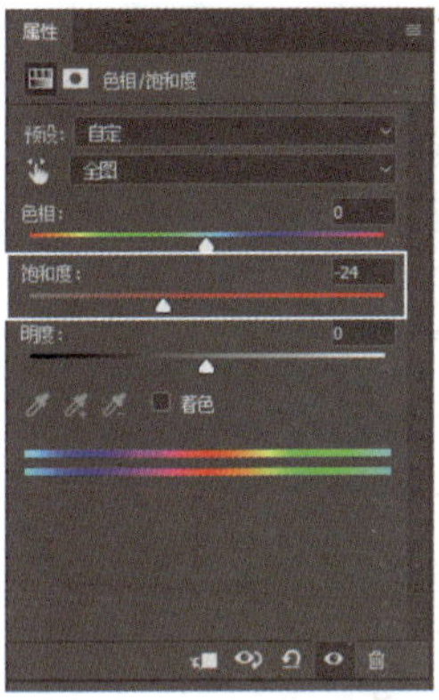

图 9-10　降低饱和度

图 9-11　对“低频”图层做高斯模糊

步骤 2　高频图层处理。单击“高频图层”前面的眼睛图标，显示图层。执行“图像”/“应用图像”命令，在弹出的对话框中进行设置（“图层”选择“低频图层”，“混合”选择“减去”，缩放为 2，补偿值为 128），如图 9-12 所示。

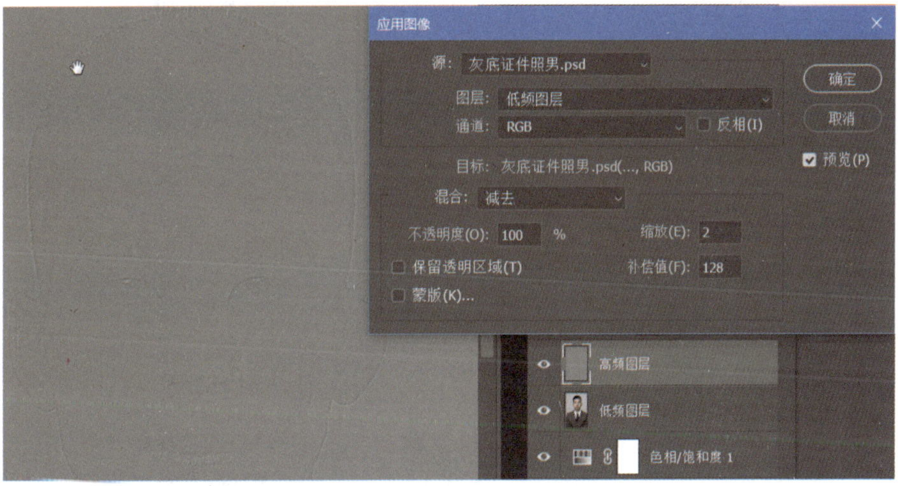

图 9-12　“高频图层”处理方法

步骤 3　将“高频图层”的混合模式设置为“线性光”。选中这两个图层，按 Ctrl+G 组合键，建立“高低频图层”组，如图 9-13 所示。

步骤 4　选择“低频图层”，选择人物额头部分区域，执行“选择”/“修改”/“羽化”命令，羽化 15 像素。执行“滤镜”/“模糊”/“高斯模糊”命令，模糊的目的是对人物额头皮肤进行光影上打散、色彩均匀化，皮肤颜色影调变得更加均匀和光滑。如图 9-14 所示。

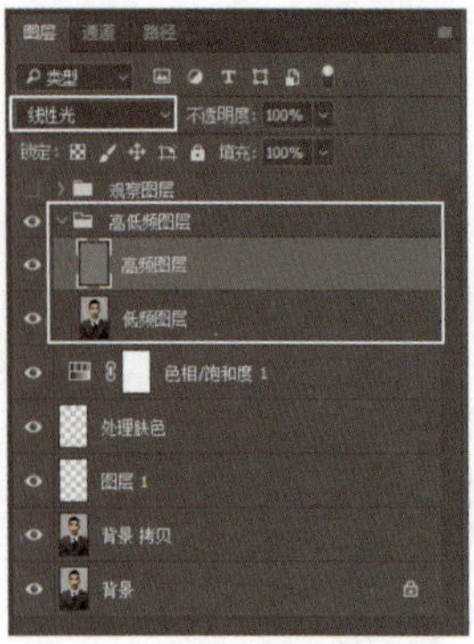

图 9-13 更改混合模式并建组

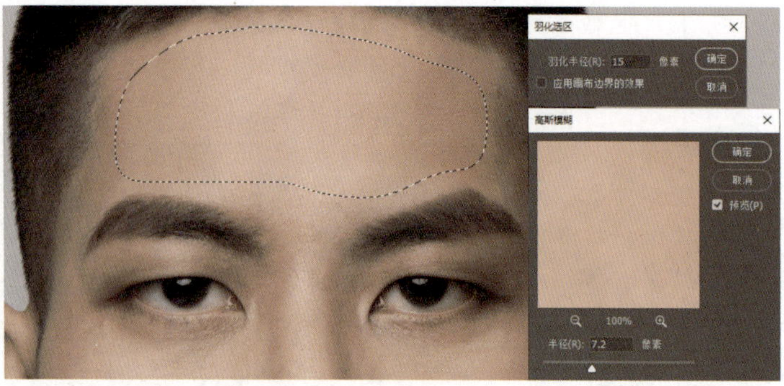

图 9-14 处理额头区域

提示：高斯模糊的参数值设定以多保留皮肤细节为准，男性皮肤的模糊程度可以稍微弱些，保留部分男性特征会更好。

步骤 5 同上一步操作，对人物面部进行羽化和高斯模糊，如图 9-15 所示。

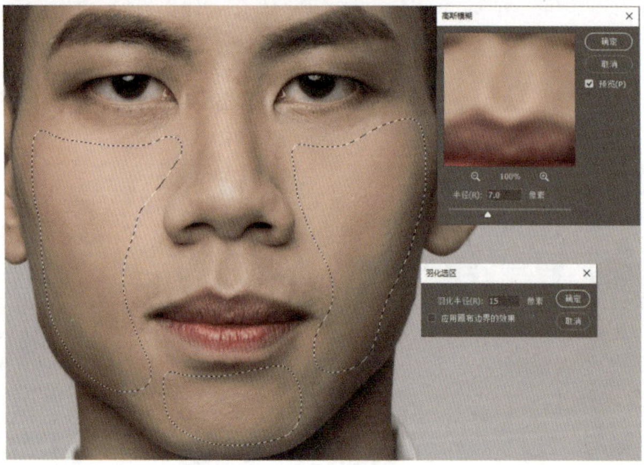

图 9-15 处理面部区域

步骤 6 继续对人物脖子区域做羽化和高斯模糊，如图 9-16 所示。

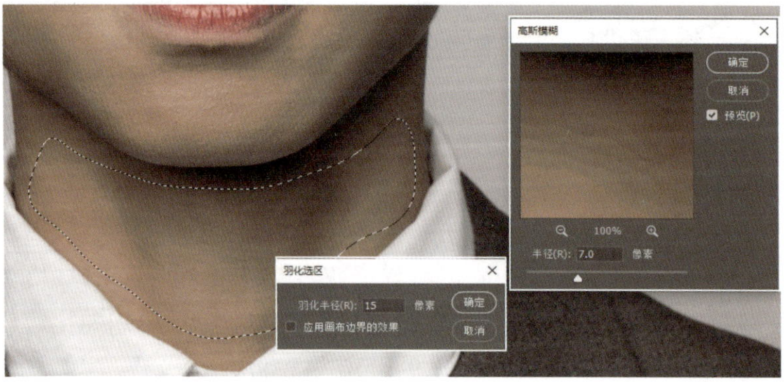

图 9-16 处理脖子区域

步骤 7 面部还有局部区域不方便使用之前大范围的高斯模糊的方法，比如眼睛、鼻子、眼袋、脸部边缘等区域。选择“混合器画笔工具”（选择“每次描边后清理画笔”，潮湿为 30%，描边平滑度为 10%，打开“压力”效果），对眼睛、鼻子、眼袋、脸部边缘等区域沿着皮肤的光影和纹理进行涂抹，如图 9-17 所示。

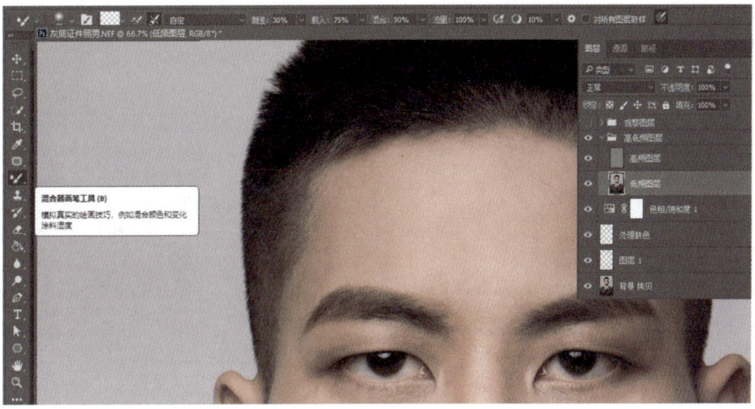

图 9-17　使用“混合器画笔工具”对细节进行修整

提示：用混合器画笔工具对细节地方进行过渡，类似用图章修整皮肤，都需要顺着皮肤的光影和纹理进行涂抹，要不然会打乱皮肤的光影和纹理。

4. 细节处理

磨皮后，下面对人物进行细节处理。

步骤 1 整体刻画人物的立体结构。新建图层，重命名为“光影”，设置混合模式为“柔光”，选择“画笔工具”（硬度为 0%，不透明度约为 10%，流量约为 10%，打开“压力”效果），切换黑、白两色对人物面部和脖子轻轻涂抹，让人物更立体。效果如图 9-18 所示。

图 9-18　处理人物面部和脖子光影

提示：选择白色画笔对额头凸起、鼻梁、脸颊、嘴唇、眼白等地方轻轻涂抹；选择黑色画笔对面部边缘、眉毛、眼角、眼珠、脖子等地方轻轻涂抹。涂抹过程中需要实时关注人物面部光影。

步骤 2 在修光影过程中，有些地方的处理不是很顺手的情况下，可以对画布进行旋转。按 R 键，使用鼠标可对画布进行旋转，如图 9-19 所示。图 9-20 是对人物眼睛光影进行处理。

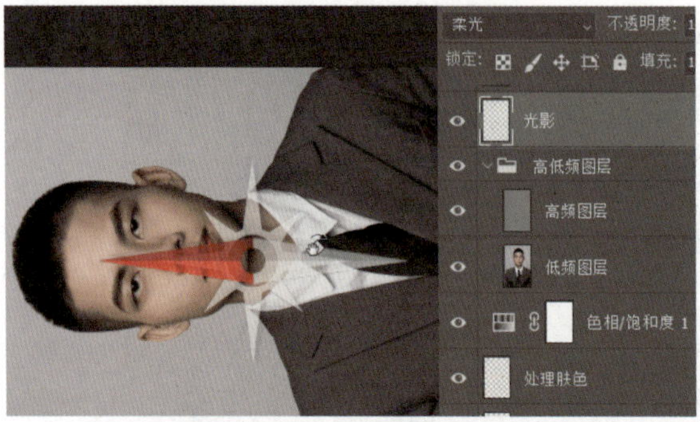

图 9-19　选择 R 键旋转画布

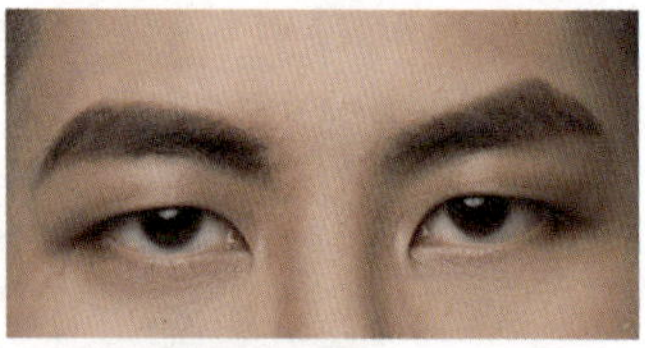

图 9-20　处理眼睛光影

步骤 3 新建图层，重命名为“眉毛头发”。选择“吸管工具”，点选头发或眉毛颜色，使用“画笔工具”（硬度为 100%，不透明度约为 100%，流量约为 100%，打开“压力”效果）顺着眉毛和头发走势，给眉毛和头发缺失的地方进行绘制。执行“滤镜”/“模糊”/“高斯模糊”（较小值）命令，适当将刚绘制的眉毛和头发进行模糊，这样看起来就比较真实，如图 9-21 所示。

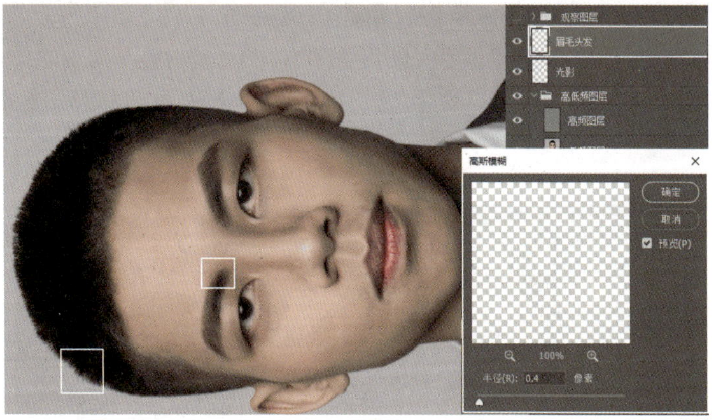

图 9-21　绘制眉毛和头发

步骤 4 对嘴唇进行处理。选择下嘴唇区域，单击“图层”面板的“添加创建新的填充或调整图层”，选择“色相 / 饱和度”（饱和度：-19；明度：+2），对下嘴唇降低饱和度，如图 9-22 所示；使用同样的方法对上嘴唇增加饱和度（饱和度：+34），如图 9-23 所示；新建图层，设置图层混合模式为“颜色”，用吸管工具吸取嘴唇上的颜色，使用画笔对整个嘴唇的唇形进行修正，如图 9-24 所示。最后，将这三个图层建组并重命名为“嘴唇”。

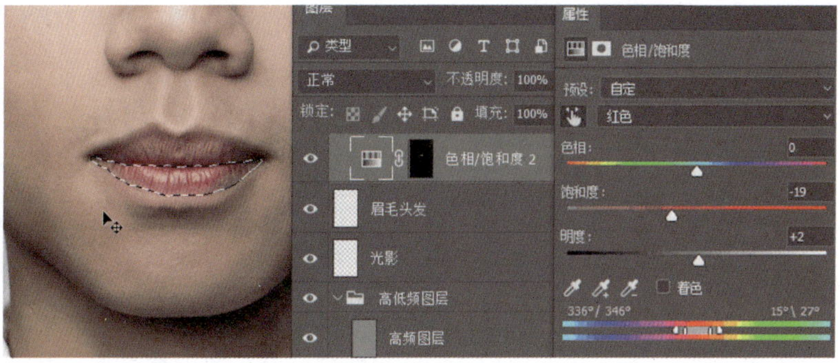

图 9-22　降低下嘴唇饱和度

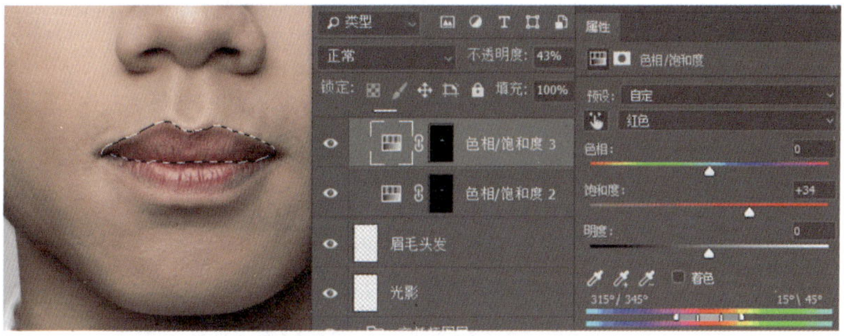

图 9-23　增加上嘴唇饱和度

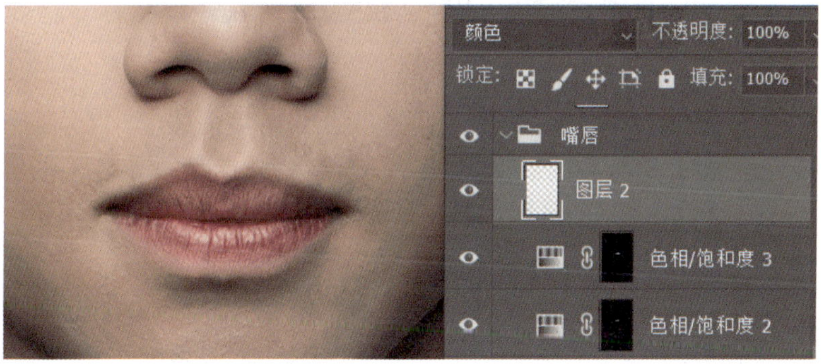

图 9-24　刻画嘴唇轮廓

步骤 5　细节处理完成后，观察整个图像，觉得人物偏暗。在图层上方添加“曲线”调整图层，对曲线整体调亮，增加黄色，效果如图 9-25 所示。

5. 液化

步骤 1　按 Ctrl+Shift+Alt+E 组合键，盖印图像。

步骤 2　按 Ctrl+R 组合键，在窗口中调出“标尺”。按住鼠标左键从水平标尺处拖出水平参考线各置于眉毛、眼睛、嘴、肩处；按住鼠标左键从垂直标尺处拖出垂直参考线置于人物中间，如图 9-26 所示。

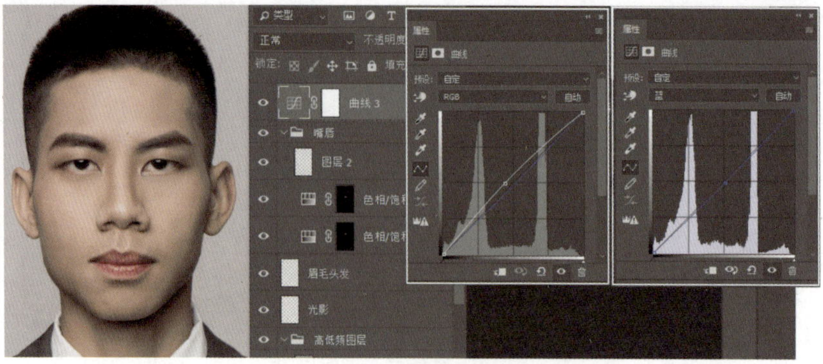

图 9-25　添加“曲线”调整层

图 9-26　添加参考线

步骤 3　执行“滤镜”/“液化”命令，对盖印图层进行液化处理（勾选“显示参考线”）。观察图片，对人物的眉毛、脸部、耳、肩、衣服的褶皱等地方进行了液化处理。液化前和液化后的对比如图 9-27 所示（左侧为液化前，右侧为液化后）。

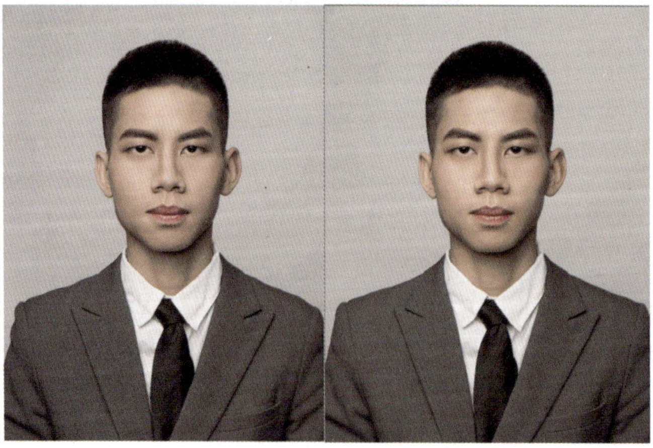

图 9-27　未液化和液化效果对比

步骤 4 复制“图层 3”，重命名为“去除白衬衣褶皱”。选择“减淡”工具在白衬衣的灰色地方涂抹多次，去除褶皱，效果如图 9-28 所示。

图 9-28　去除白衬衣褶皱

步骤 5 新建图层，命名为“领带光影”，设置图层混合模式为“柔光”。选择“白色画笔工具”（硬度为 0%，不透明度约为 10%，流量约为 10%，打开“压力”效果），给领带增加高光，效果如图 9-29 所示。至此，灰色底男士证件照处理完成。

图 9-29　使用画笔添加领带光影

步骤 6 按 Ctrl+S 组合键保存文档。

【任务总结】

本任务通过修整男士证件照，主要学习了修复人物皮肤污点的方法、人物面部明暗关系过渡均匀的方法、用高低频对人物进行磨皮的方法、液化滤镜的使用等。对证件照的处理与生活是息息相关的，掌握了本任务的操作方法，我们就可以打造自己的最美证件照了。

任务2 灰色背景女形象照修图

【任务描述】

本任务帮助读者掌握女士形象照的修图方法，学会调整照片影调关系，利用修复工具、污点修复画笔工具和修补工具等深入处理人物面部瑕疵；学习中性灰修图、高低频磨皮方法，学习载入画笔及使用画笔给人物添加睫毛；学会分析原图的不足之处，并对原图进行相应调整，最终完成女士形象照的修图及杂志排版。

【任务要求】

根据原图（图 9-30），完成效果图（图 9-31）。

图 9-30　原图

图 9-31　最终效果

【知识链接】

1. Photoshop 笔刷

笔刷

Photoshop 笔刷是 Photoshop 软件中画笔的笔头形状，有一些预设的图案，可以以画笔的形式直接使用。通过 Photoshop 笔刷的载入功能，就能刷出各种不同的效果，如眼睫毛、天使翅膀等。

2. 图层蒙版

图层蒙版是 Photoshop 中一项十分重要的功能，蒙版有透明的、半透明的、完全不透明的。

用各种绘图工具在蒙版上涂色（只能涂黑、白、灰三色），涂黑色就是蒙住当前图层的内容，显示当前图层下面的图层的内容，看不见当前图层的图像；涂白色则是显示当前层的内容，可看到当前图层的图像；涂灰色使蒙版变为半透明，透明的程度由涂色的灰度深浅决定，当前图层下面的层的内容则若隐若现。

【任务实施】

任务 2 灰色背景女形象照修图

1. 修复人物皮肤污点

步骤 1 启动 Photoshop CC 2018，将素材文件“灰色背景女形象照修图 .NEF”拖到 Photoshop 中，在弹出的 Camera Raw 中，给图片适当增加曝光、对比度、高光、白色，降低黑色，增加图片的光影层次感（色温：4900；色调：+10；曝光：+0.05；对比度：+5；高光：+8；阴影：+19；白色：+29；黑色：-15），如图 9-32 所示。单击“打开图像”按钮，进入 Photoshop 中。

图 9-32 Camera Raw 中增加图片的光影层次感

步骤 2 按 Ctrl+S 组合键将文件保存为“灰色背景女形象照效果 .psd”。

步骤 3 复制背景层，选择“污点修复画笔工具”或“修复画笔工具”单击人物面部皮肤处有明显瑕疵的地方，选择“修补工具”处理人物脸上、脖子处有零落头发丝的地方，处理人物脖子处有颈纹的地方，让人物的皮肤看起来更加干净，皮肤的肤质得到改善，如图 9-33 所示。

2. 让人物面部明暗关系过渡均匀

步骤 1 同任务 1，建立黑白观察图层组。首先单击“图层”面板下部的“创建新的填充或调整图层”按钮，在弹出的菜单中选择“黑白”，给图像添加黑白调整层，让图片变为黑白效果。

步骤 2 再添加曲线调整图层。选中黑白调整层和曲线调整层，按 Ctrl+G 组合键，将黑白调整层和曲线调整层建组，并将其命名为“观察图层”。

图 9-33　修瑕疵后效果

步骤 3　新建一个图层，将其混合模式调整为“柔光”。按 D 键，将前景色和背景色设置为默认的黑白两色。选择白色或黑色“画笔工具”（硬度为 0%，不透明度约为 10%，流量约为 10%，打开“压力”效果）。

步骤 4　在“属性”面板将曲线进行调整。在压暗、提亮、对比的曲线的状态下，观察人物面部、脖子的明暗关系，在“柔光”图层上使用刚设置的柔画笔进行相应的轻轻擦拭，让人物面部的明暗关系过渡均匀。曲线调整如图 9-34 所示。

图 9-34　通过改变曲线调整人物明暗过渡

提示：调整人物面部、脖子的明暗关系的同时，也不要忘记手的明暗关系的过渡。

步骤 5　隐藏“观察图层”，切换到正常的颜色模式。图 9-35 是使用画笔精修人物皮肤明暗过渡的前后对比（左侧为调整前，右侧为调整后）。

图 9-35 调整明暗过渡前后对比

步骤 6 通过之前的“柔光”图层的处理，将图片放大，可以发现皮肤上某些地方出现灰色，有些许偏色。新建图层，混合模式设置为“颜色”，使用“吸管工具”吸取旁边正常的肤色，使用“画笔工具”(硬度为 0%，不透明度约为 37%，流量约为 10%，打开“压力”效果）对偏色的区域进行涂抹，改善肤色。如图 9-36 所示。

图 9-36 修整偏色

3. 使用高低频对人物进行磨皮

步骤 1 按 Ctrl+Shift+Alt+E 组合键，盖印图层，命名为“低频图层”。再将盖印的图层“低频图层”拖到“新建”按钮上复制图层，命名为“高频图层”。选中“低频图层”和“高频图层”，按 Ctrl+G 组合键，创建图层组“高低频图层磨皮”。

步骤 2 隐藏“高频图层”，选择“低频图层”，执行“滤镜”/“模糊”/“高斯模糊”命令，对“低频图层”做高斯模糊，如图 9-37 所示。

步骤 3 高频图层处理。显示“高频图层”，执行“图像”/“应用图像”命令，在弹出的对话框中进行设置（“图层”选择“低频图层”，“混合”选择“减去”，缩放为 2，补偿值为 128），如图 9-38 所示。

图 9-37 高斯模糊“低频图层”

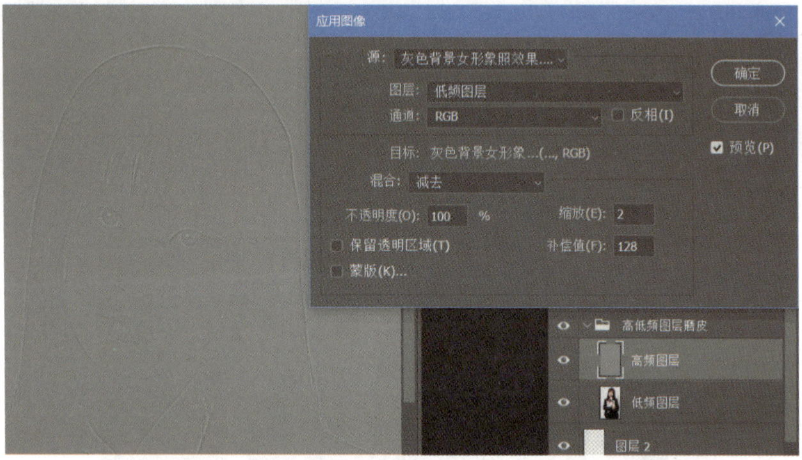

图 9-38 “高频图层”处理

步骤 4 将“高频图层”的混合模式设置为“线性光”。高频图层记录了人物皮肤的细节特征，如图 9-39 所示。

图 9-39 将“高频图层”混合模式设置为“线性光”

步骤 5　显示并选择“低频图层”，选择人物脸部区域，执行“选择”/“修改”/“羽化”命令，将羽化半径值设置 15 像素。执行“滤镜”/“模糊”/“高斯模糊”命令（半径：9），模糊的目的是对人物面部皮肤进行光影上打散、色彩均匀化，使皮肤颜色影调变得更加均匀和光滑。如图 9-40 所示。

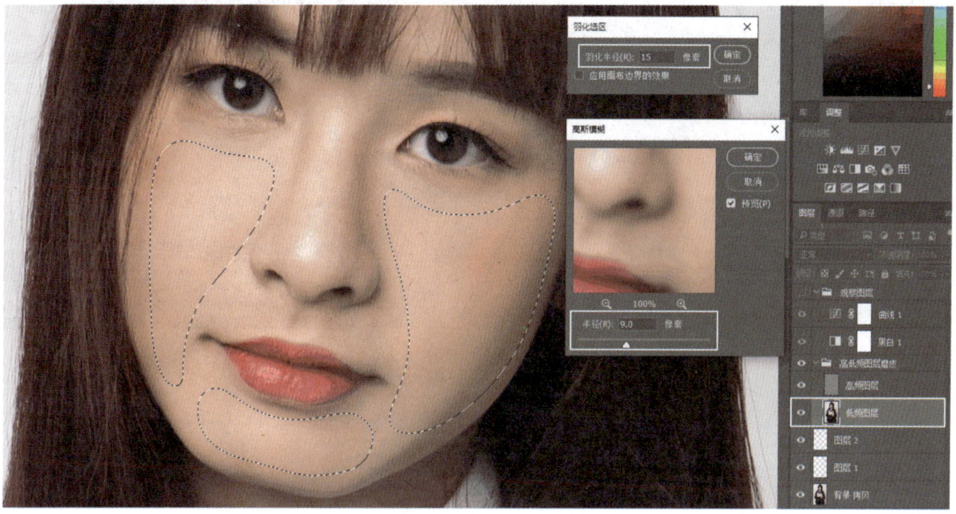

图 9-40　“低频图层”面部皮肤做高斯模糊

提示：高斯模糊的参数值的设定，女性的皮肤的模糊程度可以稍微比男性皮肤的模糊程度强些。

步骤 6　类似地，对人物脖子进行羽化（半径：15）和高斯模糊（半径：9），如图 9-41 所示。

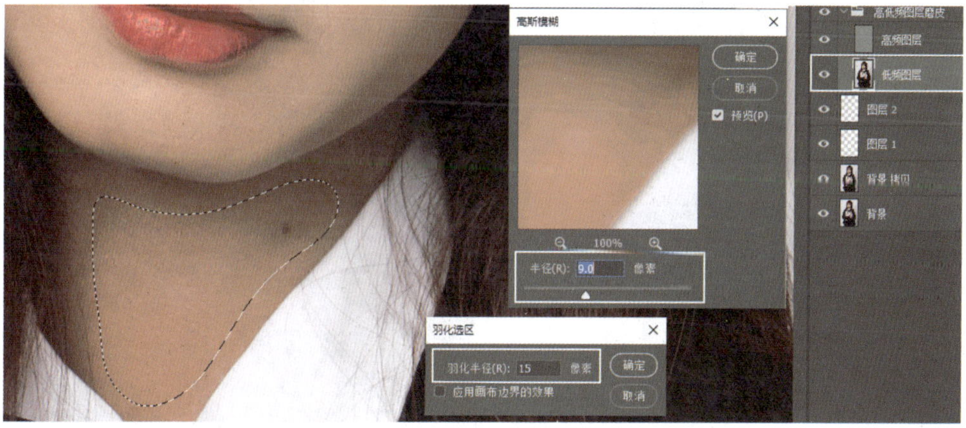

图 9-41　“低频图层”脖子区域做高斯模糊

步骤 7　继续对人物手部做羽化（半径：15）和高斯模糊（半径：9），如图 9-42 所示。

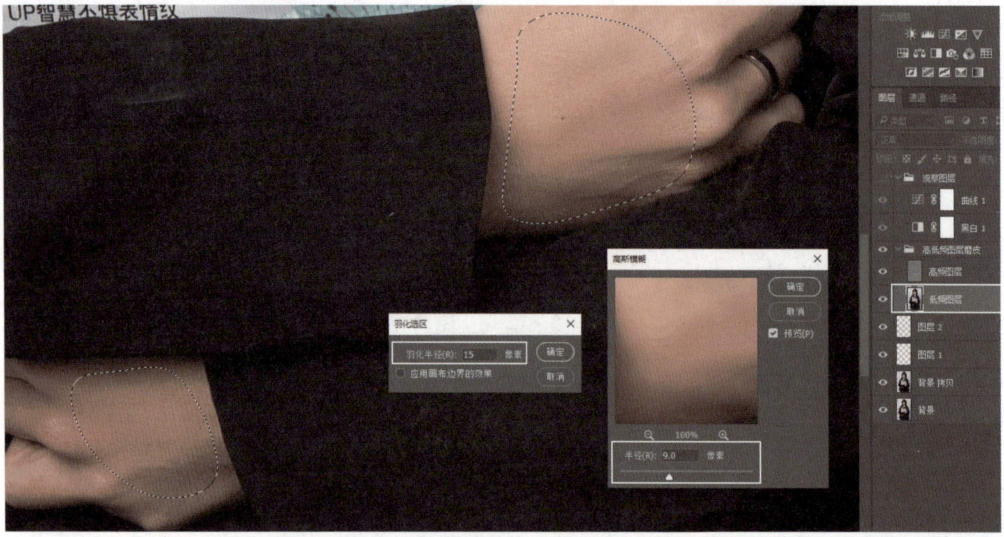

图 9-42 “低频图层”手部做高斯模糊

步骤 8 皮肤还有局部区域不方便使用大范围高斯模糊的方法，比如眼睛、鼻子、眼袋、脸部边缘、脖子边缘、手边缘等区域。选择“混合器画笔工具”（选择“每次描边后清理画笔”，潮湿为 30%，描边平滑度为 10%，打开“压力”效果），对这些区域沿着皮肤的光影和纹理进行涂抹。最终的磨皮效果对比如图 9-43 所示。

图 9-43 磨皮前后对比

4. 细节处理

步骤 1 整体刻画人物的立体结构。新建图层，重命名为“修光影”，设置混合模式为“柔光”，选择“画笔工具”（硬度为 0%，不透明度约为 10%，流量约为

10%，打开“压力”效果），切换黑、白两色对人物面部和脖子轻轻涂抹，让人物更立体。效果如图 9-44 所示。

图 9-44　处理人物面部和脖子光影

提示：不要遗漏了手部的光影处理。可以选择“白色画笔”对额头凸起、鼻梁、脸颊、嘴唇、眼白、人中、头发高光区域等轻轻涂抹；选择“黑色画笔”对面部边缘、眉毛、眼角、眼珠、脖子上的痣、头发等轻轻涂抹。涂抹过程中需要实时关注人物面部整体光影。

提示：修光影过程中，有些操作不是很顺手的情况下，可以按 R 键对画布进行旋转。

步骤 2　观察人物，新建“曲线”调整图层，整体提亮图片，再进行减红加黄操作，让人物肤色更自然。效果如图 9-45 所示。

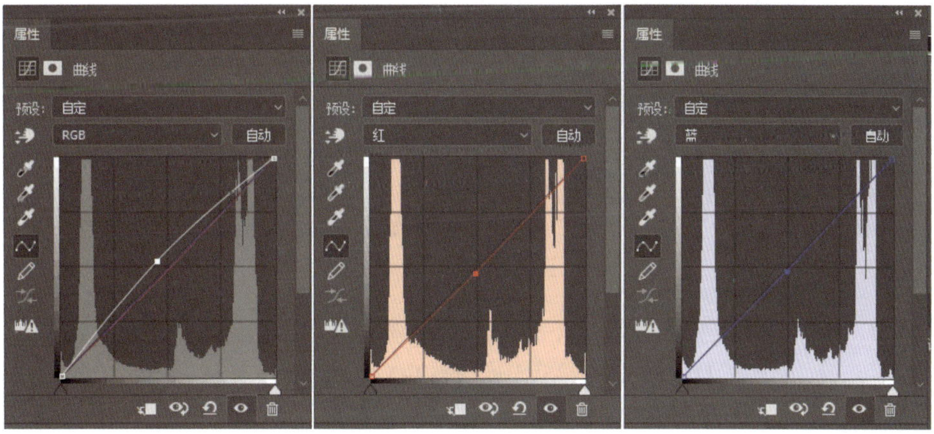

图 9-45　添加“曲线”调整图层

步骤 3 导入睫毛笔刷。选择“画笔工具”，选择“导入画笔”选项，在弹出的对话框中选择素材“睫毛笔刷 /0823_1.abr”，单击“载入”按钮，如图 9-46 所示。

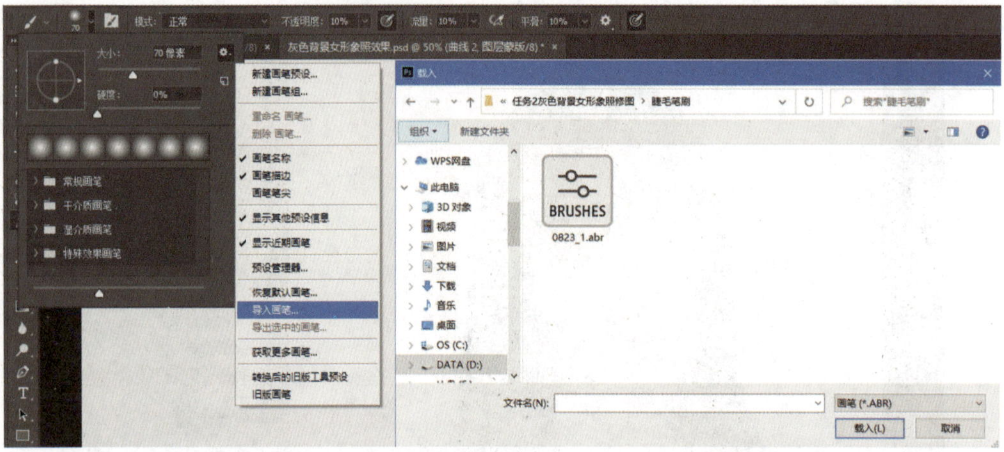

图 9-46 载入睫毛笔刷

步骤 4 新建图层“图层 3”，选择“画笔工具”，选择睫毛笔刷 eyelashes，在人物眼睫毛处绘制睫毛。按 Ctrl+T 组合键，右击，在弹出的快捷菜单中选择“变形”，通过调整，让绘制的睫毛跟人物的眼睛吻合，如图 9-47 所示。

图 9-47 绘制睫毛

步骤 5 复制“图层 3”，得到“图层 4”。将睫毛移至人物右眼，按 Ctrl+T 组合键，右击，在弹出的快捷菜单中选择“水平翻转”，再次右击，在弹出的快捷菜单中选择“变形”，让睫毛吻合人物右眼。选中“图层 3”和“图层 4”，按 Ctrl+G 组合键，建立“睫毛”图层组，并设置组的不透明度为 57%。如图 9-48 所示。

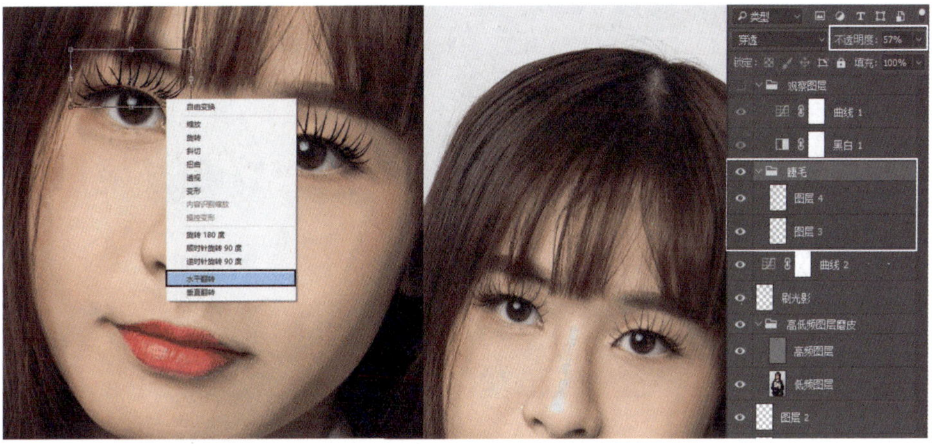

图 9-48　完成上睫毛

步骤 6　按 R 键，将图片旋转。在“图层 4”上新建“图层 5”，选择“画笔工具”，给人物绘制下眼睫毛，如图 9-49 所示。

图 9-49　绘制下眼睫毛

步骤 7　调整嘴唇色调。新建“色相 / 饱和度”调整图层（饱和度：-16），对图片降低饱和度。选中“色相 / 饱和度”调整图层的图层蒙版，填充黑色。使用“白色画笔工具”擦拭嘴唇。仅仅对人物的嘴唇进行色相 / 饱和度的调整。如图 9-50 所示。

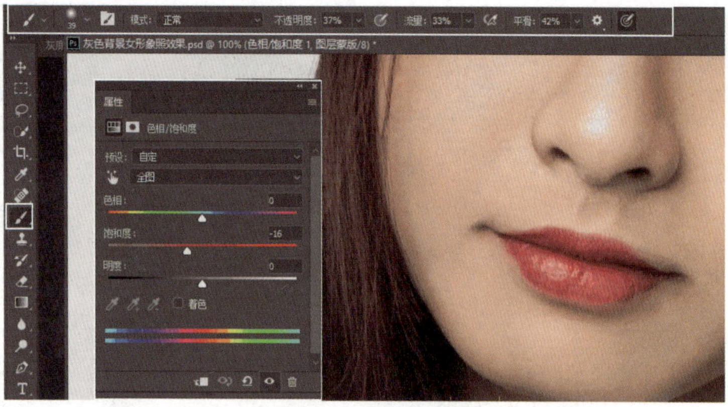

图 9-50 调整嘴唇色调

5. 液化

步骤 1 按 Ctrl+Shift+Alt+E 组合键，盖印图像。

步骤 2 按 Ctrl+R 组合键，在窗口中调出“标尺”。按住鼠标左键从水平标尺处拖出水平参考线置于人物肩处。

步骤 3 执行“滤镜”/“液化”命令，对盖印图层进行液化处理。观察图片，我们对人物的头发、鼻翼、肩、衣服的褶皱等地方进行了液化处理，液化前和液化后的对比如图 9-51 所示。保存文件。

图 9-51 液化前后对比

6. 制作杂志封面

步骤 1 新建 35.5 厘米 ×25 厘米，300 像素 / 英寸的文件。

步骤 2 执行“视图”/“新建参考线”命令，分别在 1.5 厘米、17 厘米、17.75 厘米、18.5 厘米、34 厘米处建垂直参考线，在 1.5 厘米、23.5 厘米处建水平参考线。

步骤 3 使用“移动工具”将灰色背景女形象照拖至此文件。按 Ctrl+T 组合键，按住 Shift 键对图片进行按比例缩放，并给文件添加相应的字体颜色文本，效果如图 9-52 所示。保存文件。

图 9-52 杂志封面效果

【任务总结】

本任务学习了女形象照的修整，学习内容与修整男证件照内容基本一致，区别在于女性皮肤相对男性皮肤在处理上需要更细腻。本任务也增加了一个载入笔刷及使用画笔给人物添加睫毛的内容。目前，我们大致上掌握了人像修图的步骤：修脏→修光影→修形→细节处理。

任务3 证件照背景颜色更换及排版

【任务描述】

在生活中，我们在影楼或照相馆拍摄的照片往往是单一底色的，但是很多时候，不同的部门需要的是不同的底色的证件照，只有学会了这一技能，需要什么底色的证件照都是小菜一碟了！

本任务主要让读者了解常见证件照的尺寸，学习证件照换背景颜色的方法及打印输出排版内容。学习了前面的任务及本任务内容后，就可以在家打造自己专属的最美证件照及购买打印机、相片纸后进行排版打印输出了。

【任务要求】

完成证件照背景更换（图 9-53）及 8 张 1 寸证件照排版（图 9-54）。

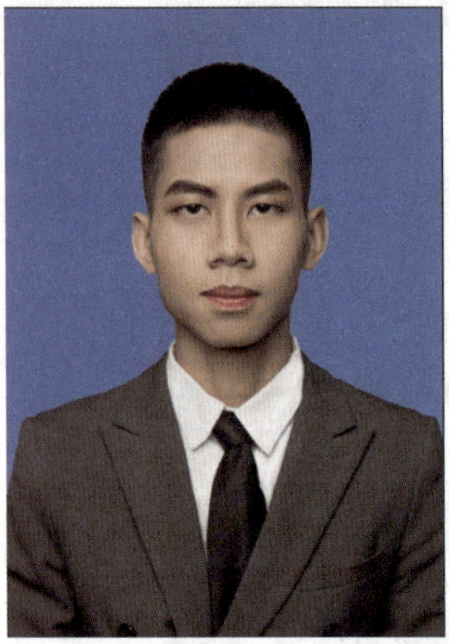

图 9-53　证件照背景更换

图 9-54　8 张 1 寸证件照排版

【知识链接】

常见的证件照的尺寸

小 1 寸照片尺寸：2.2 厘米 ×3.2 厘米。驾驶证中用到的就是白底小 1 寸照片。

1 寸照片尺寸：2.5 厘米 ×3.5 厘米。1 寸照片应用太普遍了，常见的有学生证、健康证、工作证、中小学生教师资格证等。

大 1 寸照片尺寸：3.3 厘米 ×4.8 厘米。大 1 寸照片主要用在中国护照、港澳通行证、台湾通行证、韩国以及澳大利亚签证、雅思考试、全国计算机等级考试、英语四六级考试等。

小 2 寸照片尺寸：3.5 厘米 ×4.5 厘米。小 2 寸照片主要用在部分公务员和部分国家的签证。

2 寸照片尺寸：3.5 厘米 ×5 厘米。2 寸照片主要用在部分公务员和部分国家的签证。

【任务实施】

任务 3　证件照换背景颜色及排版

1. 更换背景

步骤 1　启动 Photoshop CC 2018，打开本项目任务 1 完成的“灰底证件照男 .psd”文件。执行“文件”/“存储为”命令，将文件存储为“灰底证件照男 - 换背景 .psd”。

步骤 2　按 Ctrl+Shift+Alt+E 组合键，盖印图层，命名为“换背景”。选择“快速选择工具”，在照片底色的地方拖动选择，选择灰色底色。选择“反选”，单击“路径”面板底部的“从选区生成工作路径”按钮。选中该路径，使用“直接选择工具”对路径进行修整，尽量吻合人物的边缘，效果如图 9-55 所示。

步骤 3　按 Ctrl+Enter 组合键，将路径转换为选区，执行“选择”/“修改”/“收缩”命令，收缩 2 像素。执行“选择”/“选择并遮住”命令，在弹出的对话框中选择“调整边缘画笔工具”，对人物头发边缘进行涂抹。单击“确定”按钮后，效果如图 9-56 所示。

图 9-55 选区转路径并修整

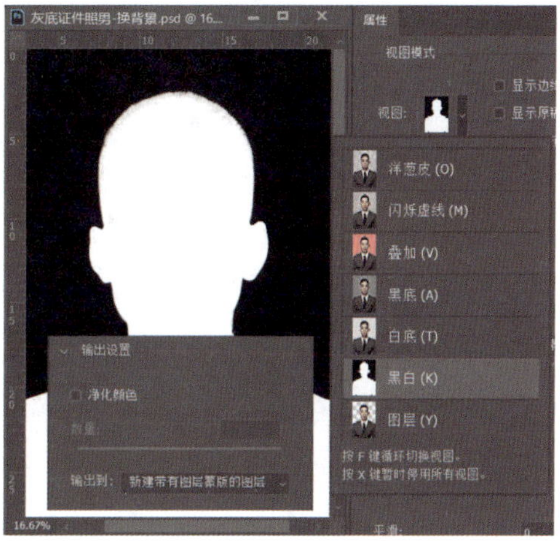

图 9-56 使用“选择并遮住”命令

提示：创建出来的人物蒙版中，还可以继续通过黑 / 白画笔修整人物边缘，让人物选区更精准。

步骤 4 右击“换背景 拷贝”图层的图层蒙版缩览图，选择“应用图层蒙版”。

步骤 5 在“换背景 拷贝”图层下方新建纯色图层，在弹出的“拾色器”对话框中选择红色。此时，就顺利完成了红底证件照的制作。效果如图 9-57 所示。保存文件。

图 9-57 换背景

提示：双击“颜色填充 1”图层的缩览图，在弹出的“拾色器”对话框中选择需要的颜色，就可以得到不同背景的证件照了。

2. 制作1寸蓝底证件照

步骤1 新建2.5厘米×3.5厘米，300像素/英寸的文件，并存储为“1寸蓝底证件照男.psd”文件。

步骤2 选择“灰底证件照男-换背景.psd”中的“换背景 拷贝”图层，选择“移动工具”，将图层复制到“1寸蓝底证件照男.psd”文件中。

步骤3 选择“换背景 拷贝”图层，按Ctrl+T组合键，按住Shift键，选择变换框的角点对图层按比例缩放，并调整好位置。

步骤4 按Ctrl+A组合键，选择画布中的人物，按Ctrl+J组合键复制粘贴人物，得到“图层1”，并删除“换背景 拷贝”图层。

步骤5 给“背景”层填充蓝色，完成“1寸蓝底证件照男”制作，保存文件。

3. 制作8张1寸照排版

步骤1 在1寸蓝底证件照男.psd”文件中，执行“图像”/“画布大小”命令（勾选“相对”复选框，宽度：0.1厘米，高度：0.1厘米），给1寸照加上白边，如图9-58所示。

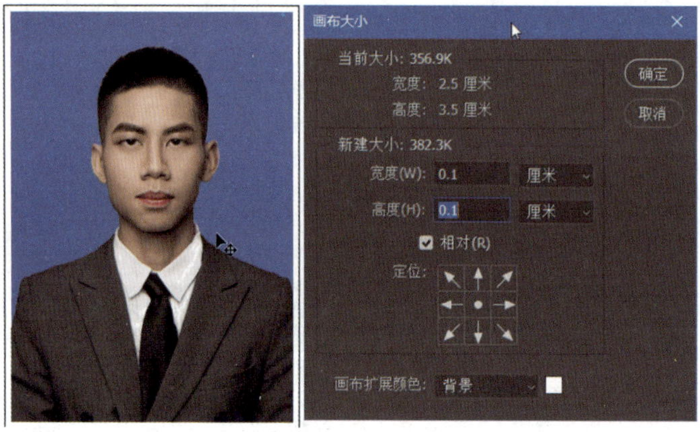

图9-58 给照片加上白边

步骤2 执行“编辑”/“定义图案”命令，在弹出的对话框中修改名称，单击“确定”按钮，如图9-59所示。

图9-59 定义图案名称

步骤3 新建1228像素×850像素（10.4厘米×7.2厘米），分辨率为300像素/英寸的文件，用来制作2行，每行4张的8张1寸证件照的排版文档。

步骤4 执行“编辑”/“填充”命令，在弹出的“填充”对话框中进行如图9-60所示的设置，单击“确定”按钮，完成4×2=8张的1寸照的排版制作。保存文件。

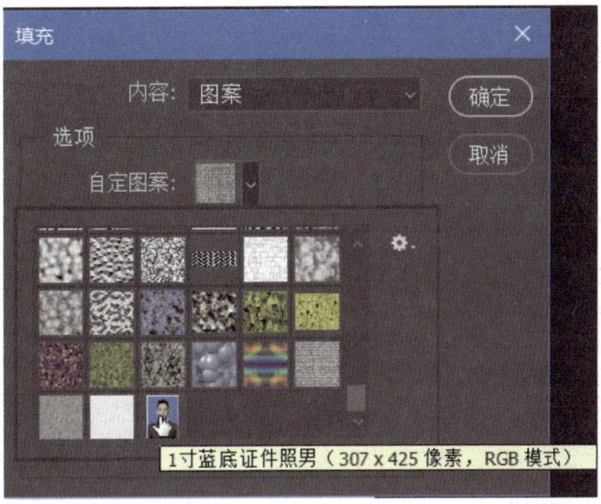

图 9-60　填充图案

【任务总结】

本任务学习了 1 寸照的背景颜色更换和 8 张 1 寸照的打印输出排版的方法，该方法也同样适用于 2 寸照的制作及打印输出排版，在学习的过程中要学会举一反三，这样才能真正掌握证件照的处理方法及技巧。

项目拓展

（1）请完成“女 2 寸证件照”及 8 张 2 寸证件照排版，如图 9-61 和图 9-62 所示。

“女 2 寸证件照”及 8 张 2 寸证件照排版

图 9-61　女 2 寸证件照

图 9-62　8 张 2 寸证件照排版

大体的步骤如下：

1）调出参考线，对人物进行液化。

2）完成 2 寸照文档（3.5 厘米 ×4.5 厘米，300 像素 / 英寸）。

3）完成 8 张 2 寸照排版文档（1700 像素 ×1086 像素，300 像素 / 英寸）。

（2）请完成灰色背景男形象照修图，如图 9-63 和图 9-64 所示。

灰色背景男形象照修图

图 9-63　原图

图 9-64　效果图

大体的步骤如下：

1）修复人物皮肤污点。

2）调节人物面部明暗关系过渡均匀。

3）使用高低频图层对人物进行磨皮。

4）细节处理。

5）液化。

项目 10

数码照片后期处理

项目导读

很多人因为摄影创作想法的不足而苦恼，不少人很依赖前期拍摄，但后期已然是摄影艺术作品中不可或缺的重要组成部分，如同硬币的正反面，共同组成了艺术摄影的形式。本项目内容通过对数码照片后期处理进行阐述，让读者可以从较高的高度对数码摄影后期有全局的认识和思考，使读者在后期操作时有可依据的方法，能够帮助读者提升数码摄影后期处理水平，在数码处理制作的过程中，要充分挖掘自己的创新意识，能够举一反三地加以应用；另外，可充分考虑加入我国传统的文化元素，展示民族文化，坚定文化自信。

岗位技能

本项目对接中高职相关设计专业人才培养目标岗位，如数字影像后期、数字艺术制作、数字文化创意等相关行业，此类网位需要具有良好的职业道德、爱岗敬业精神，有责任意识和创新意识，掌握相应的专业理论知识，具有较强的适应岗位的动手能力，能进行创意、设计、制作多层次的高素质、高技能专门人才，主要面向动漫公司、影视公司、游戏公司、电视台、数字多媒体行业公司、广告设计公司、传媒公司、文化传播公司、出版社等企事业单位。未来数码摄影后期从业人员都应该具备数码照片后期处理、修图能力和职业素养。

教学目标

- 掌握污点修复画笔工具、仿制图章工具、修补工具等的使用。
- 掌握淡雅古装色调、仿工笔画风格处理方法。
- 掌握环境人像的处理方法。
- 掌握 Portraiture 插件磨皮技法。
- 掌握 Camera Raw 滤镜的使用。
- 掌握应用色阶、色相 / 饱和度、可选颜色、曲线等来调整图片色调。
- 了解 Lab 颜色模式、RGB 颜色模式。
- 了解图层混合模式。
- 掌握图层蒙版的用法。

课前学习微课

（1）扫一扫二维码，观看相关视频。

淡雅古装调色要点　　工笔画风格要点

（2）完成以下工作：

1）上网搜集不同古装照片，分析照片处理理念。

2）上网搜集工笔画相应的装饰元素。

任务1 淡雅古装人像处理

【任务描述】

本任务帮助读者掌握如何把普通色彩照片处理成淡雅古装的效果，学会调整图片整体色调，利用修补工具、仿制图章工具、污点修复画笔工具等深入处理人物面部瑕疵，应用 Camera Raw 滤镜调整图片色彩；应用 Portraiture 磨皮插件，通道混合器的调色用法；学会分析如何处理图片色调，应用色阶、色相 / 饱和度、可选颜色、曲线等来调整图片色调，最终完成淡雅古装的数码处理。

【任务要求】

根据原图（图 10-1），完成效果图（图 10-2）。

图 10-1　原图

图 10-2　最终效果

【知识链接】

1. Portraiture 磨皮插件

Portraiture 主要是用于人像的磨皮润色，它可以对人像中的头发、眉毛、睫毛、皮肤等部位进行平滑处理，并减少该部位的瑕疵点，同时能够保证皮肤的光亮润泽，让人物看起来更加美观、滋润。使用这款 Photoshop 插件可快速找到图像的大部分皮肤色调范围，根据需要对肤色进行微调，使人像的皮肤达到最佳的效果，支持对锐度、柔软度、冷暖度、亮度和对比度，以及不同细节尺寸的平滑度进行调整，实现纵向修饰。该插件还支持批量处理功能，可以导入上千张图片，能自动识别图像中人脸并对这些人像进行批量处理，可以同时处理多张照片，处理效率大大提高；还提供多种效果任你选择，使不同的人像拥有不同的效果。

2. 可选颜色

可选颜色

可选颜色工具的主要功能有三种：第一种，让局部色彩的色相和明度更均匀、更统一。这是常用的可选颜色最多的一个功能，尤其在处理人物肤色的时候。第二种，对色彩进行“提纯”，让某种色彩变得更干净、更纯粹。这是可选颜色工具非常强大的功能，思路与第一种功能相似，但是更加针对于色彩的细节处理。第三种，对照片中的光影层次进行控制，并分别调整照片中不同光影区域的色彩。我们利用可选颜色工具的这个功能，可以同时非常方便地控制照片的光影层次和色彩层次。

3. 通道混合器

通道混合器是通过借用其他通道的亮度来改变源通道的颜色，所以其他通道的颜色是不会被影响的。这句话一定要记住，也是理解通道混合器的核心。

【任务实施】

任务 1 淡雅古装人像处理

1. 在 Camera Raw 中对整体色调进行调整

步骤 1 启动 Photoshop CC 2018，打开素材图片“照片 1.jpg”。淡雅古装风格整体色调偏蓝绿色，亮度偏亮，对比度较低，整体比较柔和。目前照片整体偏暗，需要降低对比度，整体调亮，所以要增加曝光度，在调亮后为了保证亮部及暗部的细节，需要对高光、白色进行恢复。设置色温：-33，色调：-14，曝光：0.65，高光：-100，白色：-63，如图 10-3 所示。

图 10-3 在 Camera Raw 的“基本”中增加图片的光影层次感

步骤 2　为了把中间调的位置调亮，需要调整曲线，如图 10-4 所示。

图 10-4　Camera Raw“曲线”调整亮度

步骤 3　为了使整个画面更清晰，需要调整“细节”中的锐化值，如图 10-5 所示。

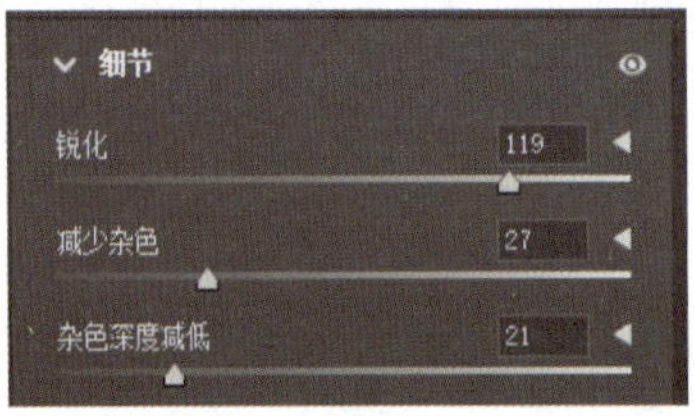

图 10-5　调整锐化值

步骤 4　“校准”是为了减少画面中的色相，使画面更加简约，如图 10-6 所示。

图 10-6　调整“标准”

步骤 5　设置完成后打开图像，进入到 Photoshop 中编辑。

2. 把图像整体调淡雅

步骤 1 将图像拖至“图层”面板下方的“创建新图层”按钮上进行复制，右击图层，选择“转换为智能对象”，将图层转化为智能对象。

步骤 2 降低画面中绿色、蓝色的饱和度，使整个画面更灰一些。单击“图层”面板下方的“创建新的填充或调整图层”按钮，选择“通道混合器”，并对蓝色、绿色进行设置，如图 10-7 所示，调整后效果如图 10-8 所示。

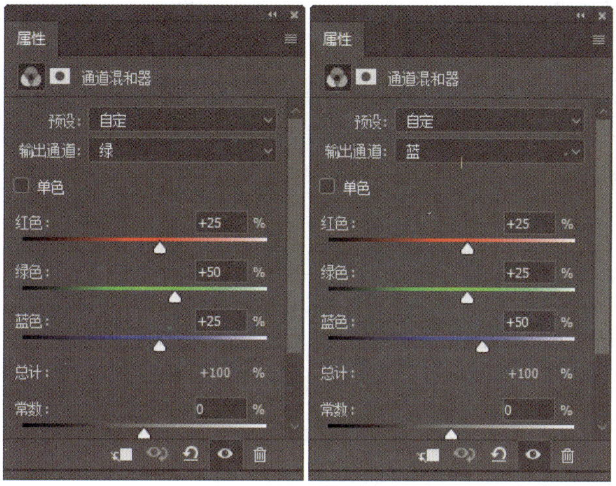

图 10-7 设置通道混合器

图 10-8 使用“通道混合器”效果

提示：通道中的数值整体加起来要为 100，否则会出现失真现象。

步骤 3 为图像添加“色阶”调整层，进行如图 10-9 所示的设置，减少红色、绿色之间的反差，使画面更加柔和。调整后，将“色阶”图层的不透明度调整为 35%。

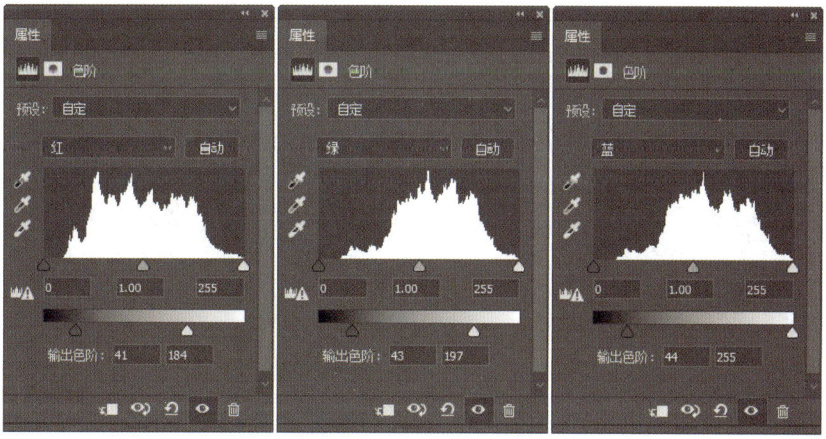

图 10-9 设置“色阶”调整层

步骤 4 添加“色相 / 饱和度”调整层，勾选“着色”，色相：75；饱和度：70；明度：88，如图 10-10 所示。把图层的不透明度调整为 15%。

图 10-10 使用“色相 / 饱和度”降低饱和度

步骤 5 由于人物和背景连在了一起，没有明显的区分，需要把人物与背景分离出来。给图层添加“曲线”，如图 10-11 所示，把整体调暗。

步骤 6 按 Ctrl+I 组合键，对图层执行蒙版反相，用白色画笔把人物擦出来，效果如图 10-12 所示。

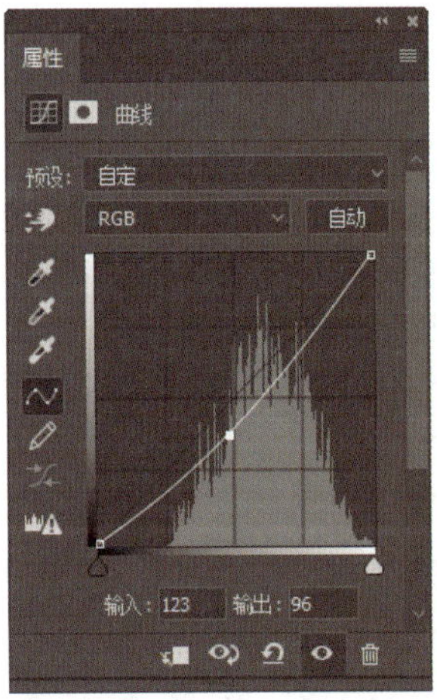

图 10-11 使用“曲线”降低整体亮度

图 10-12 执行蒙版反相擦拭人物后

步骤 7 按 Ctrl+Shift+Alt+E 组合键盖印图层。

3. 人物修图

步骤 1 人物面部有一些斑点、瑕疵，以及一些碎头发，需要进行修复。使用“修补工具”进行修图，将瑕疵部分修补。有些地方可以与“仿制图章工具”结合使用。

步骤 2 执行“滤镜”/“Portraiture”命令，对皮肤进行磨皮，吸取皮肤的颜色，对皮肤进行磨皮，参数如图 10-13 所示。

步骤 3 给图层添加蒙版，按 Ctrl+I 组合键对图层执行蒙版反相。用透明度为 30% 左右的白色画笔把人物擦出来，效果如图 10-14 所示。

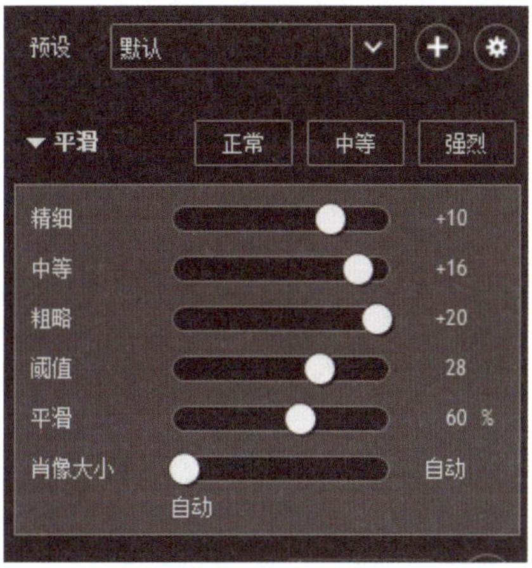

图 10-13 磨皮参数

图 10-14 磨皮后效果

步骤 4 目前头发的颜色偏灰，需要把头发的颜色进行加深。添加“可选颜色”调整图层，对黑色进行调整。按 Ctrl+I 组合键对添加的“可选颜色”图层执行蒙版反相。用透明度为 30% 左右的白色画笔把人物头发部分擦出来，如图 10-15 所示。这样其他部分黑色则不受影响。

图 10-15 添加“可选颜色”调整图层

步骤 5 按 Ctrl+Shift+Alt+E 组合键盖印图层，并重命名为“高斯模糊”。

步骤 6 为了使画面中的环境整体看起来更加柔和，执行“滤镜”/“模糊”/“高斯模糊”命令（半径：26），将数值调整到看不出人物五官为止。将图层不透明度修改为 25%。人物的部分不需要进行柔和处理，需要保留清晰。给图层添加蒙版。用透明度为 60% 左右的黑色画笔把人物头部擦出来，如图 10-16 所示。

图 10-16　背景模糊人物清晰效果

步骤 7 按 Ctrl+Shift+Alt+E 组合键将图层盖印。

步骤 8 由于人物背部有块蓝色特别突出，需要调整。利用“套索工具”把蓝色区域选出来，添加“可选颜色”调整图层，如图 10-17 所示，对蓝色的饱和度进行调整。

图 10-17　“可选颜色”设置

步骤 9 按 Ctrl+S 组合键保存图像。

【任务总结】

本任务主要介绍了淡雅古装的制作过程。通过使用仿制图章工具、修补工具、污点修复画笔工具等对照片中人物进行修复；通过 Portraiture 磨皮插件对人物进行磨皮；通过曲线、色相 / 饱和度、色阶、通道混合器、可选颜色等来改变照片的整体色调。

淡雅古装制作的思路一般为：首先调整整个画面的色调；其次调整人物面部、皮肤、衣服的细节，突出人物的五官；最后，对局部较为突出的颜色进行调整。

任务2 环境人像处理

【任务描述】

本任务帮助读者掌握环境人像的后期处理方法，学会利用快速选择工具、修复工具、渐变工具等制作画面的层次感，使用通道建立图像选取，应用 Lab 颜色模式与 RGB 颜色模式，分析图片的不足之处，掌握如何调整图片的层次感，最终完成花丛中女孩的环境人像的处理。

【任务要求】

根据原图（图 10-18），完成效果图（图 10-19）。

图 10-18　原图

图 10-19　最终效果

【知识链接】

1. Lab 颜色模式

这个模式是以一个亮度分量 L 以及两个颜色分量 a 与 b 来表示颜色的。通常情况下，Lab 模式很少使用。该模式是 Photoshop 的内部颜色模式，它是图像由 RGB 模式转换为 CMYK 模式的中间模式。

2. RGB 颜色模式

RGB 颜色模式又称“真彩色模式”，是计算机美工设计人员最熟悉的色彩模式。RGB 模式是将红（Red）、绿（Green）、蓝（Blue）三种基本颜色进行颜色加法（加色法），配置出绝大部分肉眼能看到的颜色。（RGB 模式一般用于图像处理）

任务 2 环境人像处理

【任务实施】

1. 把背景处理得更有层次

步骤 1　启动 Photoshop CC 2018，打开素材“花丛中的女孩 .jpg”。将画面中花海的颜色进行调整，使用“快速选择工具”建立人物选区，如图 10-20 所示。

步骤 2　选择“通道”面板，单击“通道”面板下方的“将选区存储为通道”按钮，添加人物选区的通道 Alpha1，如图 10-21 所示。

图 10-20　使用“快速选择工具”建立人物选区

图 10-21　在“通道”面板中建立人物选区

步骤 3 单击“图层”面板，复制“背景”图层。单击“图层”面板下方的“添加图层蒙版”按钮，给“背景 拷贝”添加图层蒙版，按 Ctrl+I 组合键（反相），此时图层蒙版中建立了花海的选区。

步骤 4 选择图层，执行“滤镜”/“模糊”/“高斯模糊”命令（半径：100），使背景模糊，效果如图 10-22 所示。

图 10-22 使用高斯模糊

步骤 5 选择蒙版，使用“渐变工具”（50% 位置：色标为黑色，不透明色标为 100%；100% 位置：色标为黑色，不透明度色标为 0%）对蒙版执行从下往上满画面的渐变，效果如图 10-23 所示。

图 10-23 对蒙版使用渐变

步骤 6 按 Ctrl 键的同时单击 Alpha1 通道缩览图，将人物选区载入，选择蒙版，填充黑色，使人物更加清晰，按 Ctrl+D 组合键取消选择。

步骤 7 复制图层，对“背景 拷贝 2”图层设置混合模式为“颜色减淡”，增加了图层的亮度，效果如图 10-24 所示。

图 10-24　复制图层并更改混合模式为“颜色减淡”

步骤 8　按 Ctrl+Shift+Alt+E 组合键盖印图层。

步骤 9　复制图层，执行“滤镜”/“模糊”/“高斯模糊”命令（半径：100），使图像变模糊。

步骤 10　将“图层 1 拷贝”图层混合模式设置为“颜色加深”，如图 10-25 所示。

图 10-25　图层模式设置为“颜色加深”

步骤 11　单击“添加图层蒙版”按钮为图像添加图层蒙版，选择蒙版，使用步骤 5 中的“渐变工具”对蒙版执行渐变，如图 10-26 所示。由于目前颜色太深，所以需要将图层的不透明度调低一些，设置为 50%。

图 10-26　调整“图层 1 拷贝”效果

步骤 12 选择 Alpha1 通道，单击“将通道作为选区载入”按钮，将人物选区载入，单击“RGB 通道”，选择“图层 1 拷贝”图层蒙版，执行“编辑”/“填充”命令，填充黑色（不透明度：30%），使人物更加清晰，如图 10-27 所示。

步骤 13 按 Ctrl+Shift+Alt+E 组合键盖印图层。

2. 调整整体背景色调

步骤 1 执行“图像”/“模式”/“Lab 颜色”命令，修改图像模式为 Lab 颜色。

步骤 2 再次载入人物选区，在“图层”面板下方单击“创建新的填充或调整图层”，选择“色相 / 饱和度”，由于是要改变背景的色调，所以单击蒙版，按 Ctrl+I 组合键（反相），使蒙版选择花海，这样就只改变花海的色彩，不改变人物的色彩，如图 10-28 所示。

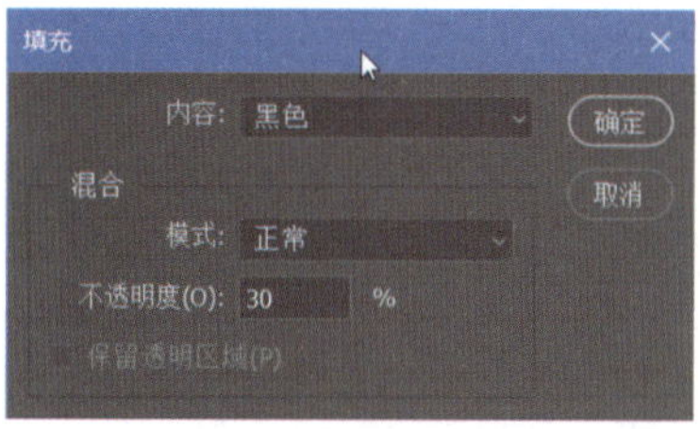

图 10-27 为蒙版填充 30% 不透明度的黑

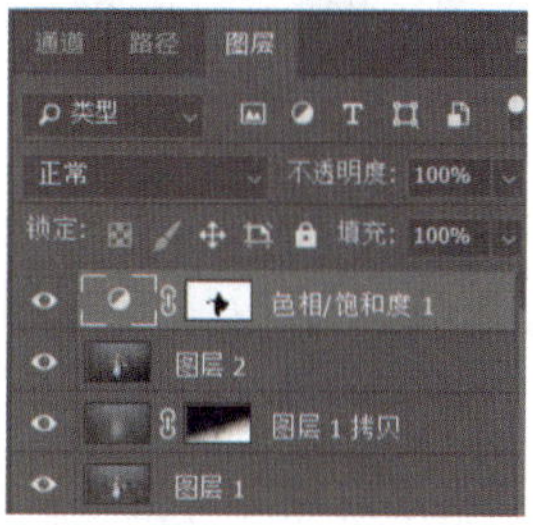

图 10-28 在蒙版中选择人物环境

提示：在蒙版中显示人物是黑色，背景是白色，则是表示选择了背景的蒙版。

步骤 3 单击图层前的，对图像的“色相 / 饱和度”进行调整，对“色相 / 饱和度”设置不同的数值会得到不同的花海效果，如图 10-29 至图 10-31 所示。

图 10-29 色相：-21，饱和度：+42

提示：可以对每一次的“色相 / 饱和度”的调整，执行盖印图层。

图 10-30　色相：-180，饱和度：+42

图 10-31　色相：32，饱和度：+56

步骤 4　调整好后，执行“图像”/“模式”/“RGB 颜色”命令，将图像模式调整为 RGB 模式。

步骤 5　按 Ctrl+S 组合键保存文件。

【任务总结】

本任务是通过制作花丛中的小女孩，来展示如何改变照片中的场景色调的流程。利用快速选择工具、修复工具、图层添加图层蒙版结合渐变工具等制作画面的层次感；通过把图像模式改为 Lab 颜色模式后，调整图像的“色相 / 饱和度”来改变图像中场景的色调。

总地来说，制作思路是：首先建立人物选区，对人物进行细化调整，其次是调整场景的层次感，最后，是把图像模式改为 Lab 模式，调整场景的“色相 / 饱和度”。

任务3 仿工笔画人像处理

【任务描述】

本任务帮助读者掌握人物仿工笔画风格效果，学会利用液化工具、修复画笔工具、修补工具、仿制图章工具等调整人物外形及瑕疵，利用图层模式叠加效果制作图层叠加效果，使用 Portraiture 磨皮插件对人物磨皮，使用色彩平衡、亮度/对比度、去色、色相/饱和度等调整图像色调，分析画面中不足之处并对其进行相应的调整，最终完成仿工笔画风格效果。

【任务要求】

根据原图（图 10-32），完成效果图（图 10-33）。

图 10-32　原图

图 10-33　最终效果

【知识链接】

1. “正片叠底”图层模式

在“正片叠底”模式中查看每个通道中的颜色信息，并将“基色”与“混合色”复合。“结果色”总是较暗的颜色。任何颜色与黑色复合产生黑色；任何颜色与白色复合保持不变。当用黑色或白色以外的颜色绘画时，绘画工具绘制的连续描边产生逐渐变暗的过渡色，其实“正片叠底”模式就是从“基色”中减去“混合色”的亮度值，得到最终的“结果色”。在“正片叠底”模式中使用较淡的颜色对图像的“结果色”是没有影响的。利用“正片叠底”模式可以形成一种光线穿透图层的幻灯片效果。其实就是将“基色”颜色与“混合色”颜色的数值相乘，然后再除以 255，便得到了“结果色”的颜色值。例如，红色与黄色的“结果色”是橙色，红色与绿色的“结果色”是褐色，红色与蓝色的“结果色”

是紫色等。

2. “颜色减淡”图层模式

在“颜色减淡”模式中查看每个通道中的颜色信息，并通过减小对比度使基色变亮以反映混合色。与黑色混合则不发生变化。除了指定在这个模式的层上边缘区域更尖锐，以及在这个模式下着色的笔画之外，“颜色减淡”模式类似于“滤色”模式创建的效果。另外，不管何时定义“颜色减淡”模式混合“混合色”与“基色”像素，“基色”上的暗区域都将会消失。

3. “柔光”图层模式

柔光图层模式

“柔光”模式会产生一种柔光照射的效果。如果“混合色”颜色比“基色”颜色的像素更亮一些，那么“结果色”将更亮；如果“混合色”颜色比“基色”颜色的像素更暗一些，那么“结果色”颜色将更暗，使图像的亮度反差增大。例如，如果在背景图像上涂了 50% 黑色，这是一个从黑色到白色的梯度，那着色时梯度的较暗区域变得更暗，而较亮区域呈现出更亮的色调。其实使颜色变亮或变暗，具体取决于“混合色”。此效果与发散的聚光灯照在图像上相似。如果“混合色”比 50% 灰色亮，则图像变亮，就像被减淡了一样。如果“混合色”比 50% 灰色暗，则图像变暗，就像被加深了一样。用纯黑色或纯白色绘画会产生明显较暗或较亮的区域，但不会产生纯黑色或纯白色。

4. 色彩平衡

“色彩平衡”工具有三个调整项，是因为光学三原色就是三种：红色、绿色和蓝色。其他所有色光都是由这三种原色混合而成的，所以只要有这三种就够了。洋红、黄、青是三原色的补色，这也就是 Photoshop 中“色彩平衡”工具的调整项了。

除此之外，在“色调平衡”选项中可以选择“阴影”“中间调”和“高光”。在默认设置中，“色调平衡”是“中间调”，但是可以根据需要调整照片不同区域光影的色彩，这就让色彩变得千百万化了。

5. 亮度 / 对比度

“亮度 / 对比度”命令操作比较直观，可以对图像的亮度和对比度进行直接的调整。但是使用此命令调整图像颜色时，将对图像中所有的像素进行相同程度的调整，从而容易导致图像细节的损失，所以在使用此命令时要防止过度调整图像。

6. 去色

“去色”命令可以使图像中所有颜色的饱和度变为 0，在色彩被去掉的过程中，图像各种颜色的亮度不变，不能改变图像的色彩模式。

7. 图层“栅格化”

栅格化是 Photoshop 中的一个专业术语，栅格即像素，栅格化即将矢量图形转化为位图（栅格图像）。最基础的栅格化算法将多边形表示的三维场景渲染到二维表面。

简单理解栅格化图层，就是把矢量图变为像素图。栅格化后，放大图像后会发现有锯齿现象，说明此图像已经变为了像素图，一格就是一个像素。某些命令和工具不适用于文字图层，必须在应用命令或使用工具前栅格化文字。

【任务实施】

任务 3 仿工笔画人像处理

1. 整体调整人物

步骤 1 启动 Photoshop CC 2018，打开素材“照片 2.jpg”。复制图层，在图层上右击，执行“转化为智能对象”命令，将复制的图层转化为智能对象。

步骤 2 由于人物脸部整体额头较短、颧骨较高、下巴较为突出等原因，需要使用“液化”工具中的“向前变形”，对人物脸型进行修整，使人物脸型更加圆润一些，如图 10-34 和图 10-35 所示。

图 10-34 脸部使用“液化”滤镜前

图 10-35 脸部使用“液化”滤镜后

步骤 3 结合“向前变形”以及“脸部工具”对人物的五官、肌肉走向、头发、脖子等进行整体的调整。

步骤 4 人物的衣服较大，显得比较松垮，同样用“液化”工具中的“向前变形”对衣服进行调整，如图 10-36 和图 10-37 所示。之后单击“确定”按钮，回到 Photoshop 中。

图 10-36 衣服使用“液化”滤镜前

图 10-37 衣服使用“液化”滤镜后

步骤 5 按 Ctrl+Alt+2 组合键，选择高光部分，如图 10-38 所示。对选区进行羽化（半径：20 像素）。

步骤 6 添加曲线调整图层，将亮部区域调亮，如图 10-39 所示。

图 10-38 选择高光部分

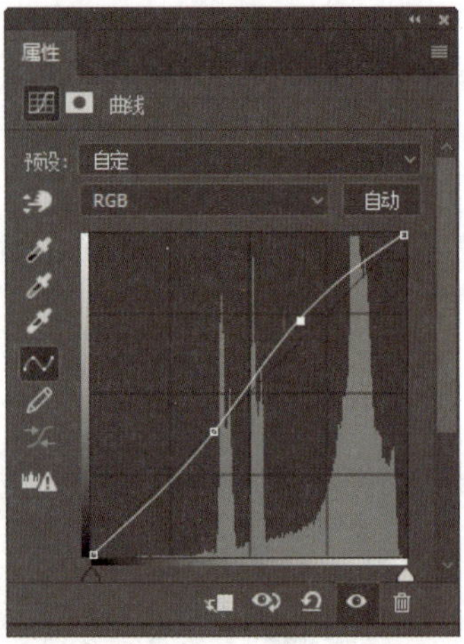

图 10-39 曲线参数设置

步骤 7 为了只保留脸部的亮部区域，需要将衣服上的高光部分擦除。选择曲线图层，按 Ctrl+G 组合键建组，按住 Alt 键，单击图层下方的“添加图层蒙版”按钮。用“画笔工具”（不透明度：5%；流量：50%；颜色：白色）将人物脸部的高光部分擦出来，如图 10-40 所示。

图 10-40 人物脸部高光处理

提示：用画笔擦除时，需要将前景色设置为白色。

步骤 8 脖子阴影、嘴唇阴影、眉毛阴影、衣服阴影等较暗的地方需要提亮。新建图层，将混合模式设置为“柔光”。用“画笔工具”（硬度：0%；不透明度：20%；流量：20%，颜色：白色）进行绘制，如图 10-41 和图 10-42 所示。

步骤 9 由于头发上面有很多的杂色，需要去除，添加“色相 / 饱和度”调整图层，单击，将鼠标放在有杂色的头发上进行拖动，改变头发的色相 / 饱和度，如图 10-43 所示。

步骤 10 按 Ctrl+I 组合键反相，用“画笔工具”将人物头发部分擦出来，效果如图 10-44 所示。

图 10-41 部分阴影提亮前

图 10-42 部分阴影提亮后

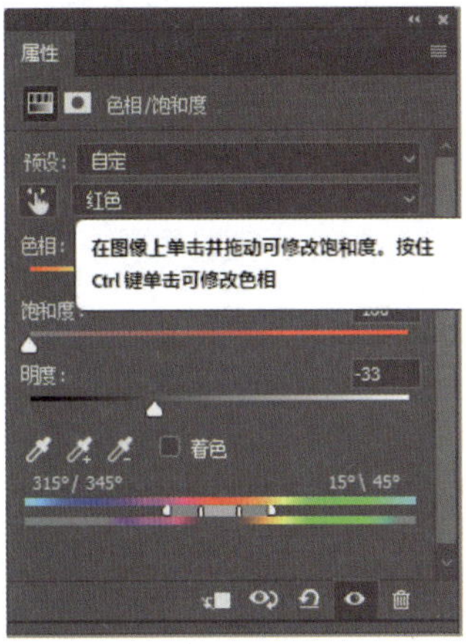

图 10-43 调整头发杂色

图 10-44 头发去杂色后

提示：画笔不透明度可以设置在 10% ～ 20% 之间。

步骤 11 按 Ctrl+Shift+Alt+E 组合键盖印图层，重命名为“皮肤”。

2. 美化皮肤

步骤 1 新建一个黑白层，过滤掉颜色，使颜色比较单一，方便后期处理，菜单操作如图 10-45 所示。

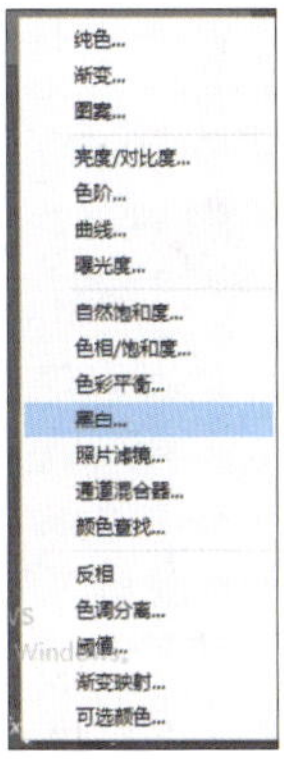

图 10-45 新建黑白层

步骤 2 复制一层，模式设置为“正片叠底”。给图层添加亮度 / 对比度、曲线，增加图片的对比，如图 10-46 和图 10-47 所示。

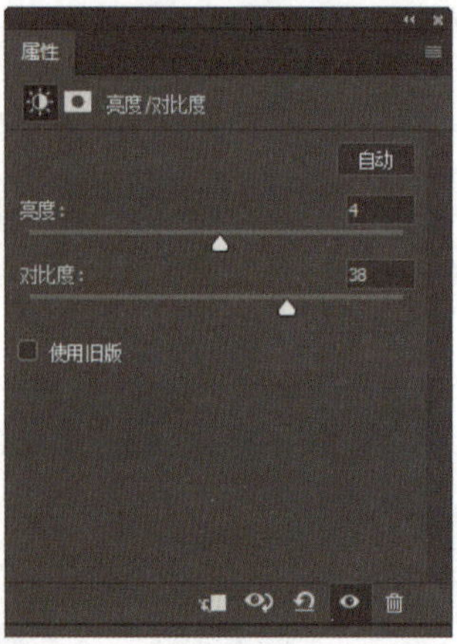

图 10-46 “亮度 / 对比度”参数设置

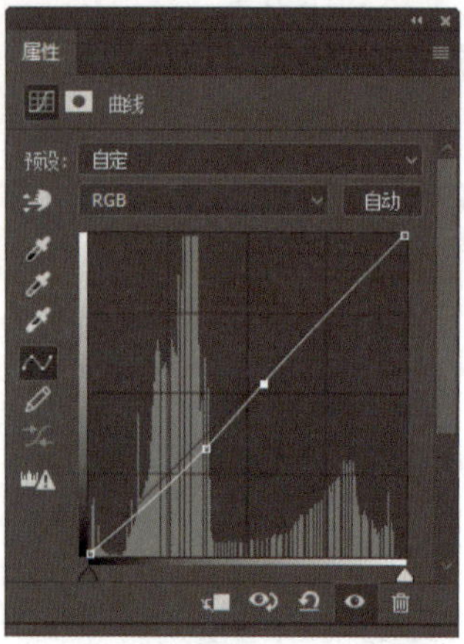

图 10-47 “曲线”参数设置

步骤 3 将“黑白 1”图层、“黑白 拷贝”图层以及添加的亮度 / 对比度、曲线进行编组，命名为“观察层”。

步骤 4 选择“皮肤”图层，使用“修补”工具对人物进行修图。将脸部瑕疵部分、碎头发等地方进行修补。

步骤 5 隐藏观察组。在“皮肤”图层上用“快速选择工具”选择皮肤（这里需要注意的是：不要选中五官部分），如图 10-48 所示。

步骤 6 执行“滤镜” / “Portraiture”命令，对皮肤进行磨皮，并设置好相应的参数，如 10-49 所示。

图 10-48 对皮肤建立选区

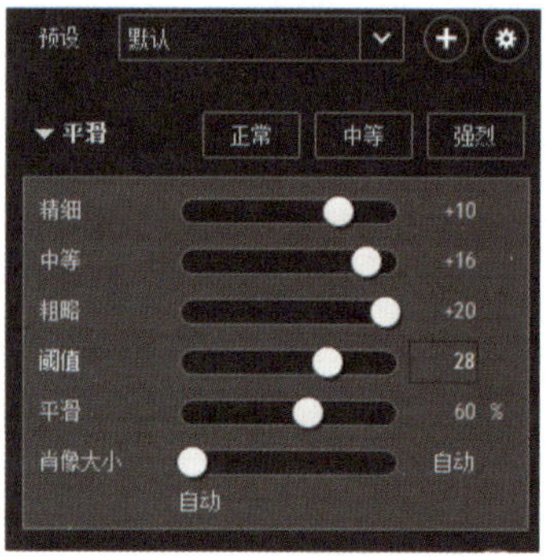

图 10-49 Portraiture 磨皮插件参数设置

3. 修改服装颜色

步骤 1 制作更加生动的工笔画的效果，需要去除服装上的粉红色，并且让服装稍微有一点青色。首先使用“快速选择工具”选择服装，然后使用“色相 / 饱和度”，单击面板中的按钮，将鼠标放在衣服上进行拖动来改变衣服的色相 / 饱和度，参数设置及调整后效果如图 10-50 所示。

图 10-50 “色相 / 饱和度”参数设置及调整后的效果

步骤 2 由于服装上还保留了一点残留的颜色、褶皱、反光，想要去掉可以使用笔刷进行绘制。新建一个图层，命名为“优化服装”，使用“吸管工具”吸取服装上的颜色，在需要优化的颜色、褶皱、反光等地方进行绘制，如图 10-51 所示。

步骤 3 按 Ctrl+Shift+Alt+E 组合键盖印图层（合并），命名为“服装”。

步骤 4 由于目前服装上高光较重，需要降低高光。复制“服装”层，使用滤镜中的 Camera Raw 滤镜（白色：-67），如图 10-52 所示。

图 10-51 对服装优化后的效果

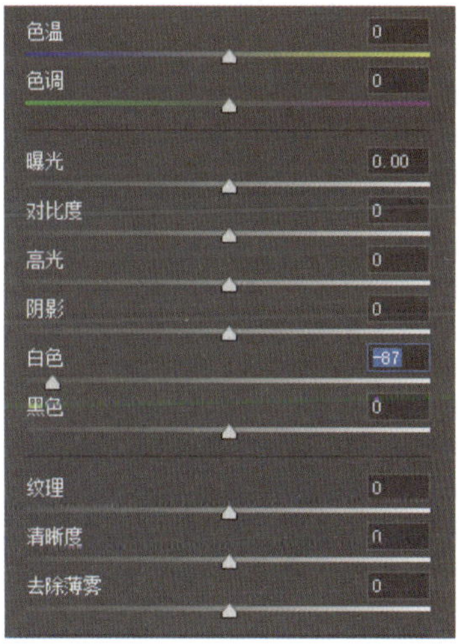

图 10-52 Camera Raw 滤镜参数设置

步骤 5 在上述步骤中只需要改变衣服上的高光，其他部分不变，这里需要使用“画笔工具”把衣服部分擦出来。首先按住 Alt 键，单击图层右下方的“添加图层蒙版”，再次用“画笔工具”把服装的部分擦出来，如图 10-53 和图 10-54 所示。

图 10-53　使用“画笔工具”擦除前

图 10-54　使用“画笔工具”擦除后

4. 修背景

步骤 1　当前照片的背景上有很多的瑕疵需要进行修复。使用“修补工具”调整背景，修补瑕疵部分，效果如图 10-55 所示。

步骤 2　为了使画面色调更符合工笔画效果，需要把背景颜色调整为灰色。这里使用“色彩范围”，并配合 Alt 键去除人物身上的颜色，选择背景，如图 10-56 所示。

图 10-55　使用“修补工具”后

图 10-56　使用“色彩范围”选择背景

步骤 3　使用“色相 / 饱和度”，单击按钮，将鼠标放在照片背景上进行拖动，改变背景的色相 / 饱和度，如图 10-57 所示，并用“曲线”把背景调亮，如图 10-58 所示。

步骤 4　想要去掉背景上残留的颜色，可以使用笔刷进行绘制。新建一个图层，混合模式设置为“颜色”。用“吸管工具”吸取背景上的颜色，在需要优化的地方使用“画笔工具”进行绘制，如图 10-59 所示。

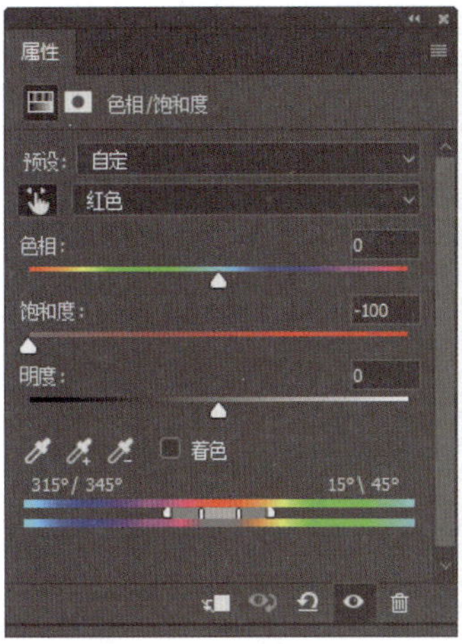

图 10-57 “色相 / 饱和度”设置

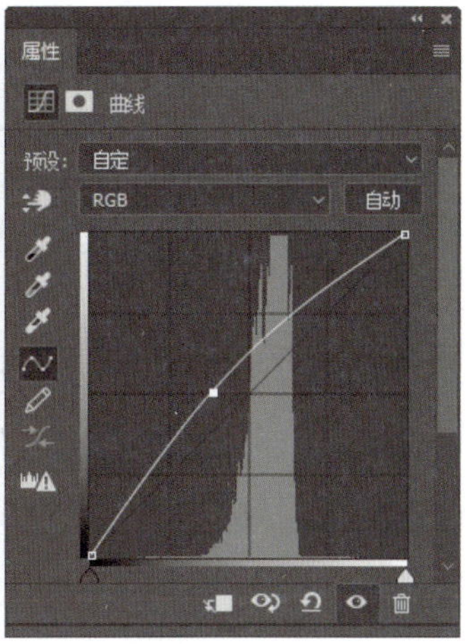

图 10-58 “曲线”设置

图 10-59 对图像优化后

步骤 5 按 Ctrl+Shift+Alt+E 组合键盖印图层，重命名为“加背景”。

步骤 6 目前整体画面中人物皮肤偏红，为了更好地表现出工笔画效果，需要让整体色调稍微偏黄。可以使用滤镜中的 Camera Raw 滤镜工具，调整参数，如图 10-60 所示。

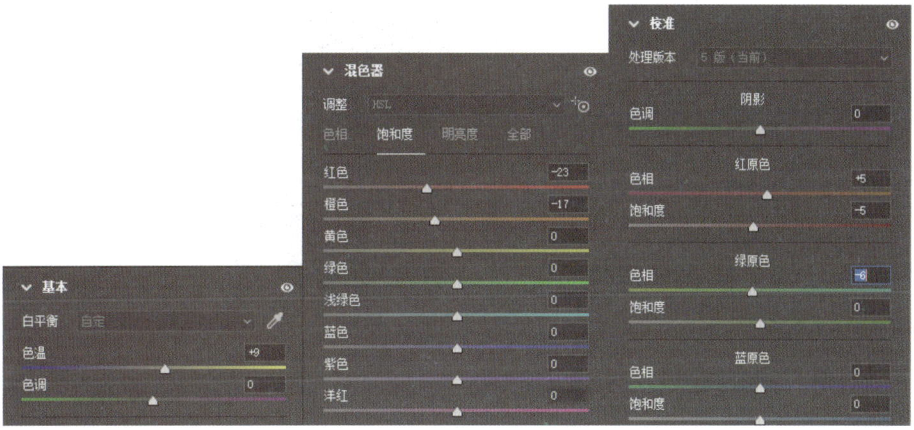

图 10-60 Camera Raw 参数设置

步骤 7 复制“加背景”图层，命名为“人物”，用“快速选择工具”选择背景并删除背景，只保留人物部分。

5. 为图片添加工笔画纹理

步骤 1 复制一层，执行“图像”/“调整”/“去色”命令，使图片变成黑白两色，如图 10-61 所示。

步骤 2 复制一层黑白图层，执行“图像”/“调整”/“反相”命令，使黑白图层反相，如图 10-62 所示。

图 10-61　使用“去色”的效果

图 10-62　使用“反相”滤镜的效果

步骤 3　把反相层模式改为“颜色减淡”，执行“滤镜”/“其它”/“最小值”命令（半径：1）。这样整个人物的轮廓线就出来了，如图 10-63 所示。

图 10-63　使用“最小值”滤镜的效果

步骤 4　按 Ctrl+E 组合键合并“去色”和“反相”两个图层，双击图层，调出“图层样式”面板，进行调整参数，如图 10-64 所示。把图层中人物的细节显示出来。

步骤 5　把合并的图层命名为“柔光”，图层模式改为“柔光”，图层不透明度设置为 50%，如图 10-65 所示。

步骤 6　导入素材中的“纹理”图片，并执行“去色”命令。把图层模式设置为“正片叠底”，不透明度设置为 25%。保留一些纹理在图片中。

步骤 7　目前整个图片都添加了纹理，使人物与背景之间的关系不够明显，这时需要把人物从背景中分离出来。先调出人物选区，再按住 Alt 键，单击图层右下方的“添加图层蒙版”按钮，对图层执行反相蒙版，如图 10-66 和图 10-67 所示。

步骤 8　复制一层，右击图层，删除图层蒙版，并把图层转化为智能对象。

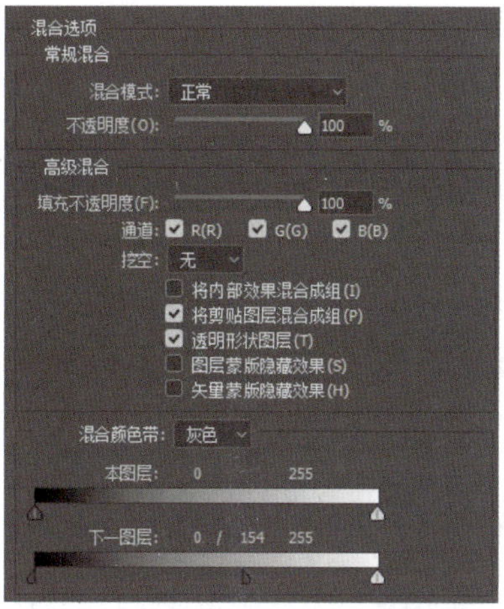

图 10-64　图层样式参数设置

图 10-65　使用“柔光”层模式后的效果

图 10-66　人物分离背景前效果

图 10-67　人物分离背景后效果

步骤 9　由于人物上面也被纹理覆盖，所以需要把人物身上的纹理模糊掉。先调出人物选区，执行“滤镜”/“模糊”/“高斯模糊”命令（半径：9），如图 10-68 和图 10-69 所示。

图 10-68　高斯模糊前效果

图 10-69　高斯模糊后效果

步骤 10 要使工笔画效果比较明显，需对整体添加黄色、红色。单击图层下方的“创建新的填充或调整图层”按钮，选择“色彩平衡”，设置参数如图 10-70 所示。

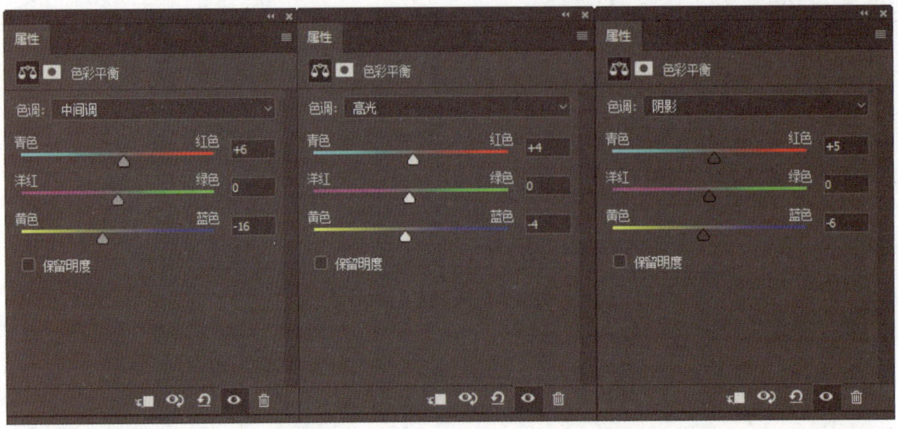

图 10-70 “色彩平衡”参数设置

步骤 11 为了使整个色彩更加的沉稳，添加“色相 / 饱和度”，降低红色的明度和黄色的饱和度，设置参数如图 10-71 所示，设置后效果如图 10-72 所示。

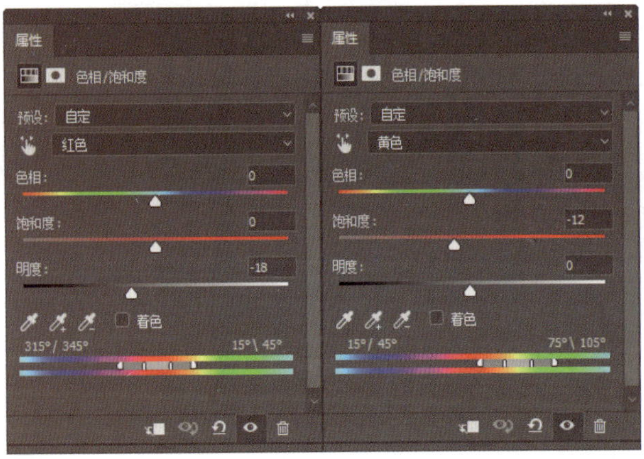

图 10-71 “色相 / 饱和度”参数设置

图 10-72 添加“色相 / 饱和度”后效果

步骤 12 现在需要为图片添加一些装饰。调入准备好的背景、装饰图(花、鸟、蝴蝶等)，放到“柔光”层的下面，调整好位置、大小，并对所添加的背景添加“选取颜色”，调整成自己喜欢的色调，最终完成效果。

步骤 13 按 Ctrl+S 组合键保存文档。

【任务总结】

本任务通过仿工笔画风格人物的制作，展示了如何对普通照片进行仿工笔画效果的制作。

制作仿工笔画效果的主要思路为：首先选择一张合适的古装人物照片，在照片的选择上要根据自己预先设想的效果来定；其次，对人物面部、衣服等进行调整，在此过程中要注意突出人物的五官细节；再次，需要把人物和背景的色调调整为工笔画色调，在此过程中要注意把人物与背景之间进行分离，突出人物；最后为画面添加装饰，完成效果。

项目拓展

请根据提供的照片素材（图 10-73），完成效果图（图 10-74）的制作。

仿工笔画人像处理 2

图 10-73　原图

图 10-74　效果图

本任务针对的是古典人物照片处理，为了突出人物照片的风格，在照片中加了一些装饰的图案、文字，使整个画面更加古典。设计思路主要分为如下几点：

（1）人物修图。对人物脸型、皮肤、衣服进行修整，使人物整体色调简洁、古典。

（2）照片背景修图。修复场景的瑕疵，并且把场景的色调处理成与人物一致。

（3）添加场景装饰。场景的装饰图案要根据整个画面的构图来放置，装饰图案要能够表达出意境来。

（4）调整整体色调。在整体色调调整的时候需要把人物、场景、装饰图案色调进行统一，这就需要对色彩有一定的敏感度。

总而言之，本任务不仅需要掌握基本的人物修图，也需要对中国传统的工笔画效果有所了解，同时能够把握好整体的基本色调。这就需要多了解些中国传统的文化，能够把传统文化元素融入到数码图像处理中来。

项目 11

创意特效合成

项目导读

Photoshop 可以实现从无到有，也可以通过图片素材的特效合成，提升图像的质量，重新规划图像的焦点，使图像变得更加有趣且引人注目；通过对风景、人物、景物等照片素材进行加工和处理，将多个元素合成到一个图像中，创作超现实的艺术作品，尽情地发挥自己天马行空的虚拟世界构思，尝试不同技巧的组合会造就出什么样的图像。目前创意合成的应用比较广泛，学会创意特效合成后，可以制作出海报、招贴等一些有趣的图像。在学习创意特效合成的时候要打破固有的思维模式，发扬创新精神，并不断地去尝试、去探索，发扬工匠精神。

岗位技能

本项目对接中高职相关设计专业人才培养目标岗位，如数字影像后期、数字艺术制作、数字文化创意等相关行业，具有良好的职业道德、爱岗敬业精神，有责任意识和创新意识，掌握相应的专业理论知识，此类岗位需要具有较强的适应岗位的动手能力，能进行创意、设计、制作多层次的高素质、高技能专门人才，主要面向动漫公司、影视公司、游戏公司、电视台、数字多媒体行业公司、广告设计公司、传媒公司、文化传播公司、出版社等企事业单位。平面设计人员、未来影像后期从业人员应该具备图片合成能力、图像创作能力和职业素养。

教学目标

- 掌握快速选择工具、自由变换工具、渐变工具等的使用。
- 掌握抠图方法。
- 掌握添加矢量蒙版的方法。
- 掌握图层混合模式的用法。
- 掌握投影的制作方法。
- 掌握背景的制作方法。
- 了解合成的基本思路。

课前学习微课

（1）扫一扫二维码，观看相关视频。

创意合成的注意事项

（2）完成以下工作：

1）上网搜集相关创意合成的用途。

2）上网搜集主题电影海报，分析合成的特点。

3）上网搜集自己喜欢的动物、植物等图片，分析找出图片素材之间进行组合的方法。

任务1 以水果为主题的合成设计

【任务描述】

本任务主要讲解的是橙子鱼缸的创意合成和视觉表现，帮助读者掌握基本的合成方法与思路。本任务设置由浅入深、循序渐进，重点是通过素材的收集、素材的选择、抠图、蒙版、调色、合成、修整等多方面考查Photoshop创意合成的技巧，本任务中对Photoshop各方面知识需要做到融会贯通，学会举一反三。

【任务要求】

根据所提供的橙子、水面、水花、鱼等素材图片，合成如图11-1所示的效果图。

图11-1　最终效果

【知识链接】

1. 快速选择工具

使用快速选择工具时，如果初步框选的范围超过了想要画面范围的话，可以按住 Alt 键的同时，框选超出的部分，即可从选区减去。而如果初步框选后还有没被选中的部分，则可以按住 Shift 键的同时，框选要添加的部分，即可将其添加到选区中。

2. 抠图

抠图是 Photoshop 操作最基本的技能，看似简单，但不同的图像用不同的方法或许会达到事半功倍的效果。Photoshop 抠图基本上是使用橡皮擦工具、魔棒工具、快速选择工具、多边形套索工具、钢笔工具、通道、图层蒙版、剪贴蒙版、调整边缘等。

自由变换

3. 自由变换

自由变换是完成对象变形需求的工具，是缩放、旋转、斜切、透视和扭曲图像的关键方法，限制框周边有 8 个控制柄，每个控制柄都会以不同的方式来变换图层。开启自由变换之后，再配合 Ctrl、Shift、Alt 键，可以对图像进行缩放、旋转、斜切、扭曲、透视等。其中 Ctrl 键控制自由变化；Shift 键控制方向、角度和等比例放大缩小；Alt 键控制中心对称。

任务 1 以水果为主题的合成设计

【任务实施】

1. 抠除橙子的白色背景

步骤 1 启动 Photoshop CC 2018，将素材文件“橙子 .jpg”拖到 Photoshop 中，需要去除图片中的白色背景，保留橙子。选择“快速选择工具”选取橙子部分。

提示：快速选择工具可以配合 Alt+ 鼠标右键来调整画笔的大小、硬度，对于多选的部分可以配合 Alt 键减少选取。

步骤 2 调整橙子边缘部分。单击“选择并遮住” 选择并遮住... ，进入到选区的边缘调整。在视图模式中设置视图为“黑底（A）”，在全局调整中设置平滑为 6，对比度为 29，勾选“净化颜色”复选框，输出到新建图层，如图 11-2 所示。

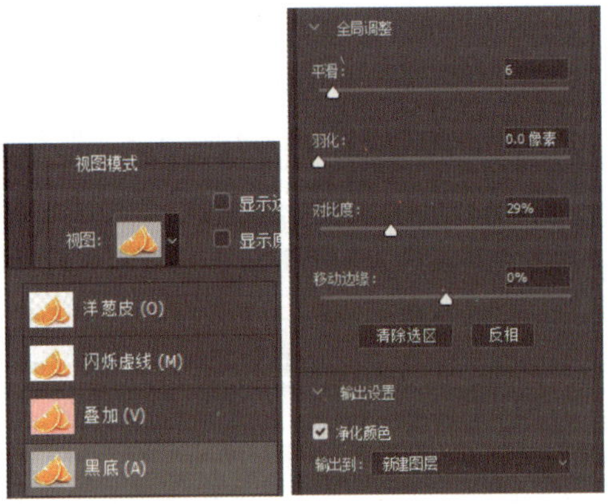

图 11-2 “选择并遮住”设置

步骤 3　新建大小为 1920 像素 ×1080 像素、分辨率为 72 像素 / 英寸的文档。

步骤 4　把橙子拖入到新建文档中，命名为“橙子”，并调整橙子的大小及位置。

2. 去除果肉

步骤 1　选择“橙子”图层，使用“快速选择工具”选择橙子果肉部分，单击“新建图层蒙版”按钮，为图层添加蒙版。由于目前需要保留的是果肉以外部分，执行“图像”/“调整”/“反相”命令，执行后的效果如图 11-3 所示。

图 11-3　添加“反相”蒙版后的效果

步骤 2　由于目前橙子果肉部分没有完全抠掉，还剩余了一点边缘部分，使用“画笔工具”（颜色：黑色）擦除边缘部分。

步骤 3　单击“图层”面板下方的“创建新的填充或调整图层”按钮，选择“亮度 / 对比度”（亮度：-22，对比度：26），使橙子看起来更有新鲜感，如图 11-4 所示。

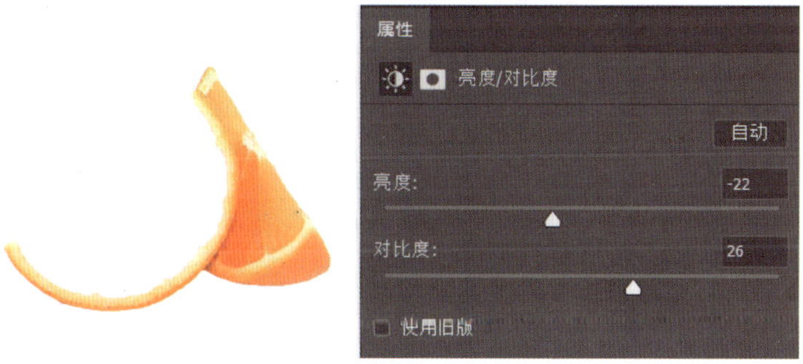

图 11-4　调整橙子的“亮度 / 对比度”参数设置

3. 制作背景

步骤 1　水面的背景制作需要与水的色调一致，整个画面看起来会给人更加清爽的感觉。打开素材“水面 .png”，使用“吸管工具”吸取画面中水的颜色。选择渐变工具，颜色设置如图 11-5 所示。

步骤 2　在“橙子”图层下面新建一层，从左到右执行渐变，效果如图 11-6 所示。

4. 把果肉部分替换成海水

步骤 1　按 Ctrl 键，单击“橙子”层的蒙版，调出选区，执行“选择”/“反选”命令，得到橙子果肉的选区。

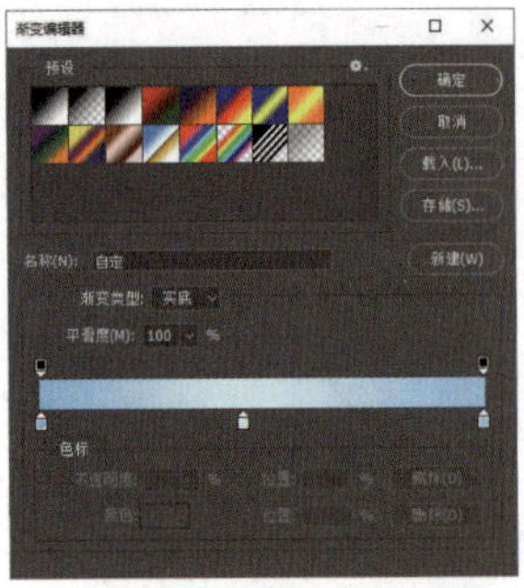

图 11-5 “渐变”的颜色设置

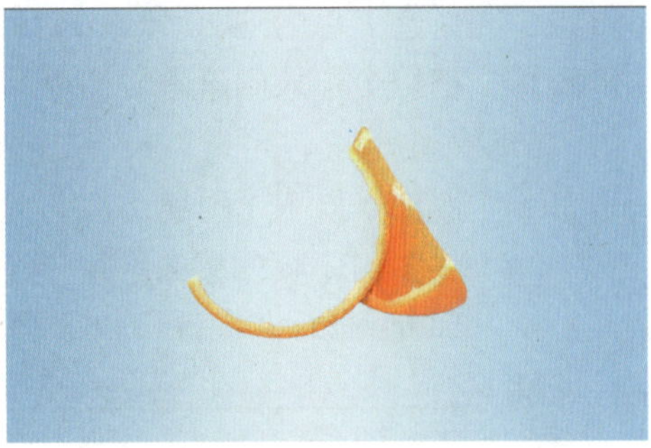

图 11-6 背景添加渐变后的效果

步骤 2 在顶层新建一个图层，命名为“果肉填充”，将果肉选区填充上颜色（这里可以填充任意的颜色，此层的填充是为了后面添加图层蒙版所用），如图 11-7 所示。按 Ctrl+D 组合键取消选择。

步骤 3 执行“文件”/“置入嵌入对象”命令，把素材“水面.png”置入到画面中，同时把水面层放到果肉填充层的上方，并调整好水面的大小和方向，如图 11-8 所示。

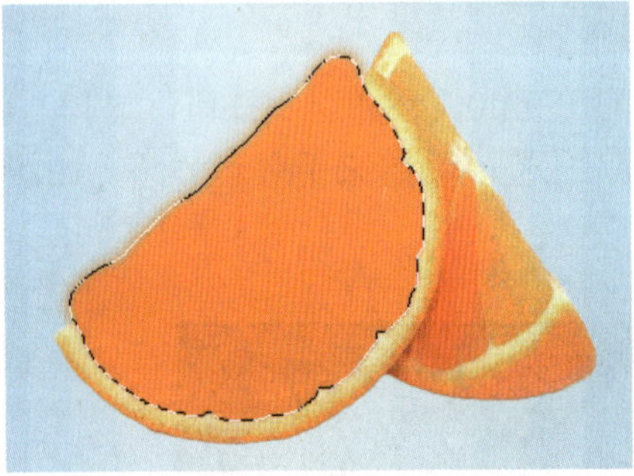

图 11-7 在选区内填充任意颜色

图 11-8 嵌入画面后的效果

步骤 4 把水面叠加在果肉区域。右击“水面”图层，选择“创建剪贴蒙版”。

步骤 5 对“水面”图层执行变形。按 Ctrl+T 组合键对“水面”图层做自由变换，右击，选择“变形”。对水面进行调整，使水面两边高，中间低。

步骤 6 去除掉多余的果肉填充部分。按 Ctrl 键，单击“水面”图层缩览图，这样水面层被载入选区。接着选择“果肉填充”图层，单击“添加图层蒙版”，这样多余的果肉填充部分就去除掉了，如图 11-9 所示。

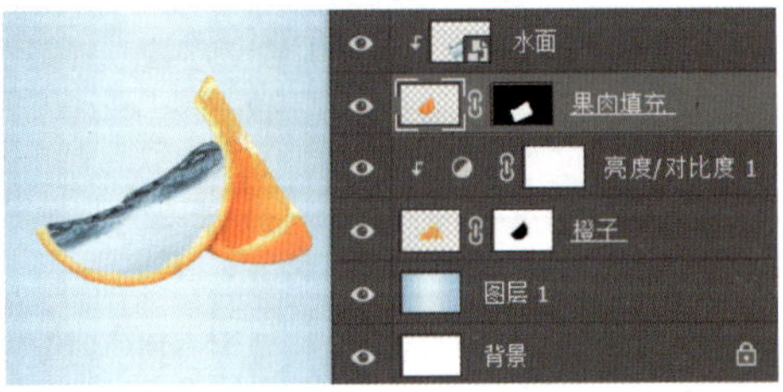

图 11-9 去除多余果肉填充部分效果

5. 把鱼添加到画面中

步骤 1 拖入“鱼”到图片中。打开素材“鱼 .jpg”，用“套索工具”选择自己喜欢的一条鱼，拖入到橙子合成图像中，调整好鱼的大小和位置，并将图层重命名为“鱼”。

步骤 2 删除鱼的白色背景。将“鱼”图层的混合模式改为“正片叠底”，这样白色的背景就去除了。

步骤 3 为了使鱼的色调更好地与水池环境相融合，需要适当调整“鱼”图层。给“鱼”图层添加“可选颜色”调整图层，如图 11-10 所示。

图 11-10 添加“可选颜色”调整图层

6. 将水花添加到画面中

步骤 1 执行“文件”/“置入嵌入对象”命令，把素材“水花 .jpg”置入到画面中并调整好大小及位置，将图层混合模式改为“正片叠底”。

步骤 2 为了使水花与水面之间的过渡更加自然，单击“图层”面板下方的“添加图层蒙版”按钮，使用“画笔工具”（硬度：0%；不透明度：50%；流量：50%；颜色：黑色）在图层蒙版上擦拭，遮住部分水花，效果如图 11-11 所示。

步骤 3 为了使水花的颜色与整体色调协调，给“水花”图层添加“色相 / 饱和度”（色相：-5；饱和度：+14；明度：+3），如图 11-12 所示。

图 11-11 对水花与水面过渡调整后效果

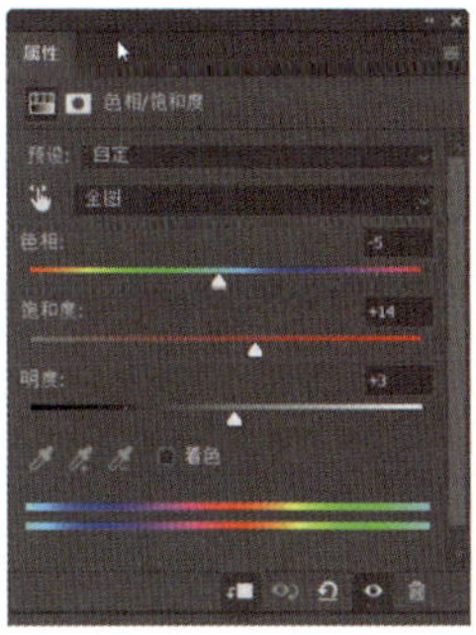

图 11-12 “色相 / 饱和度”设置

7. 制作橙子投影

步骤 1 在“橙子”图层的下方新建一个图层，命名为“投影”。把前景色设置为较暗的颜色，调整好画笔的大小，使用“画笔工具”画出一个圆形。使用“自由变换工具”对绘制出的圆形进行缩放，并调整好位置，效果如图 11-13 所示。

步骤 2 复制一层投影，作为侧面橙子部分的投影。

步骤 3 再复制一层投影，放到两个投影中间空白的地方，调整好大小和位置，把不透明度设置为 65%，如图 11-14 所示。

图 11-13 给正面橙子添加投影

图 11-14 添加所有投影效果

步骤 4 按 Ctrl+S 组合键保存图像。

【任务总结】

本任务通过橙子鱼缸的制作，了解到最基本的图像合成的制作流程。通过快速选择工具、快速蒙版工具、抠图、自由变换工具等把鱼缸、橙子、鱼、水花等合成在一起；通过亮度 / 对比度、色相 / 饱和度来调整画面的整体色调；通过画笔工具绘制出物体的投影。

整体思路为：首先，把所有物体合成在一起，在保证构图合理的基础上，对整体画面的色调进行统一；其次，根据画面的主题添加背景，并与整体色调统一；最后，对物体添加投影，使物体看上去更具有立体感、层次感。

任务 2 以人物为主题的合成设计

【任务描述】

本任务将人物、天空、路灯合成在一起，并为其制作出投影，使整个画面产生梦幻的感觉，通过蒙版及画笔工具制作天空、人物、路灯的投影，使用颜色减淡工具减淡人物、凳子等周边的色彩，呈现出被背景照亮的感觉。通过该任务的学习让读者掌握如何营造场景的氛围，学会调整整个画面的色调，并处理素材之间的影调关系，使它们之间的融合更为协调，激发读者将普通照片素材变为创意作品的灵感。

【任务要求】

根据所提供的天空、人物、路灯等素材图片，完成如图 11-15 所示的效果合成图。

图 11-15　最终效果

【知识链接】

1. 转换为智能对象

一般情况下，在 Photoshop 里面添加的图层经过放大或者缩小后图片质量都会有损失，最明显的现象就是缩小一个图像再放大以后这个图像就会变得模糊。为了防止这种情况发生，我们会将经常需要缩放的图层转化成智能对象。在智能对象状态下 Photoshop 会保护图层像素质量。

2. 图层蒙版

图层蒙版是 Photoshop 中一项十分重要的功能，蒙版有透明的、半透明的、完全不透明的。

使用图层蒙版制作人物边缘反光

用各种绘图工具在蒙版上涂色（只能涂黑白灰色），涂黑色就是蒙住当前图层的内容，显示当前图层下面的图层的内容来，看不见当前图层的图像；涂白色则是显示当前图层的内容，可看到当前图层上的图像；涂灰色使蒙版变为半透明，透明的程度由涂色的灰度深浅决定，当前图层下面的层的内容则若隐若现。

3. 减淡工具

减淡工具是 Photoshop 中的一款减淡、提亮工具。这款工具可以把图片中需要变亮或增强质感的部分颜色加亮。减淡工具用来增强画面的明亮程度，在画面曝光不足的情况下使用非常有效。

4. 高斯模糊滤镜

可根据数值快速地模糊图像，产生很好的朦胧效果。高斯是指对像素进行加权平均所产生的钟形曲线。常见的 Photoshop 模糊背景的方法有：历史记录画笔 + 高斯模糊；蒙版 + 高斯模糊；钢笔勾勒选区 + 高斯模糊；橡皮擦工具 + 高斯模糊等。

【任务实施】

任务 2 以人物为主题的合成设计

1. 天空合成

步骤 1 新建文件（尺寸：2000 像素 ×1400 像素；分辨率：300 像素 / 英寸），并保存为“等待 .psd”。

步骤 2 打开图片“天空 .jpg”，使用“矩形选择工具”选择地平面以上部分的云，使用“移动工具”将其拖动到“等待 .psd”文件中，缩放到合适的大小并调整好位置，将图层重命名为“天空”。

步骤 3 右击“天空”图层，选择“转换为智能对象”，把图层转化为智能对象。

步骤 4 按 D 键，将前景色背景色恢复为默认的黑色和白色。

步骤 5 单击“图层”面板下方的“添加图层蒙版”。选择“渐变工具”（背景色到前景色渐变）并进行调整位置，对蒙版进行渐变操作，使图片边缘有渐变的感觉，如图 11-16 所示。

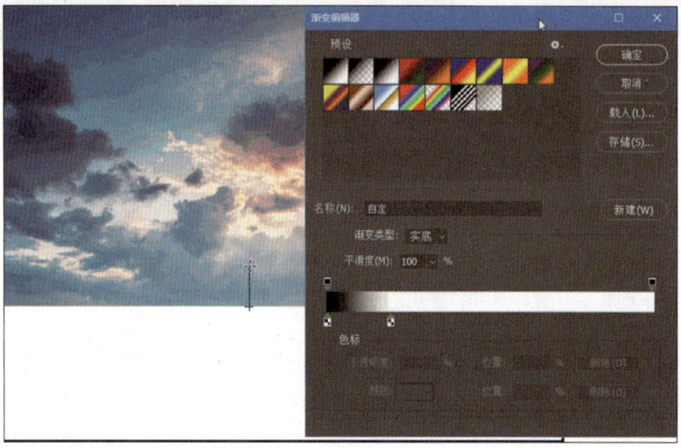

图 11-16 对天空做边缘模糊

步骤 6 制作天空的投影。复制“天空”图层，放在“天空”图层下面，重命名为“投影”。按 Ctrl+T 组合键执行自由变换，把参考点位置调整到图片的最下方，使垂直翻转时可以沿着此位置翻转。右击，选择“垂直翻转”命令，按 Enter 键确定执行，如图 11-17 所示。

图 11-17 对复制的图层执行“垂直翻转”命令

步骤 7 轻微移动翻转后的图像，使两张图片之间看不出太大的痕迹，如图 11-18 所示。

图 11-18 两图衔接

步骤 8 由于天空的投影部分亮度较亮，需要调暗一些。新建图层并放在“投影”图层的上面。将前景色设置为天空中的深蓝色，选择“渐变工具”（前景色到透明）进行拖动，效果如图 11-19 所示。

图 11-19 对投影执行“渐变”后的效果

步骤 9 制作夕阳的效果需要把图像的整体色调调为暖黄色调。单击“图层”面板下方的“添加新的填充或调整图层”按钮，依次添加“色相 / 饱和度”（饱和度：+28）、“照片滤镜”（滤镜：橙；浓度：73）、“色阶”（黑场：0；灰场：0.76；白场：244），如图 11-20 所示。效果如图 11-21 所示。

步骤 10 将透出阳光的地方变得更加的明亮。新建图层并重命名为“加强阳光”，把图层模式设置为“叠加”。使用“画笔工具”（硬度：0%；不透明度：25%；流量：25%；颜色：橙色（接近夕阳的颜色））进行绘制，如图 11-21 所示。

步骤 11 新建图层并命名为“调整投影天空阴影”，使用“画笔工具”（硬度：0%；不透明度：50%；流量：50%；颜色：灰色）在投影较亮处涂抹，并将图层的不透明度设置为 50%，效果如图 11-22 所示。

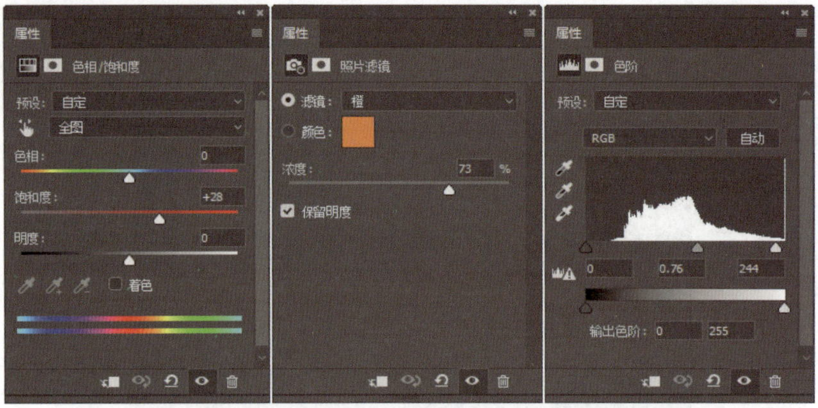

图 11-20　调整图层设置

图 11-21　用画笔绘制天空的效果

图 11-22　调整投影天空阴影

步骤 12　新建文件夹并命名为“天空”，把除了“背景”图层的其他图层放到文件夹中。

2. 人物合成

步骤 1　打开“人物 .jpg”，使用“钢笔工具”勾勒出人物和椅子。选择椅子效果较好的区域，使用复制和粘贴的方法对椅子进行修补，如图 11-23 所示。

步骤 2　合并图层后，使用“移动工具”将人物和椅子拖至“等待 .psd”中，并调整好位置及大小，将图层重命名为“人”，如图 11-24 所示。

图 11-23 使用“钢笔工具”抠图并修补椅子

图 11-24 置入人物

步骤 3 执行“滤镜”/“Camera Raw 滤镜”命令，进行如图 11-25 所示的设置，对人物进行调色，使人物能够与背景颜色融合在一起。

图 11-25 对人物使用 Camera Raw 滤镜

步骤 4 制作人物投影。复制人物并重命名为“人物投影”，对图片进行翻转，执行“编辑”/“变换”/“垂直翻转”命令，并调整好位置。然后把“人物投影”图层的不透明度修改为 30%，效果如图 11-26 所示。

图 11-26 制作人物投影

步骤 5 按 Ctrl 键并单击“人”图层的缩览图，载入人物选区，单击“图层”面板下方的“创建新的填充或调整图层”按钮，选择“色相 / 饱和度”（色相：-6；明度：+1），效果如图 11-27 所示。

图 11-27　添加“色相 / 饱和度”调整图层

步骤 6　对人物边缘绘制出环境的反光。新建图层，右击该图层，选择“创建剪贴蒙版”，执行“编辑”/“填充”命令（50% 灰色），如图 11-28 所示。

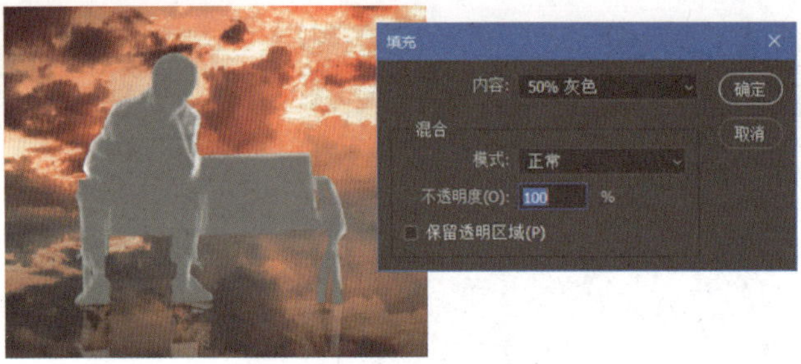

图 11-28　填充 50% 灰色

步骤 7　将图层模式设置为“叠加”。并使用“减淡工具”把人物及木椅周边进行减淡处理，如图 11-29 所示。

图 11-29　对人物及木椅边缘减淡处理

3. 路灯合成

步骤 1　将“路灯 .png”拖入到“等待 .psd”中，调整好位置与大小，如图 11-30 所示。

步骤 2　为路灯制作投影。复制“路灯”图层并重命名为“路灯投影”，对“路灯投影”进行垂直翻转，并调整好位置。将“路灯投影”图层的不透明度调整为 35%，调整后的效果如图 11-31 所示。

图 11-30　置入路灯

图 11-31　路灯添加投影

步骤 3　给路灯添加发光效果，使路灯更加明亮、真实。新建图层并重命名为“发光”，将前景色设置为橙色，使用“笔刷工具”（硬度：0%；不透明度：50%；流量：50%）在灯内进行绘制，并将图层混合模式设置为“叠加”。

步骤 4　给灯光周围增加发光的效果。再新建一层并重命名为“外部辉光”。将前景色设置为肉色，使用“笔刷工具”（硬度：0%；不透明度：50%；流量：50%）在灯内外进行绘制，并将图层混合模式设置为“柔光”，如图 11-32 所示。

步骤 5　为了使整体看起来更加和谐，新建图层并重命名为“细节”，把图层模式设置为“叠加”，将前景色设置为背景夕阳的颜色，使用“画笔工具”（硬度：0%；不透明度：50%；流量：50%）在人物、椅子、路灯等上面进行绘制，效果如图 11-33 所示。

图 11-32　装饰路灯

图 11-33　添加夕阳效果

步骤 6　由于画面的右前方空间比较空，使画面显得比较单调，可以增加一个路灯使画面更加饱满。复制“路灯”放在画面的右前方，调整好位置与大小，如图 11-34 所示。

图 11-34　复制路灯

步骤 7　由于新增加的路灯在画面的最前面，为了使整体画面效果更好，需要对复制的路灯进行“高斯模糊”。执行“滤镜”/“模糊”/“高斯模糊”命令（半径：7.0），模糊后的效果如图 11-35 所示。

图 11-35　对前面路灯进行模糊

4. 整体调整

步骤 1　为了使画面看起来更加接近黄昏，给整体添加蓝绿色调。单击“创建新的填充或调整图层”，在弹出的菜单中选择“纯色”（R22，G82，B91），这样就新建了一个纯色图层。

步骤 2　图层模式设置为“排除”，不透明度设置为 45%。

步骤 3　为了使整个画面的高光偏黄、中间调偏青色，在这里添加“色彩平衡”，参数设置如图 11-36 和图 11-37 所示。

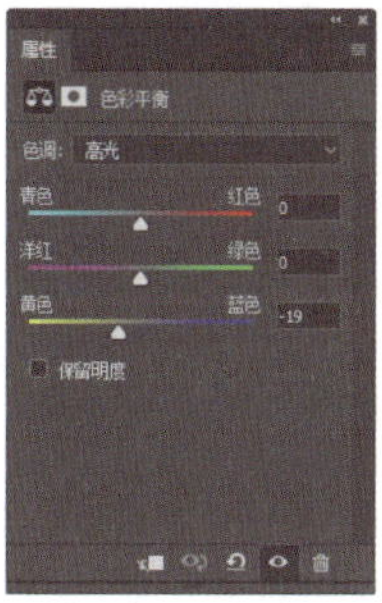

图 11-36 “高光”参数设置

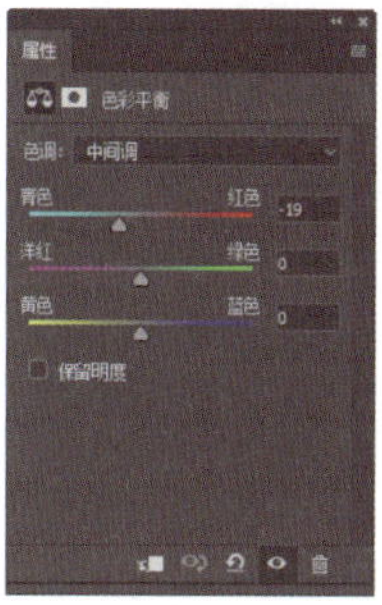

图 11-37 “中间调”参数设置

步骤 4 继续添加“曲线”，调整画面整体的对比度及添加蓝色调，如图 11-38 和图 11-39 所示。

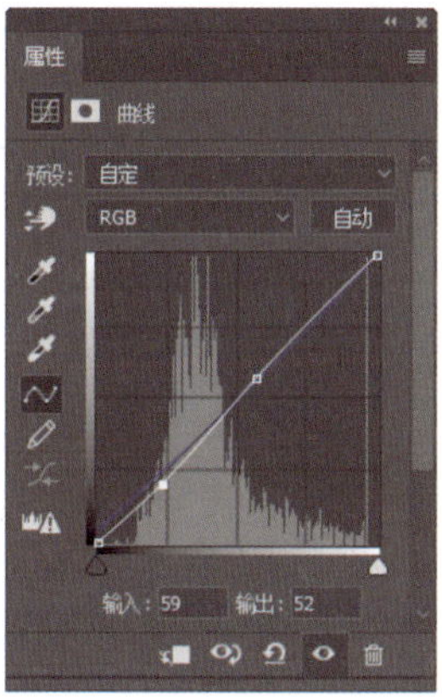

图 11-38 “曲线”RGB 参数设置

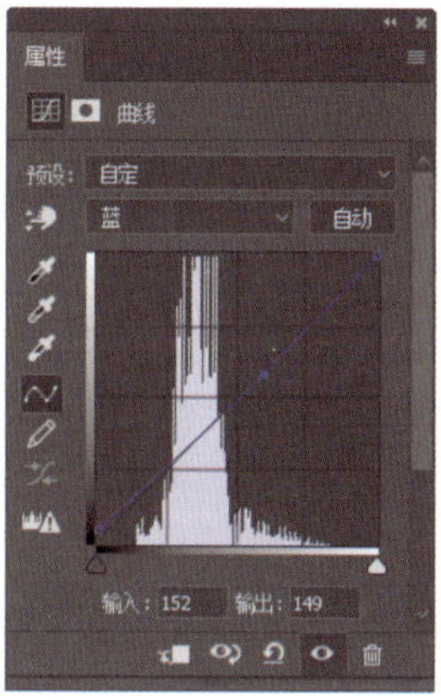

图 11-39 “曲线”蓝通道参数设置

步骤 5 按 Ctrl+Shift+Alt+E 组合键盖印图层，命名为“整体”。

步骤 6 为了使人物和路灯的轮廓更清晰，对“整体”图层添加“滤镜”/“其他”/“高反差保留”（半径：0.9 像素），把图层模式设置为“亮光”，如图 11-40 所示。

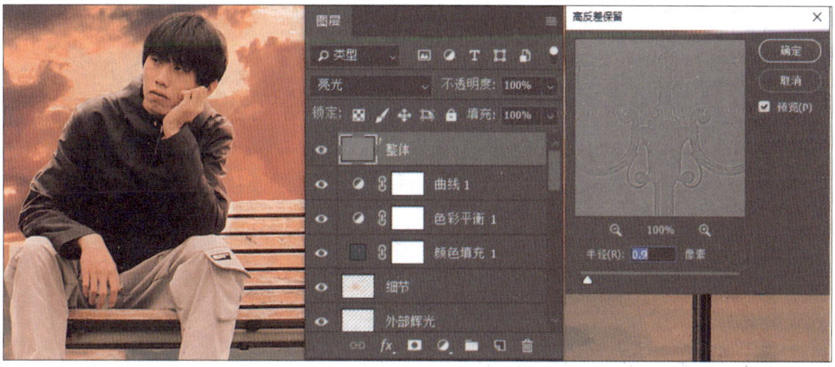

图 11-40 设置人物和路灯的轮廓

步骤 7 完成效果制作，按 Ctrl+S 组合键保存图像。

【任务总结】

本任务通过对人物、场景、路灯的合成，展示了人物与场景合成的制作流程。通过使用渐变工具、减淡工具、图层蒙版、图层混合模式、抠图等把图像合成在一起，并调整好合成物体之间的衔接关系。

制作的一般思路为：首先，考虑画面整体的意境，以及所要表达的主题，并根据主题去整理素材；其次，由于本项目表现的是梦幻意境，要使画面更加丰富和有层次感，需要为素材制作投影，这里要注意投影的变化；最后，对整体画面色调进行统一。

任务3 以动物为主题的合成设计

【任务描述】

本任务是把大象、相框、土地、天空、星空、星光、孩子等素材合成一幅创意图像，帮助读者掌握如何将表面看起来不相关的素材合成在一起，创作出有趣、奇幻的场景，学会图层蒙版的应用方法，学会利用快速选择工具、橡皮擦工具等抠图，学会用图层蒙版结合画笔工具使图像过渡更自然，学会使用绘制选取工具、填充工具、高斯模糊工具制作投影，学会通过素材之间的相互关系、整体色调来控制整体的意境。

【任务要求】

根据提供的大象、相框、土地、天空、星空、星光、孩子等素材，完成效果图（图11-41）。

图 11-41　最终效果

【知识链接】

1. 抠图

抠图是 Photoshop 操作最基本的技能，看似简单，但不同的图像用不同的方法或许会达到事半功倍的效果。

Photoshop 抠图基本上是使用橡皮擦工具、魔棒工具、快速选择工具、多边形套索工具、钢笔工具、通道、图层蒙版、剪贴蒙版、调整边缘等。

2. 色彩平衡

根据颜色之间的互补关系，控制图像颜色的分布，从而对图像的偏色问题进行校正。

色彩平衡

【任务实施】

任务 3 以动物为主题的合成设计

1. 土地与天空制作

步骤 1 启动 Photoshop CC 2018，打开文件“土地 .jpg”，并存储为“穿越 .psd”。

步骤 2 复制“背景”图层，并重命名为“土地”。隐藏“背景”图层，利用“自由变换工具”对“土地”图层进行压缩。

步骤 3 单击“图层”面板下方的“添加图层蒙版”按钮，给“土地”图层添加图层蒙版。按 D 键，设置前景色和背景色为默认的黑色和白色。选择“渐变工具”（渐变方式：线性渐变；渐变：前景色到透明渐变）在图层蒙版上设置渐变，如图 11-42 所示。

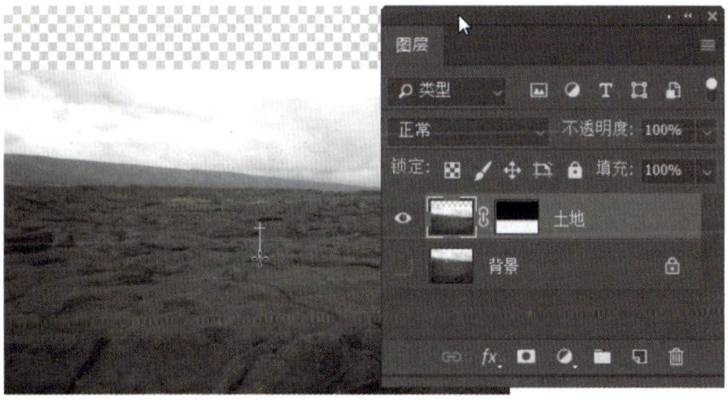

图 11-42 为“土地”图层蒙版执行渐变

步骤 4 选择“背景”图层，置入“天空 .jpg”，并调整好图片大小和位置，如图 11-43 所示。

步骤 5 单击“图层”面板下方的“添加图层蒙版”按钮，给“天空”图层添加图层蒙版。与“土地”层渐变的制作方法一致，完成“天空”图层蒙版的渐变设置，如图 11-44 所示。

步骤 6 新建纯色图层衔接土地与天空。选择“背景”图层，单击“创建新的填充或调整图层”按钮，选择“纯色”（R84；G87；B90）进行填充，这样就在“背景”图层的上方自动生成灰色的纯色填充图层，如图 11-45 所示。

图 11-43　调整好“天空”的大小和位置

图 11-44　为“天空”图层蒙版执行渐变

步骤 7　将土地色调稍微调暗一些，使整体色调看起来更加和谐。单击“创建新的填充或调整图层”按钮 ，选择“曲线”，在面板中单击 按钮（这样所做的调整只会对所选择的图层产生影响），对曲线进行调节，如图 11-46 所示。

图 11-45　添加纯色填充图层

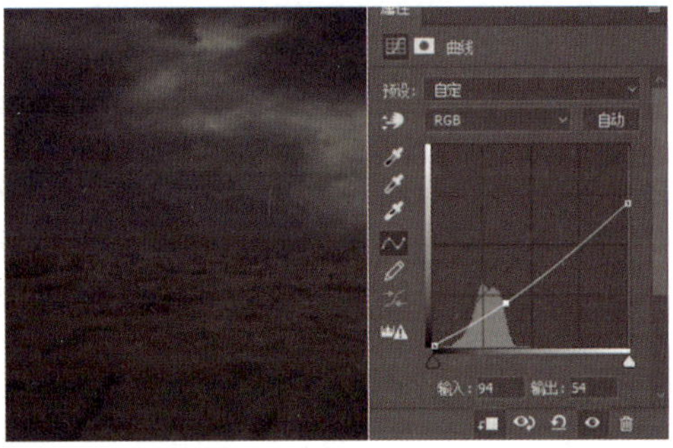

图 11-46　将“土地”色调调暗

步骤 8　由于目前土地整体偏暗，所以需要对中间部分进行提亮，使土地看起来更有明暗关系。选择“曲线 1”调整图层，使用“画笔工具”（硬度：0%；不透明度：30%；流量：60%；颜色：黑色）在蒙版的中间部分进行涂抹，如图 11-47 所示。

图 11-47　土地中间部分提亮效果

步骤 9　将天空的色调稍微调暗一些。单击“创建新的填充或调整图层”按钮，选择“曲线”，在面板中单击，对天空进行曲线调整，如图 11-48 所示。

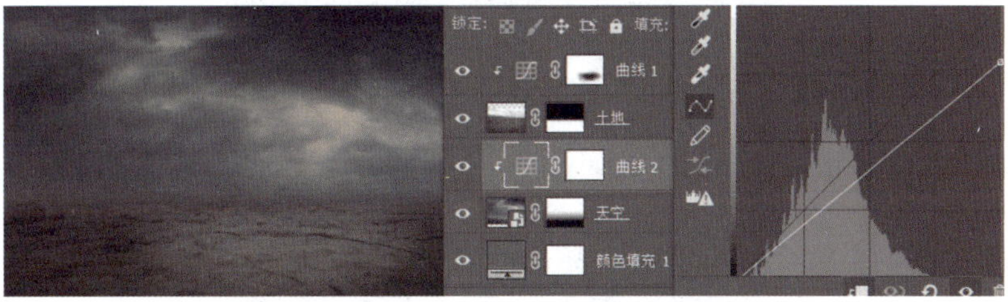

图 11-48　天空色调调暗

步骤 10　单击“创建新的填充或调整图层”按钮，选择“色彩平衡”（调整“中间调”，青色：-8，黄色：+13），在面板中单击按钮，对“土地”图层的色彩进行调节，调整后效果如图 11-49 所示。

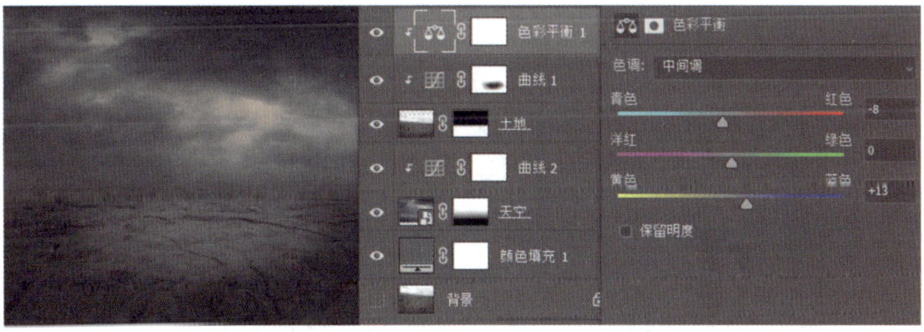

图 11-49　添加“色彩平衡”调整图层

步骤 11　在顶层新建一个图层并重命名为“暗角”，使用“画笔工具”（硬度：0%；不透明度：30%；流量：30%；颜色：R15，G25，B38，或吸取天空中最暗的颜色）对整个画面的周边进行绘制，调整图层的不透明度为 70%，使绘制的颜色更好地与画面融合，如图 11-50 所示。

图 11-50　绘制暗角

2. 相框制作

步骤 1　置入素材“相框 .png”，按 Ctrl+T 组合键，调整相框大小和位置，右击，选择“扭曲”，调整相框形状，如图 11-51 所示。

图 11-51　置入画框并调整

步骤 2　制作相框从土地生长的效果。单击“图层”面板下方的“添加图层蒙版”按钮，使用“画笔工具”（硬度：0%；不透明度：100%；流量：100%；颜色：黑色）在“相框”图层蒙版上进行涂抹绘制，如图 11-52 所示。

图 11-52　添加图层蒙版并涂抹绘制

步骤 3　让相框看起来更加的古老。单击“创建新的填充或调整图层”按钮，选择“色阶”（黑场：58；灰场：1.30；白场：222）和“色相 / 饱和度”（色相：+4；饱和度：-63；明度：-11），对相框的色调进行调整，如图 11-53 所示。

图 11-53 调整相框效果

步骤 4 在“相框”图层下方新建图层并重命名为“剪贴蒙版”，使用“多边形套索工具”沿着相框进行绘制选区，并使用“油漆桶”工具填充颜色，如图 11-54 所示。

图 11-54 绘制选区并填充颜色

步骤 5 置入素材“星空 .jpg”，放在剪贴蒙版层的上方，调整好星空的位置、大小，放在相框内，如图 11-55 所示。右击“星空”图层，选择“创建剪贴蒙版”。

图 11-55 置入“星空”

步骤 6 擦拭下方星空。选择“剪贴蒙版”图层，单击“图层”面板下方的“添加图层蒙版”按钮添加图层蒙版，使用“画笔工具”（硬度：0%；不透明度：100%；流量：100%；颜色：黑色）对蒙版图层进行绘制，如图 11-56 所示。

图 11-56 擦拭下方星空

步骤 7 为了使星空与周围环境更加融洽，需要降低星空的饱和度。单击“创建新的填充或调整图层”按钮◙，选择“色相 / 饱和度”（饱和度：-68），如图 11-57 所示。

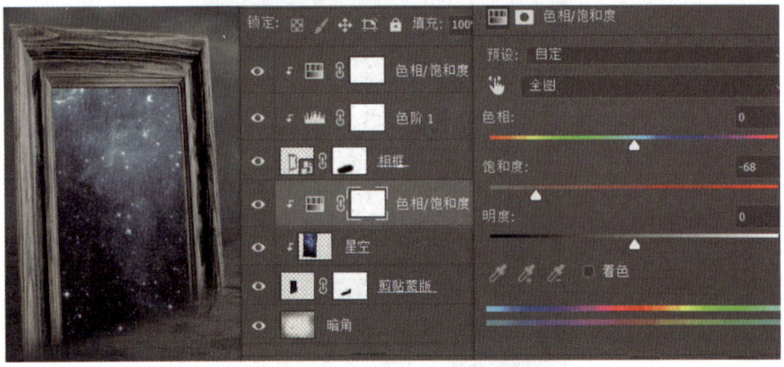

图 11-57 调整星空的色相 / 饱和度

3. 大象合成

步骤 1 置入素材“大象 .png”，并调整大象大小及位置，如图 11-58 所示。

图 11-58 置入大象

步骤 2 大象的身体融入到相框中。选择“大象”图层，单击“添加图层蒙版”，使用“画笔工具”（硬度：0%；不透明度：15%；流量：60%；颜色：黑色）对蒙版进行绘制擦除，如图 11-59 所示。

图 11-59 使用画笔对蒙版进行绘制擦除

步骤 3 为了使大象与周围环境融合，单击“创建新的填充或调整图层”按钮，选择“色相 / 饱和度”（饱和度：-50），把大象的饱和度降低，如图 11-60 所示。

图 11-60 添加“色相 / 饱和度”调整图层

步骤 4 给相框、大象制作投影。在“相框”图层上方新建一个图层并重命名“相框投影”。使用“多边形套索工具”绘制出相框投影区域，使用“油漆桶工具”对选区填充黑色，执行“滤镜”/“模糊”/“高斯模糊”命令（半径：26.3 像素）。并设置图层混合模式为“正片叠底”，将图层的不透明度改为 40%。

步骤 5 因为投影中有些部分需要颜色稍微重一些，新建图层并重命名为“加重投影”，使用“画笔工具”（硬度：0%；不透明度：15%；流量：60%；颜色：黑色）在图该层上涂抹绘制，如图 11-61 所示。

图 11-61　加重投影

4. 孩子合成

步骤 1　打开“孩子 .psd”文档，使用“移动工具”将孩子拖至“穿越 .psd”文档中并将图层重命名为“孩子”，按 Ctrl+T 组合键，对孩子进行缩放及调整位置，再右击，选择“水平翻转”对其进行图像反转，如图 11-62 所示。

图 11-62　置入孩子图片

步骤 2　制作孩子投影。新建图层并重命名为“孩子投影”，使用“多边形套索工具”绘制出投影区域，并在使用“油漆桶工具”对选区填充黑色，执行“滤镜”/“模糊”/“高斯模糊”命令（半径：26.3 像素）。

步骤 3　将“孩子投影”图层混合模式设置改为“正片叠底”，并把图层的不透明度改为 60%，如图 11-63 所示。

步骤 4　加强孩子投影。因为投影中有些部分是需要颜色稍微重一些的，新建图层并重命名为“孩子投影加重”，使用“画笔工具”（硬度：0%；不透明度：15%；流量：60%；颜色：黑色），对图层进行绘制，如图 11-64 所示。

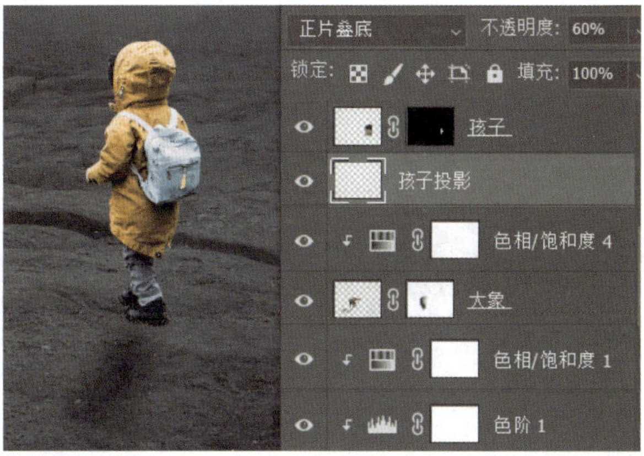

图 11-63　添加孩子投影

图 11-64　加强孩子投影

步骤 5　为了使孩子与周围环境更好地融合，选择“孩子”图层，单击“创建新的填充或调整图层”按钮■，选择“色相 / 饱和度”（饱和度：-34）和“亮度 / 对比度”（亮度值：-64；对比度：-4），如图 11-65 所示。

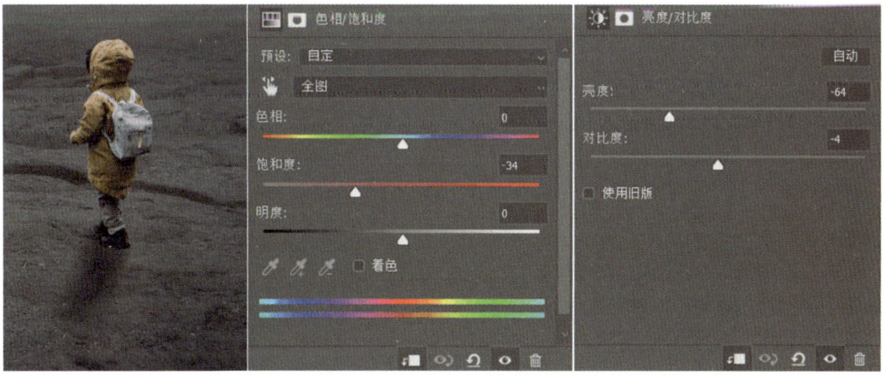

图 11-65　调整孩子色调

5. 整体调整

步骤 1 整体调色。单击“创建新的填充或调整图层”按钮，选择“色彩平衡”(色调：中间调；青色：-23；黄色：+21）和“色阶”（黑场：0；灰场：0.66；白场：200），如图 11-66 所示。

图 11-66 整体调整色调

步骤 2 置入素材“星光 .jpg”到图像中，将其摆放在相框的上面，并将图层混合模式设置为“变亮”，使星光更加明亮。

步骤 3 多复制两层星光，并调整好大小放置在不同的位置，完成效果制作，按 Ctrl+S 组合键保存图像。

【任务总结】

本任务通过对相框、大象、人物以及场景的合成，展示了如何表现穿越时空的虚拟场景合成。通过使用图层蒙版与渐变工具结合制作出场景之间的过渡；通过曲线、亮度 / 对比度、色相 / 饱和度调整画面，并结合画笔工具绘制出画面的层次感和空间感。

制作的基本思路为：首先，考虑在保证画面美观的情况下，用什么元素作为穿越时空的中间物；其次，需要考虑如何协调小孩、大象、星空、场景之间的关系，来实现意境的表达；最后，通过尝试对整体场景用不同的色调表达不一样的情感。

项目拓展

草莓灯泡合成

请根据提供的草莓、灯泡素材，完成创意合成“草莓灯泡”的制作，如图 11-67 至图 11-69 所示。

本任务把食物与生活用品相结合，用来制作创意海报招贴。通过把两个不同类别的物体合成为一个新的物体，使画面具有趣味性。制作的主要思路为：

（1）素材选择。为了凸显出画面的趣味性，在素材的选择上可以选择两个形状相似，但类别不同的物体，或者是有某些相似点的物体进行组合。

（2）物体间的衔接。要注意物体之间的衔接要自然，衔接处的形状要结合两个物体进行制作。

（3）制作图片背景。背景的色调要结合创意主题，与整体色调统一。

图 11-67　草莓

图 11-68　灯泡

图 11-69　草莓灯泡

总而言之，本任务的制作并不复杂，关键是如何把两个不同类别的物体自然地衔接在一起，两个物体间的过渡部分也显得尤为重要。在创意合成的时候大家可以大胆地想象，多尝试将不同类别、不同形状、不同时空的物体结合在一起，才能制作出更好的创意合成图像。

参考文献

[1] 瞿颖健．中文版 Photoshop CC 从入门到实战全程视频版 [M]．北京：中国水利水电出版社，2020．

[2] 李淑飞，房晓东．Photoshop CC 项目化翻转课堂教程 [M]．北京：中国铁道出版社，2018．

[3] Photoshop 教程 [EB/OL]].[2021-6-13]. https://helpx.adobe.com/cn/photoshop/tutorials.html.

[4] Photoshop 零基础入门教程 [EB/OL]. [2021-6-25]. http://www.qinxue.com/251-0.html.

[5] 版式设计全案例高级教程 [EB/OL]. [2021-6-30]. http://www.qinxue.com/224-0.html.

[6] 欧美女模人像精修讲解 [EB/OL]. [2021-7-02]. http://www.qinxue.com/265-0.html.

[7] 证件照摄影拍摄 PS 后期修图视频教程 [EB/OL]. [2021-7-16]. http://www.qinxue.com/363-0.html.

[8] 品牌设计教程 [EB/OL].[2021-7-27]. https://huke88.com/brand/20-0-0-0-0-2-1-16-1/.

[9] 会修图的大橙子.【PS 古风调色】一起来学习下这仙气飘飘的色调吧 [EB/OL].（2020-11-15）[2021-8-04]. https://www.bilibili.com/video/BV11v411r7hU?from=search&seid=14269931542191700932.

[10] PS 空谷笨笨．7 环境人像后期处理 [EB/OL].（2020-11-08）[2021-8-10]. https://www.bilibili.com/video/BV1L5411V7gy?from=search&seid=12800626167831217161.